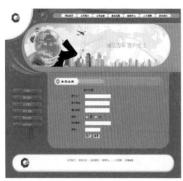

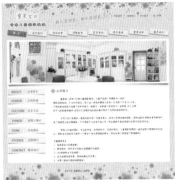

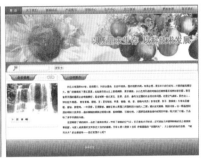

腾飞科技 刘西杰 编著

巧学巧用
Dreamweaver CS6
制作网页

人民邮电出版社
北京

图书在版编目（CIP）数据

巧学巧用Dreamweaver CS6制作网页 / 刘西杰编著
. -- 5版. -- 北京 : 人民邮电出版社，2013.1（2018.1重印）
ISBN 978-7-115-29427-2

Ⅰ．①巧… Ⅱ．①刘… Ⅲ．①网页制作工具 Ⅳ．
①TP393.092

中国版本图书馆CIP数据核字(2012)第262383号

内 容 提 要

本书从零开始，逐步深入地讲解了 Dreamweaver CS6 制作网页和建设网站的方法与技巧。

全书分为 6 篇，共 24 章。分为"基础入门"→"静态网页设计"→"动态数据库网站开发"→"商业网站案例"→"网站发布推广与安全维护"→"附录"。内容从 Dreamweaver CS6 详细功能介绍、网站制作基础知识开始，逐步讲解创建文本网页、创建图像与多媒体网页、使用表格布局网页、使用框架灵活布局网页、CSS+DIV 布局网页、使用 CSS 美化网页、使用模板和库提高网页制作效率，然后在动态数据库网站开发篇讲述了表单创建交互网页、动态网页基础知识、设计开发留言系统、设计开发会员注册系统、设计开发会员登录系统、设计开发调查投票系统、设计开发博客系统等。商业网站案例篇精选实际案例，介绍了典型的企业网站和流行的购物网站的制作案例，还讲解了网站的发布与推广、网站的安全等重要内容。

书中每个章节都提供了课后练习，帮助读者巩固本章所学知识。

随书光盘中赠送了视频教学录像，并提供本书中案例的素材文件、源代码和结果文件。另外赠送 5个附录，包含 Dreamweaver 网页制作常见问题、HTML 常用标签、JavaScript 语法手册、CSS 属性一览和常见网页配色词典。

本书不仅适合作为网站设计与网页制作初学者的入门教材，还可作为相关电脑培训班的培训教材。

巧学巧用 Dreamweaver CS6 制作网页

◆ 编　　著　腾飞科技　刘西杰
　　责任编辑　杨　璐

◆ 人民邮电出版社出版发行　　北京市丰台区成寿寺路 11 号
　　邮编　100164　　电子邮件　315@ptpress.com.cn
　　网址　http://www.ptpress.com.cn
　　固安县铭成印刷有限公司印刷

◆ 开本：787×1092　1/16
　　印张：25.5　　　　　　　　彩插：2
　　字数：639 千字　　　　　　2013 年 1 月第 5 版
　　印数：11 601 — 12 100 册　2018 年 1 月河北第 12 次印刷

ISBN 978-7-115-29427-2

定价：49.00 元（附光盘）

读者服务热线：(010)81055410　印装质量热线：(010)81055316
反盗版热线：(010)81055315
广告经营许可证：京东工商广登字 20170147 号

前　言

随着 Internet 技术及其应用的不断发展，网络对于我们的生活、学习和工作的影响越来越大。网站是 Internet 提供服务的门户和基础，网页又是网站的重要窗口。内容丰富、制作精美的网页会吸引越来越多的访问者来浏览，这是网站生存和发展的关键。

综观人才市场，各企事业单位对网站开发工作人员的需求也逐渐增加。但是网页制作与网站建设作为一项综合性的技能，对很多计算机技术都有着很高的要求。网站开发工作包括市场需求研究、静态网页设计、网站页面布局设计与色彩搭配、动态网站开发以及网站的发布推广与维护等。如此诸多方面的知识，使得很多初学者往往都会感到十分困惑，不知道各项技术之间的关系。本套丛书正是由此而来，并完美地解决了这个问题——为广大读者学习网页制作与网站开发技术提供了完整的学习方案。

本书主要内容

Dreamweaver 是网页设计与制作领域中用户最多、应用最广和功能最强的软件之一，无论在国内，还是国外，它都是备受专业 Web 开发人员喜爱的软件。本书通过最新版本 Dreamweaver CS6，讲述了网页制作与网站建设的方方面面。全书分为 24 章，从基础知识开始，以实例操作的形式深入浅出地讲解了网页制作与网站建设的各种知识和操作技巧，并结合具体实例介绍商业网站的制作方法。

本书主要内容如下。

第 1 部分基础入门篇：讲述了网页制作基础知识、Dreamweaver CS6 工作环境和新增功能、站点的搭建与管理以及网站建设规范和基本流程。

第 2 部分静态网页设计篇：讲述了文本网页的创建、绚丽多彩的图像和多媒体网页的创建、超级链接的创建、使用表格排版网页、使用框架和 Div 灵活布局网页、使用 CSS 修饰美化网页、CSS+Div 布局方法、使用模板和库提高网页制作效率、使用行为和 JavaScript 为网页增添活力以及网站页面布局设计与色彩搭配。

第 3 部分动态数据库网站开发篇：介绍了用表单创建交互式网页、动态网页创建的基础知识、设计开发留言系统、设计开发会员注册登录系统、设计开发调查投票系统和设计开发博客系统。

第 4 部分商业网站案例篇：介绍了购物网站和企业网站的创建，可以帮助读者进一步掌握整个网站的创建。

第 5 部分网站发布推广与安全维护篇：介绍了站点的发布与推广、网站的安全。

第 6 部分附录篇：介绍了 Dreamweaver 网页制作常见问题、HTML 常用标签、JavaScript 语法手册和 CSS 属性一览。

本书特色

● 　结构清晰、知识全面。本书以"基础入门"→"静态网页设计"→"动态数据库网站开发"→"商业网站案例"→"网站发布推广与安全维护"→"附录"为主线，通过大量实例，让读者一步一步掌握使用 Dreamweaver 软件制作网页与建设网站的方法，真正完成了从入门到精通的转变。

● 　采用 Dreamweaver 的最新版本 Dreamweaver CS6 讲解网页的制作，体现新技术的使用。主要章节最后都有综合实例，是对本章知识点的综合应用。

● 　双栏排版，提示标注。采用双栏图解排版，一步一图，图文对应，并在图中添加了操作提示标注，以便于读者快速学习。

● 　实例丰富。全书由不同行业中的实例应用组成，书中各实例均经过精心设计，操作步骤清晰简明，技术分析深入浅出，实例效果精美实用。在讲解和分析实例的同时，引入 Dreamweaver 网页制作方法以及网页制作的技巧规范。每个功能都给出了详细的操作步骤，使读者轻松上手，并能举一反三。

● 　制作了配套视频多媒体教学光盘。教学光盘内容取自于本书的精华内容，采用语音讲解和真实操作演示，让读者一学就会。另外，配套光盘资源丰富，实用性强，提供了本书用到的范例源文件及各种素材。

本书读者对象

● 　网页设计师。

● 　网页制作与开发人员。

● 　大中专院校相关专业师生。

● 　网页设计培训班学员。

● 　个人网站爱好者与自学读者。

本书作者均为从事 Dreamweaver 教学工作的资深教师或多年从事大型商业网站建设的资深网页设计师，有着丰富的教学经验和网页设计经验。由于时间所限，书中疏漏之处在所难免，恳请广大读者朋友批评指正。

编者

Contents

目　　录

第1部分　基础入门篇

第1章　网页制作基础知识 22

1.1　网页制作与网站建设基础 22

    1.1.1　什么是静态网页 22

    1.1.2　什么是动态网页 22

    1.1.3　常见网站类型 23

1.2　网页的基本构成元素 25

    1.2.1　网站 Logo 25

    1.2.2　网站 Banner 25

    1.2.3　导航栏 26

    1.2.4　文本 26

    1.2.5　图像 26

    1.2.6　Flash 动画 26

1.3　网页制作常用软件和技术 27

    1.3.1　网页编辑排版软件 Dreamweaver CS6 27

    1.3.2　网页图像制作软件 Photoshop CS6 和 Fireworks CS6 27

    1.3.3　网页动画制作软件 Flash CS6 28

    1.3.4　网页标记语言 HTML 28

    1.3.5　网页脚本语言 JavaScript 28

    1.3.6　动态网页编程语言 ASP 29

1.4　课后练习 29

1.5　本章总结 29

第2章　Dreamweaver CS6 轻松入门 31

2.1　Dreamweaver CS6 工作环境 31

    2.1.1　菜单栏 32

    2.1.2　【文档】工具栏 32

2.1.3 【属性】面板 ···33
2.1.4 面板组 ··33
2.2 【插入】栏 ···33
2.2.1 【常用】插入栏 ···34
2.2.2 【布局】插入栏 ···34
2.2.3 【表单】插入栏 ···35
2.2.4 【数据】插入栏 ···36
2.2.5 【Spry】插入栏 ···36
2.2.6 【文本】插入栏 ···37
2.2.7 【收藏夹】插入栏 ···37
2.3 体验 Dreamweaver CS6 的新功能 ··38
2.3.1 可响应的自适应网格版面 ··38
2.3.2 FTP 快速上传 ···38
2.3.3 Adobe Business Catalyst 集成 ···38
2.3.4 增强型 jQuery 移动支持 ··38
2.3.5 更新的 PhoneGap ··39
2.3.6 CSS3 过渡 ···39
2.3.7 更新的实时视图 ··39
2.3.8 更新的多屏幕预览面板 ···39
2.4 课后练习 ··40
2.5 本章总结 ··40

第 3 章 站点的搭建与管理 ··41

3.1 创建本地站点 ···41
3.1.1 使用向导搭建站点 ···41
3.1.2 使用【高级】面板创建站点 ··42
3.2 管理站点 ··44
3.2.1 打开站点 ···45
3.2.2 编辑站点 ···45
3.2.3 删除站点 ···45
3.2.4 复制站点 ···46
3.3 管理站点中的文件 ···46
3.3.1 创建文件夹和文件 ···46
3.3.2 移动和复制文件 ··47
3.4 使用站点地图 ···47
3.5 综合案例——创建本地站点 ···48
3.6 课后练习 ··49
3.7 本章总结 ··50

3

4

第 4 章　网站建设规范和基本流程 51

4.1　网站建设规范 51

4.1.1　组建开发团队规范 51

4.1.2　开发工具规范 51

4.1.3　超链接规范 52

4.1.4　文件夹和文件命名规范 52

4.1.5　代码设计规范 53

4.2　网站建设的基本流程 53

4.2.1　确定站点目标 54

4.2.2　确定目标浏览者 54

4.2.3　确定站点风格 54

4.2.4　收集资源 55

4.2.5　设计网页图像 55

4.2.6　制作网页 56

4.2.7　开发动态网站模块 56

4.2.8　申请域名和服务器空间 56

4.2.9　测试与发布上传 57

4.2.10　网站的推广 57

4.3　课后练习 57

4.4　本章总结 58

第 2 部分　静态网页设计篇

5

第 5 章　创建结构清晰的文本网页 60

5.1　设置文本属性 60

5.1.1　插入文本 60

5.1.2　设置字体 60

5.1.3　设置字号 61

5.1.4　设置字体颜色 62

5.1.5　设置字体样式 62

5.1.6　编辑段落 62

5.2　插入其他元素 63

5.2.1　插入特殊字符 63

5.2.2　插入水平线 64

5.2.3　插入注释 65

5.3　创建项目列表和编号列表 65

5.3.1　创建项目列表 65

5.3.2　创建编号列表 65

5.4　插入网页头部内容 66

5.4.1 设置 META ·· 66

5.4.2 插入关键字 ······································· 66

5.4.3 插入说明 ·· 67

5.4.4 插入刷新 ·· 67

5.4.5 设置基础 ·· 67

5.4.6 设置链接 ·· 68

5.5 综合案例——创建基本文本网页 ············· 68

5.6 课后练习 ··· 70

5.7 本章总结 ··· 71

第 6 章 创建绚丽多彩的图像和多媒体网页 72

6.1 网页中常用的图像格式 ······························· 72

6.2 插入图像 ··· 73

6.2.1 插入普通图像 ·································· 73

6.2.2 设置图像属性 ·································· 74

6.2.3 插入图像占位符 ······························ 75

6.2.4 插入鼠标经过图像 ························· 76

6.3 编辑图像 ··· 78

6.3.1 裁剪图像 ·· 78

6.3.2 重新取样图像 ·································· 78

6.3.3 调整图像亮度和对比度 ··················· 79

6.3.4 锐化图像 ·· 79

6.4 插入多媒体 ··· 80

6.4.1 插入 SWF 动画 ······························· 80

6.4.2 插入 FLV 视频 ······························· 81

6.4.3 插入背景音乐 ·································· 82

6.4.4 插入 Java Applet ···························· 84

6.5 综合案例 ··· 85

6.5.1 创建图文混排网页 ························· 85

6.5.2 创建精彩的多媒体网页 ··················· 87

6.6 课后练习 ··· 88

6.7 本章总结 ··· 89

第 7 章 创建超级链接 90

7.1 关于超级链接的基本概念 ·························· 90

7.2 创建超级链接的方法 ································· 90

7.2.1 使用【属性】面板创建链接 ············· 91

7.2.2 使用指向文件图标创建链接 ············· 91

7.2.3 使用菜单创建链接 ························· 91

7.3 创建各种类型的链接 ···91
　7.3.1 创建文本链接 ···91
　7.3.2 创建图像热点链接 ···92
　7.3.3 创建 E-mail 链接 ··93
　7.3.4 创建下载文件链接 ···94
　7.3.5 创建锚点链接 ···95
　7.3.6 创建脚本链接 ···97
　7.3.7 创建空链接 ···98
7.4 管理超链接 ···99
　7.4.1 自动更新链接 ···99
　7.4.2 在站点范围内更改链接 ···99
　7.4.3 检查站点中的链接错误 ·······································100
7.5 综合案例 ··100
　7.5.1 创建锚点链接网页 ···100
　7.5.2 创建图像热点链接 ···103
7.6 课后练习 ··104
7.7 本章总结 ··105

第 8 章　使用表格排版网页 ··106

8.1 创建表格 ··106
　8.1.1 表格的基本概念 ···106
　8.1.2 插入表格 ···106
8.2 设置表格及其元素属性 ··107
　8.2.1 设置表格属性 ···107
　8.2.2 设置单元格的属性 ···108
8.3 表格的基本操作 ···108
　8.3.1 选择表格 ···108
　8.3.2 调整表格和单元格的大小 ·····································109
　8.3.3 添加或删除行或列 ···109
　8.3.4 拆分单元格 ···111
　8.3.5 合并单元格 ···111
　8.3.6 剪切、复制、粘贴表格 ·······································111
8.4 表格的基本应用 ···112
　8.4.1 导入表格式数据 ···112
　8.4.2 排序表格 ···113
8.5 综合案例 ··114
　8.5.1 制作网页细线表格 ···115
　8.5.2 利用表格排列网页 ···116
8.6 课后练习 ··123

8.7　本章总结 ··· 125

第 9 章　使用 Div 和 Spry 灵活布局网页　126

9.1　插入 AP Div ··· 126

9.1.1　创建普通 AP Div ·· 126

9.1.2　创建嵌套 AP Div ·· 127

9.2　设置 AP Div 的属性 ·· 127

9.2.1　设置 AP Div 的显示/隐藏属性 ·· 127

9.2.2　改变 AP Div 的堆叠顺序 ·· 128

9.2.3　添加 AP Div 滚动条 ·· 128

9.2.4　改变 AP Div 的可见性 ·· 129

9.3　使用 Spry 布局对象 ·· 129

9.3.1　使用 Spry 菜单栏 ··· 129

9.3.2　使用 Spry 选项卡式面板 ·· 129

9.3.3　使用 Spry 折叠式 ·· 130

9.3.4　使用 Spry 可折叠面板 ·· 130

9.4　综合案例——利用 AP Div 制作网页下拉菜单 ··· 131

9.5　课后练习 ··· 133

9.6　本章总结 ··· 134

第 10 章　使用 CSS 修饰美化网页　135

10.1　CSS 简介 ··· 135

10.1.1　CSS 的基本概念 ·· 135

10.1.2　CSS 的类型与基本语法 ·· 136

10.2　使用 CSS ··· 136

10.2.1　建立标签样式 ··· 137

10.2.2　建立类样式 ·· 138

10.2.3　建立复合内容样式 ·· 138

10.3　设置 CSS 样式 ·· 139

10.3.1　设置文本样式 ··· 139

10.3.2　设置背景样式 ··· 139

10.3.3　设置区块样式 ··· 140

10.3.4　设置方框样式 ··· 140

10.3.5　设置边框样式 ··· 141

10.3.6　设置列表样式 ··· 141

10.3.7　设置定位样式 ··· 142

10.3.8　设置扩展样式 ··· 142

10.3.9　设置过渡样式 ··· 142

10.4　CSS 滤镜设计特效文字 ··· 143

10.4.1　滤镜概述 ·· 143

10.4.2　光晕（Glow） ·· 143

10.4.3　模糊（Blur） ·· 144

10.4.4　遮罩（Mask） ·· 144

10.4.5　透明色（Chroma） ······································ 145

10.4.6　阴影（Dropshadow） ·································· 145

10.4.7　波浪（Wave） ·· 146

10.4.8　X 射线（Xray） ·· 146

10.5　综合案例 ·· 147

10.5.1　应用 CSS 固定字体大小 ······························· 147

10.5.2　应用 CSS 改变文本间行距 ···························· 148

10.5.3　应用 CSS 创建动感光晕文字 ························· 150

10.5.4　应用 CSS 给文字添加边框 ···························· 152

10.6　课后练习 ·· 154

10.7　本章总结 ·· 155

第 11 章　CSS+Div 布局方法　　　　　　　　　　156

11.1　初识 Div ·· 156

11.1.1　Div 概述 ·· 156

11.1.2　Div 与 Span 的区别 ······································ 156

11.1.3　Div 与 CSS 布局优势 ····································· 157

11.2　CSS 定位 ·· 158

11.2.1　盒子模型的概念 ··· 158

11.2.2　float 定位 ·· 159

11.2.3　position 定位 ··· 159

11.3　CSS 布局理念 ·· 160

11.3.1　将页面用 Div 分块 ······································· 160

11.3.2　设计各块的位置 ··· 160

11.3.3　用 CSS 定位 ·· 161

11.4　常见的布局类型 ·· 161

11.4.1　一列固定宽度 ·· 162

11.4.2　一列自适应 ··· 162

11.4.3　两列固定宽度 ·· 162

11.4.4　两列宽度自适应 ··· 163

11.4.5　两列右列宽度自适应 ······································ 164

11.4.6　三列浮动中间宽度自适应 ······························ 164

11.5　课后练习 ·· 165

11.6　本章总结 ·· 166

12

第 12 章 使用模板和库提高网页制作效率   167

12.1 创建模板 ·· 167

  12.1.1 直接创建模板 ·· 167

  12.1.2 从现有文档创建模板 ·································· 168

12.2 使用模板 ·· 168

  12.2.1 定义可编辑区 ·· 169

  12.2.2 定义新的可选区域 ···································· 169

  12.2.3 定义重复区域 ·· 170

  12.2.4 基于模板创建网页 ···································· 170

12.3 管理模板 ·· 173

  12.3.1 更新模板 ·· 173

  12.3.2 从模板中脱离 ·· 174

12.4 创建与应用库项目 ·· 174

  12.4.1 关于库项目 ·· 174

  12.4.2 创建库项目 ·· 175

  12.4.3 应用库项目 ·· 176

  12.4.4 修改库项目 ·· 177

12.5 综合案例 ·· 177

  12.5.1 创建网站模板 ·· 178

  12.5.2 利用模板创建网页 ···································· 182

12.6 课后练习 ·· 184

12.7 本章总结 ·· 184

13

第 13 章 使用行为和 JavaScript 为网页增添活力   185

13.1 行为的概念 ·· 185

13.2 行为的动作和事件 ·· 186

  13.2.1 常见动作类型 ·· 186

  13.2.2 常见事件 ·· 186

13.3 使用 Dreamweaver 内置行为 ··································· 187

  13.3.1 交换图像 ·· 187

  13.3.2 弹出提示信息 ·· 189

  13.3.3 打开浏览器窗口 ······································ 190

  13.3.4 转到 URL ·· 191

  13.3.5 预先载入图像 ·· 192

  13.3.6 设置容器中的文本 ···································· 194

  13.3.7 显示－隐藏元素 ······································ 195

  13.3.8 检查插件 ·· 196

  13.3.9 检查表单 ·· 196

  13.3.10 设置状态栏文本 ····································· 197

13.3.11 设置框架文本 ··· 198

13.4 使用 JavaScript ·· 199

13.4.1 利用 JavaScript 函数实现打印功能 ·················· 199

13.4.2 利用 JavaScript 函数实现关闭窗口功能 ·············· 200

13.4.3 利用 JavaScript 创建自动滚屏网页效果 ·············· 200

13.5 课后练习 ··· 201

13.6 本章总结 ··· 203

第 14 章 网站页面布局设计与色彩搭配 204

14.1 网页版面布局设计 ··· 204

14.1.1 网页版面布局原则 ······························· 204

14.1.2 点、线和面的构成 ······························· 205

14.2 常见的版面布局形式 ······································· 206

14.2.1 "国"字型布局 ································· 206

14.2.2 拐角型布局 ····································· 207

14.2.3 框架型布局 ····································· 207

14.2.4 封面型布局 ····································· 207

14.2.5 Flash 型布局 ··································· 207

14.2.6 标题正文型 ····································· 208

14.3 网页配色基础 ··· 208

14.3.1 红色 ··· 209

14.3.2 黑色 ··· 209

14.3.3 橙色 ··· 209

14.3.4 灰色 ··· 209

14.3.5 紫色 ··· 210

14.3.6 黄色 ··· 210

14.3.7 绿色 ··· 210

14.3.8 蓝色 ··· 211

14.4 网页色彩搭配知识 ··· 211

14.4.1 网页色彩搭配的技巧 ····························· 211

14.4.2 网页要素色彩的搭配 ····························· 212

14.5 课后练习 ··· 213

14.6 本章总结 ··· 214

第 3 部分 动态数据库网站开发篇

第 15 章 用表单创建交互式网页 216

15.1 表单概述 ··· 216

15.2 创建表单域 ··· 217

15.3 插入文本域 ··· 218
　　15.3.1 单行文本域 ··· 218
　　15.3.2 多行文本域 ··· 220
　　15.3.3 密码域 ·· 220
15.4 复选框和单选按钮 ··· 221
　　15.4.1 复选框 ·· 221
　　15.4.2 单选按钮 ··· 222
　　15.4.3 单选按钮组 ··· 223
15.5 列表和菜单 ··· 224
　　15.5.1 下拉菜单 ··· 224
　　15.5.2 滚动列表 ··· 225
15.6 跳转菜单的使用 ··· 225
15.7 使用按钮激活表单 ··· 226
　　15.7.1 插入按钮 ··· 227
　　15.7.2 图像按钮 ··· 227
15.8 使用隐藏域和文件域 ··· 228
　　15.8.1 隐藏域 ·· 228
　　15.8.2 文件域 ·· 229
15.9 综合案例——创建电子邮件表单 ··· 229
15.10 课后练习 ·· 234
15.11 本章总结 ·· 234

16 第16章 创建动态网页 235

16.1 创建动态网页开发环境 ··· 235
　　16.1.1 安装因特网信息服务器 ··· 235
　　16.1.2 设置因特网信息服务器（IIS） ·································· 236
16.2 设计数据库 ··· 237
16.3 建立数据库连接 ··· 238
　　16.3.1 了解 DSN ··· 239
　　16.3.2 定义系统 DSN ··· 239
　　16.3.3 建立系统 DSN 连接 ·· 240
16.4 定义记录集（查询） ··· 241
　　16.4.1 简单记录集（查询）的定义 ····································· 241
　　16.4.2 高级记录集的定义 ··· 242
　　16.4.3 调用存储过程 ··· 242
　　16.4.4 简单的 SQL 查询语句 ·· 242
16.5 其他数据源的定义 ··· 243
　　16.5.1 请求变量 ··· 243
　　16.5.2 阶段变量 ··· 244

16.5.3 应用程序变量 244

16.6 绑定动态数据 245

16.6.1 绑定动态文本 245

16.6.2 设置动态文本数据格式 245

16.6.3 绑定动态图像 246

16.6.4 向表单对象绑定动态数据 247

16.7 添加服务器行为 248

16.7.1 显示多条记录 248

16.7.2 移动记录 249

16.7.3 显示区域 249

16.7.4 页面之间信息传递 250

16.7.5 用户验证 251

16.8 课后练习 252

16.9 本章总结 253

第 17 章 设计开发留言系统   254

17.1 程序设计分析 254

17.2 创建数据表与数据库连接 255

17.2.1 设计数据库 255

17.2.2 创建数据库连接 256

17.3 设计留言板的各个页面 257

17.3.1 留言列表页面 258

17.3.2 留言详细信息页面 260

17.3.3 发表留言页面 261

17.4 课后练习 263

17.5 本章总结 265

第 18 章 设计开发会员注册登录系统   266

18.1 需求分析与设计思路 266

18.2 创建数据库与数据库连接 268

18.2.1 创建数据库 268

18.2.2 创建数据库连接 269

18.3 制作会员注册登录系统各页面 270

18.3.1 注册页面的制作 270

18.3.2 注册成功与失败页面 274

18.3.3 会员登录页面的制作 276

18.3.4 登录成功与失败页面 278

18.4 课后练习 279

18.5 本章总结 281

19

第 19 章　设计开发调查投票系统　282

19.1　需求分析与设计思路 ·········· 282

19.2　创建数据库与数据库连接页 ·········· 283

19.3　制作投票内容页 ·········· 284

19.4　制作投票内容页 ·········· 288

19.5　课后练习 ·········· 296

19.6　本章总结 ·········· 297

20

第 20 章　设计开发博客系统　298

20.1　需求分析与设计思路 ·········· 298

20.2　创建数据库 ·········· 300

20.3　具体页面制作 ·········· 300

　20.3.1　博客日志首页 ·········· 301

　20.3.2　日志内容 ·········· 303

　20.3.3　添加博客日志页面 ·········· 304

　20.3.4　删除日志页面 ·········· 306

20.4　课后练习 ·········· 309

20.5　本章总结 ·········· 310

■ ■ ■ ■ ■ ■ 第4部分　商业网站案例篇

21

第 21 章　设计制作企业网站　312

21.1　企业网站设计概述 ·········· 312

　21.1.1　企业网站分类 ·········· 312

　21.1.2　企业网站主要功能页面 ·········· 313

　21.1.3　本例主要页面 ·········· 315

21.2　创建本地站点 ·········· 316

21.3　设计首页 ·········· 317

21.4　模板页面的制作 ·········· 320

　21.4.1　创建顶部库文件 ·········· 320

　21.4.2　创建底部库文件 ·········· 322

　21.4.3　创建模板 ·········· 322

21.5　利用模板创建网页 ·········· 326

21.6　课后练习 ·········· 327

21.7　本章总结 ·········· 328

22

第 22 章　设计制作网上购物网站　329

22.1　购物网站设计概述 ·········· 329

22.2　购物网站主要特点分析 ·········· 331

22.2.1 大信息量的页面 ································· 331
22.2.2 页面结构设计合理 ························· 332
22.2.3 完善的分类体系 ····························· 332
22.2.4 商品图片的使用 ····························· 333
22.3 购物网站主要功能和栏目 ·················· 333
22.4 设计数据库和数据库连接 ·················· 335
22.4.1 创建数据库表 ································· 336
22.4.2 创建数据库连接 ····························· 337
22.5 制作购物系统前台页面 ······················ 337
22.5.1 制作商品分类展示页面 ················· 337
22.5.2 制作商品详细信息页面 ················· 342
22.6 制作购物系统后台管理 ······················ 343
22.6.1 制作管理员登录页面 ····················· 344
22.6.2 制作添加商品分类页面 ················· 346
22.6.3 制作添加商品页面 ························· 349
22.6.4 制作商品管理页面 ························· 351
22.6.5 制作修改页面 ································· 355
22.6.6 制作删除页面 ································· 356
22.7 课后练习 ··· 359
22.8 本章总结 ··· 363

第5部分　网站发布推广与安全维护篇

第23章　站点的发布与推广 366

23.1 测试站点 ··· 366
23.1.1 检查链接 ······································· 366
23.1.2 站点报告 ······································· 367
23.1.3 清理文档 ······································· 367
23.2 发布网站 ··· 368
23.3 网站运营与维护 ································· 370
23.3.1 网站的运营工作 ····························· 370
23.3.2 网站的更新维护 ····························· 371
23.4 网站的推广 ······································· 371
23.4.1 登录搜索引擎 ································· 372
23.4.2 登录导航网站 ································· 372
23.4.3 博客推广 ······································· 373
23.4.4 聊天工具推广网站 ························· 373
23.4.5 互换友情链接 ································· 374
23.4.6 BBS论坛宣传 ································· 374
23.4.7 软文推广 ······································· 375

23.4.8 电子邮件推广 375

23.5 网站的 SEO 优化流程 376

23.6 课后练习 378

23.7 本章总结 378

24

第 24 章 网站的安全 379

24.1 计算机安全设置 379

　　24.1.1 取消文件夹隐藏共享 379

　　24.1.2 删掉不必要的协议 380

　　24.1.3 关闭文件和打印共享 381

　　24.1.4 把 Guest 账号禁用 381

　　24.1.5 禁止建立空连接 382

　　24.1.6 NTFS 权限的设置 382

24.2 Web 服务的高级设置 383

　　24.2.1 目录和应用程序访问权限的设置 383

　　24.2.2 匿名和授权访问控制 384

　　24.2.3 备份与还原 IIS 384

24.3 网络安全防范措施 385

　　24.3.1 防火墙技术 385

　　24.3.2 隐藏 IP 地址 386

　　24.3.3 操作系统账号的管理 386

　　24.3.4 安装必要的杀毒软件 387

　　24.3.5 做好 Internet Explorer 浏览器的安全设置 388

24.4 课后练习 388

24.5 本章总结 389

■■■■■■■ **第 6 部分　附录篇**

A

附录 A　网页制作常见问题 392

1. 如何利用 Dreamweaver 手工编写网页代码 392

2. 如何清除网页中不必要的 HTML 代码 392

3. 为什么我的页面顶部和左边有明显的空白 393

4. 怎样定义网页语言 393

5. 如何搜寻整个网站的内容并替换内容 393

6. 如何在 Dreamweaver CS6 中输入多个空格字符 394

7. 在 Dreamweaver CS6 中创建空白文档有哪几种方法 394

8. 在 Dreamweaver CS6 中按 Enter 键换行时，
　 与上一行的距离却很远，如何解决 395

9. 为什么想让一行字居中，但其他行字也变成居中 395

10. 怎样给网页图像添加边框 395

11．为什么我做的网页，传到网上后不显示图片 ································395

12．如何避免自己的图片被其他站点使用 ··································395

13．如何调整图片与文字的间距 ·······································395

14．为什么我设置的背景图像不显示 ····································396

15．为什么浏览网页时不能显示插入的 Flash 动画 ··························396

16．怎样把别人网页上的背景音乐保存下来 ·······························396

17．如何下载网页上的 Flash ··396

18．多媒体标签彻底剖析 ··396

19．如何添加图片及链接文字的提示信息 ·································397

20．如何删除图片链接的蓝色边框 ·····································397

21．怎样一次链接到两个网页 ··397

22．从表格【属性】面板【宽度】后面的下拉列表里选择单位时，
　　选择【像素】或【百分比】有什么区别呢 ·······························397

23．为什么在 Dreamweaver 中把单元格高度设置为 1 没有效果 ················397

24．为什么表格里的文字不会自动换行 ··································397

25．如何解决表格的变形问题 ··398

26．创建表格的技巧 ··398

27．Div 标签与 span 标签有什么区别 ···································398

28．用表格好还是用 AP Div 好呢 ······································398

29．如何调整框架边框的粗细 ··399

30．怎样防止别人把自己的网页放在框架里 ·······························399

31．如何隐藏滚动条 ··399

32．怎样使框架集在不同的浏览器中正常显示 ·····························399

33．什么时候需要使用模板 ··399

34．什么是模板的可编辑区域？在定义可编辑区域时应注意什么 ···············399

35．怎样定义重复表格 ··400

36．CSS 在网页制作中一般有 3 种方式的用法，
　　那么具体在使用时该采用哪种用法 ··································400

37．CSS 的 3 种用法在一个网页中可以混用吗 ····························400

38．在 CSS 中有 "〈!--〉" 和 "--〉"，可以不要吗 ························400

39．如何禁止使用鼠标右键 ··401

40．如何为页面设置访问口令 ··401

41．如何将网站添加至收藏夹 ··401

42．如何制作刷新网页随机播放音乐效果 ·································401

43．怎样显示当前日期和时间 ··402

44．怎样显示表单中的红色虚线框 ·····································403

45．如何避免表单撑开表格 ··403

46．创建数据库连接一定要在服务器端设置 DNS 吗 ·························403

47．数据字段命名时要注意哪些原则呢 ··································403

48．有时已经在服务器行为中将【插入记录】服务器行为删除了，
　　为什么重做【插入记录】后，运行时还会提示变量重复定义 ·················403

49. 当出现修改程序执行【@命令只能在 Active Server Page 中使用一次】
    的错误时，应如何解决 ·······································403
50. 为什么有时在文件的【属性】对话框中没有【安全】选项卡 ·······································404
51. 关于表格布局网页时的一些技巧 ·······································404
52. 如何创建动态图像 ·······································404
53. 如何给网站增加购物车和在线支付功能 ·······································405
54. 如何使用记录集对话框的高级模式 ·······································405
55. 如何使用【数据】插入栏快速插入动态应用程序 ·······································405
56. 将文件上传到服务器后，为什么会出现【操作必须使用可更新的查询】·······································405
57. 在规划站点结构时，应该遵循哪些规则呢 ·······································406
58. 怎样对站点下的文件检查浏览器 ·······································406
59. 站点建立好之后，如何才能对它进行编辑 ·······································406
60. 站点的取出和存回是怎么回事 ·······································406

以下内容在随书光盘中

附录 B　HTML 常用标签　　　　　　　　　　　　407

1. 跑马灯 ·······································407
2. 字体效果 ·······································407
3. 区段标记 ·······································408
4. 链接 ·······································408
5. 图像/音乐 ·······································409
6. 表格 ·······································409
7. 分割窗口 ·······································409

附录 C　JavaScript 语法手册　　　　　　　　　　　413

1. JavaScript 函数 ·······································413
2. JavaScript 方法 ·······································413
3. JavaScript 对象 ·······································416
4. JavaScript 运算符 ·······································417
5. JavaScript 属性 ·······································418
6. JavaScript 语句 ·······································418

附录 D　CSS 属性一览　　　　　　　　　　　　　420

1. 文字属性 ·······································420
2. 项目符号 ·······································420
3. 背景样式 ·······································421
4. 链接属性 ·······································421
5. 边框属性 ·······································421
6. 表单 ·······································421
7. 边界样式 ·······································422
8. 边框空白 ·······································422

第1部分
基础入门篇

第1章■
网页制作基础知识
第2章■
Dreamweaver CS6 轻松入门
第3章■
站点的搭建与管理
第4章■
网站建设规范和基本流程

为了能够使网页初学者对网页设计有个总体的认识，在设计制作网页前，首先介绍网页设计的基础知识。本章主要介绍了网页制作与网站建设基础、网页的基本构成元素以及网页制作常用软件和技术，使读者对网页制作有一个初步的认识和了解。

学习目标
- 了解网页制作与网站建设基础
- 掌握网页的基本构成元素
- 掌握网页的制作常用软件和技术

1.1 网页制作与网站建设基础

在学习网页设计之前，先来了解一下什么是静态网页和动态网页以及网站的常见类型。

1.1.1 什么是静态网页

静态网页是采用传统的 HTML 编写的网页，其文件扩展名一般为.htm、.html、.shtml、.xml 等。静态网页并不是指网页中的元素都是静止不动的，而是指浏览器与服务器端不发生交互的网页，但是网页中可能会包含 GIF 动画、鼠标经过图像和 Flash 动画等，如图 1-1 所示。

图 1-1 静态网页

静态网页的主要特点如下。

- 静态网页的每个页面都有一个固定的 URL。
- 静态网页的内容相对稳定，因此容易被搜索引擎检索。
- 静态网页没有数据库的支持，当网站信息量很大时，依靠静态网页的制作方式比较困难。
- 静态网页交互性比较差，信息流向是单向的，即从服务器到浏览器。服务器不能根据用户的选择调整返回给用户的内容。

1.1.2 什么是动态网页

动态网页是指网页文件里包含了程序代码，通过后台数据库与 Web 服务器的信息交互，由后台数据库提供实时数据更新和数据查询服务。这种网页文件的扩展名称一般根据不同的程序设计语言而不同，如常见的有.asp、.jsp、.php、.perl和.cgi 等。图 1-2 所示的是动态留言页面。

图 1-2　动态留言页面

动态网页主要特点如下。

⚫ 动态网页没有固定的 URL。

⚫ 动态网页以数据库技术为基础，可以大大降低网站维护的工作量。

⚫ 采用动态网页技术的网站可以实现更多的功能，如用户注册、用户登录、在线调查、用户管理和订单管理等。

⚫ 动态网页实际上并不是独立存在于服务器上的网页文件，只有当用户请求时服务器才返回一个完整的网页。

1.1.3　常见网站类型

网站是因特网上的一个信息集中点，可以通过 WWW 域名进行访问。网站要存储在独立服务器或者服务器的虚拟主机上才能接受访问。

网站是有独立域名、独立存放空间的内容集合，这些内容可能是网页，也可能是程序或其他文件，不一定要有很多网页，主要有独立域名和空间，即使只有一个页面也叫网站。网站按其内容可分为企业类网站、电子商务网站、个人网站、机构类网站、娱乐游戏网站、门户网站和行业信息类网站等，下面分别进行介绍。

1. 企业网站

企业宣传性网站主要围绕企业、产品及服务信息进行网络宣传，通过网站树立企业的网络形象。企业都可根据自身需求，发布各种企业和业务信息（如公司信息、产品和服务信息以及供求信息等）。随着信息时代的到来，企业网站作为企业的名片越来越被重视，成为企业宣传品牌、展示服务与产品乃至进行所有经营活动的平台和窗口。通过网站可以展示企业的形象，扩大社会影响，提高企业的知名度。图1-3 所示的是企业网站。

图 1-3　企业网站

2. 个人网站

个人网站一般是个人为了兴趣爱好或为了展示个人等目的而建的网站，具有较强的个性化特色，带有很明显的个人色彩，从内容、风格和样式上，都形色各异、包罗万象。相对于大型网站来说，个人网站的内容一般比较少，但是技术的采用不一定比大型网站的差。很多精彩的个人网站的站长往往就是一些大型网站的设计人员。图 1-4 所示的是个人介绍性网站。

图 1-4　个人网站

3．门户网站

门户网站涉及的领域非常广泛，是一种综合性网站。这类网站还具有非常强大的服务功能，如搜索、论坛、聊天室、电子邮箱、虚拟社区和短信等。门户网站的外观通常整洁大方，用户所需的信息在上面基本都能找到。

目前国内比较大的门户网站有很多，如新浪（http://www.sina.com.cn）、搜狐（http://www.sohu.com）和网易（http://www.163.com）等。图1-5所示的是新浪门户网。

图1-5　门户网站

4．机构网站

机构网站通常指政府机关、相关社团组织或事业单位建立的网站。网站的内容多以机构或社团的形象宣传和政府服务为主，网站的设计通常风格一致、功能明确，受众面也较为明确，内容上相对较为专一。图1-6所示的是政府机构类网站。

5．娱乐网站

娱乐网站大都是以提供娱乐信息和流行音乐为主的网站，它们可以提供丰富多彩的娱乐内容。这类网站通常色彩鲜艳明快，内容综合，多配以大量图片，设计风格轻松活泼、时尚另类。图1-7所示的是娱乐类网站。

图1-6　政府机构网站

图1-7　娱乐类网站

6．电子商务网站

电子商务网站主要依靠 Internet 来完成商业活动的各个环节。电子商务最早产生于20世纪60年代，发展于20世纪90年代。顾名思义，其内容包含两个方面，一是电子方式，二是商贸活动。电子商务指的是利用简单、快捷、低成本的电子通信方式，买卖双方不见面地进行各种商贸活动。目前电子商务网站包括 4 种：商家至商家（B2B）、商家至消费者（B2C）、消费者至商家（C2B）和消费者至消费者（C2C）。

2010 年中国网上购物市场调查的结果表明，2009 年国内总计有 1.3 亿消费者在网上购物，成交额高达 2670 亿元。网上购物总体规模相对 2008 年增长了 90.7%，网购消费者数量也增加了 5000 万人。2009 年网上购物金额相当于全国社会商品零售总额的 2.1%。

目前国内比较知名的专业电子商务网站有卓越、当当等，提供个人对个人的买卖平台有淘宝、易趣和拍拍等，另外还有许多提供其他各种各样商品出售的网站。图 1-8 所示的网站是著名的电子商务网站淘宝网。

图 1-8　电子商务网站淘宝网

7．行业信息网站

随着 Internet 的发展、网民人数的增多以及网上不同兴趣群体的形成，门户网站已经明显不能满足不同上网群体的需要。一批能够满足某一特定领域上网人群及其特定需要的网站应运而生。由于这些网站的内容服务更为专一

和深入，因此人们将之称为行业网站，也称垂直网站。行业网站只专注于某一特定领域，并通过提供特定的服务内容，有效地把对某一特定领域感兴趣的用户与其他网民区分开来，并长期持久地吸引住这些用户，从而为其发展提供理想的平台。图 1-9 所示的网站是房地产行业网站搜房网。

图 1-9　房地产行业网站

1.2　网页的基本构成元素

网页是构成网站的基本元素。不同性质的网站，其页面元素是不同的。一般网页的基本元素包括 Logo、Banner、导航栏目、文本、图像、Flash 动画和多媒体。

1.2.1　网站 Logo

网站 Logo，也叫网站标志，它是一个站点的象征，也是一个站点是否正规的标志之一。一个好的标志可以很好地树立公司形象。网站标志一般放在网站的左上角，访问者一眼就能看到它。成功的网站标志有着独特的形象标识，在网站的推广和宣传中起到事半功倍的效果。网站标志应体现该网站的特色、内容以及其内在的文化内涵和理念。下面是雅虎网站的标志，如图 1-10 所示。

图 1-10　网站标志

1.2.2　网站 Banner

Banner 是一种网络广告形式，Banner 广告一般是放在网页的顶部，在用户浏览网页信息的同时，吸引用户对于广告信息的关注。

Banner 广告有多种规格和形式，其中最常用的是 486 像素×60 像素的标准广告。这种标志广告有多种不同的称呼，如横幅广告、全幅广告、条幅广告和旗帜广告等。通常是以 GIF、JPG 等格式建立的图像文件或 Flash 文件。图 1-11 所示的是网站 Banner。

图 1-11　网站 Banner

1.2.3 导航栏

导航栏既是网页设计中的重要部分,又是整个网站设计中的一个较独立的部分。一般来说网站中的导航栏位置在各个页面中出现的位置是比较固定的,而且风格也较为一致。导航栏的位置对网站的结构与各个页面的整体布局起到举足轻重的作用。

导航栏的位置一般有 4 种常见的显示位置:在页面的左侧、右侧、顶部和底部。有的在同一个页面中运用了多种导航栏,如有的在顶部设置了主菜单,而在页面的左侧设置了折叠式菜单,同时又在页面的底部设置了多种链接,这样便增强了网站的可访问性。当然并不是导航栏在页面中出现的次数越多越好,而是要合理地运用页面达到总体的协调一致。一个网页的顶部导航栏,如图 1-12 所示。

图 1-12 网站顶部导航栏

1.2.4 文本

文本一直是人类最重要的信息载体与交流工具,网页中的信息也以文本为主。与图像相比,文字虽然不如图像那样易于吸引浏览者的注意,但能准确地表达信息的内容和含义。

为了克服文字固有的缺点,人们为网页中的文本赋予了更多的属性,如字体、字号和颜色等,通过不同格式的区别,突出显示重要的内容。图 1-13 所示的是使用文本的网页。

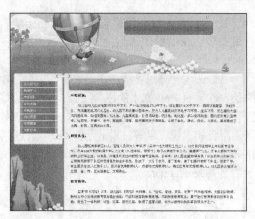

图 1-13 文本

1.2.5 图像

图像在网页中具有提供信息、展示形象、美化网页、表达个人情趣和风格的作用。可以在网页中使用 GIF、JPEG 和 PNG 等多种图像格式,其中使用最广泛的是 GIF 和 JPEG 两种格式。图 1-14 所示的图像展示了企业形象。

图 1-14 图像

1.2.6 Flash 动画

随着网络技术的发展,网页上出现了越来越多的 Flash 动画。Flash 动画已经成为当今网站必不可缺少的部分,美观的动画能够为网页增色不少,从而吸引更多的浏览者。制作 Flash 动画不仅需要对动画制作软件非常熟悉,更重要的是设计者独特的创意。图 1-15 所示的动画就是 Flash 动画。

图 1-15 Flash 动画

1.3　网页制作常用软件和技术

设计网页时首先要选择网页设计软件。虽然用记事本手工编写源代码也能做出网页，但这需要对编程语言相当了解，并不适合广大的网页设计爱好者。由于目前所见即所得类型的工具越来越多，使用也越来越方便，所以设计网页已经变成了一件轻松的工作。Flash、Dreamweaver、Photoshop 和 Fireworks 这 4 款软件相辅相成，它们都是设计网页的首选工具，其中 Dreamweaver 用于排版布局网页，Flash 用于设计精美的网页动画，Photoshop 和 Fireworks 用于处理网页中的图形图像。

1.3.1　网页编辑排版软件 Dreamweaver CS6

Dreamweaver CS6 是 Adobe 公司推出的一款网页设计的专业软件，其强大功能和易操作性使它成为同类开发软件中的佼佼者。Dreamweaver 是集创建网站和管理网站于一身的专业性网页编辑工具，因其界面更为友好、人性化和易于操作，可快速生成跨平台及跨浏览器的网页和网站，并且能进行可视化的操作，拥有强大的管理功能，所以受到了广大网页设计师们的青睐，一经推出就好评如潮。它不仅是专业人员制作网站的首选工具，而且普及到广大网页制作爱好者中。Dreamweaver CS6 是 Adobe 公司推出的最新版本。图 1-16 所示的网页就是利用 Dreamweaver CS6 制作排版的网页。

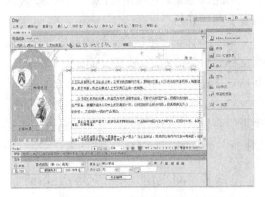

图 1-16　利用 Dreamweaver 制作的网页

1.3.2　网页图像制作软件 Photoshop CS6 和 Fireworks CS6

Photoshop 是 Adobe 公司推出的图像处理软件，目前已被广泛应用于平面设计、网页设计和照片处理等领域。随着计算机技术的发展，Photoshop 已历经数次版本更新，功能越来越强大。图 1-17 所示的图像就是利用 Photoshop CS6 设计的网页图像。

图 1-17　利用 Photoshop CS6 设计的网页图像

Fireworks 能快速地创建网页图像，随着版本的不断升级，功能的不断加强，Fireworks 受到越来越多网页图像设计者的欢迎。Fireworks CS6 中文版更是以它方便快捷的操作模式，在位图编辑、矢量图形处理与 GIF 动画制作功能上的优秀整合，赢得诸多好评。

使用 Fireworks CS6 在网页图像设计中，除了对相应的页面插入图像进行调整处理外，还可以使用图像进行页面的总体布局，然后使用切片导出。也可以使用 Fireworks CS6 创建图像按钮，以便达到更加精彩的效果。图 1-18 所示的图像就是使用 Fireworks 设计的网页广告图像。

图 1-18　使用 Fireworks CS6 设计的网页广告

1.3.3　网页动画制作软件 Flash CS6

在浏览网页的时候，浏览者的视线总会不由自主地被那些美丽动画吸引，同时，会忍不住好奇地想知道这些动画是用什么软件制作出来的，这就是 Flash 软件。Flash 是 Adobe 公司推出的一款功能强大的动画制作软件，是动画设计中应用较广泛的一款软件，它将动画的设计与处理推向了一个更高、更灵活的艺术水准。

Flash 是一款功能非常强大的交互式矢量多媒体网页制作工具，能够轻松输出各种各样的动画网页。它不需要特别繁杂的操作，也比 Java 小巧精悍，而且它的动画效果、多媒体效果十分出色。图 1-19 所示的动画就是利用 Flash CS6 设计的网页动画。

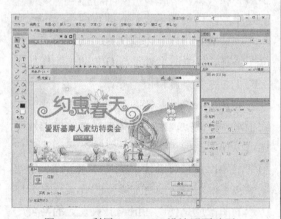

图 1-19　利用 Flash CS6 设计网页动画

1.3.4　网页标记语言 HTML

HTML 的英文全称是 Hyper Text Markup Language，它是全球广域网上描述网页内容和外观的标准。

HTML 不是一种编程语言，而是一种描述性的标记语言，用于描述超文本中内容的显示方式。如文字以什么颜色、大小来显示等，这些都是利用 HTML 标记完成的。其最基本的语法就是<标记符>内容</标记符>。标记符通常都是成对使用，有一个开头标记和一个结束标记。结束标记只是在开头标记的前面加一个斜杠"/"。当浏览器收到 HTML 文件后，就会解释里面的标记符，然后把标记符相对应的功能表达出来。

下面是一个简单网页的 HTML 结构。

```
<html>
<head>
网页头部信息
</head>
<body>
网页主体正文部分
</body>
</html>
```

HTML 定义了以下 3 种标记用于描述页面的整体结构。

<html>标记：它放在 HTML 的开头，表示网页文档的开始。

<head>标记：出现在文档的起始部分，标明文档的头部信息，一般包括标题和主题信息，其结束标记</head>指明文档标题部分的结束。

<body>标记：用来指明文档的主体区域，网页所要显示的内容都放在这个标记内，其结束标记</body>指明主体区域的结束。

1.3.5　网页脚本语言 JavaScript

使用 HTML 只能制作出静态的网页，无法独立地完成与客户端动态交互的网页任务，虽然也有其他的语言如 CGI、ASP 和 Java 等能制作出交互的网页，但其编程方法较为复杂。因此 Netscape 公司开发出了 JavaScript 语言，它引进了 Java 语言的概念，是内嵌于 HTML 中的脚本语言。Java 和 JavaScript 语言虽然在语法上很相似，但它们仍然是两种不同的语言。JavaScript 仅仅是一种嵌入到 HTML 文件中的描述性语言，它并不编译产生机器代码，只是由浏览器的解释器将其动态地处理成可执行的代码。而 Java 语言与 JavaScript 则是一种比较复杂的编译性语言。

JavaScript 是一种作为嵌入 HTML 文件的、基于对象的脚本设计语言。它是一种解释性的语言，不需要 JavaScript 程序进行预先编译而产生可运行的机器代码。由于 JavaScript 由 Java 集成而来，因此它是一种面向对象的程序设计语言。它所包含的对象有两个组合部分，即变量和函数，也称为属性和方法。

JavaScript 使网页增加互动性。深受广大用户的喜爱和欢迎，是众多脚本语言中较为优秀的一种。图 1-20 所示的网页就是使用 JavaScript 制作的动态特效网页。

1.3.6 动态网页编程语言 ASP

ASP 是 Active Server Page 的缩写。ASP 是微软公司开发的代替 CGI 脚本程序的一种应用，它可以与数据库和其他程序进行交互，是一种简单、方便的编程工具。ASP 文件的扩展名是 .asp，可以用来创建和运行动态网页或 Web 应用程序。ASP 网页可以包含 HTML 标记、普通文本、脚本命令以及 COM 组件等。

图 1-20 使用 JavaScript 制作的动态特效网页

有了 ASP 就不必担心客户的浏览器是否能够运行所有编写代码，因为所有的程序都将在服务器端执行，包括所有嵌在普通 HTML 中的脚本程序。当程序执行完毕后，服务器仅将执行的结果返回给客户浏览器，这样就减轻了客户端浏览器的负担，大大提高了交互的速度。

1.4 课后练习

填空题

1. _____ 这 4 款软件相辅相成，它们都是设计网页的首选工具，其中_____用于排版布局网页，_____用于设计精美的网页动画，_____用于处理网页中的图形图像。

2. 网页是构成网站的基本元素。不同性质的网站，其页面元素是不同的。一般网页的基本元素包括_____、_____、_____、_____、_____、_____。

参考答案：

1. Flash、Dreamweaver、Photoshop、Fireworks、Dreamweaver、Flash、Photoshop、Fireworks
2. Logo、Banner、导航栏目、文本、图像、Flash 动画、多媒体

1.5 本章总结

本章介绍的主要是一些准备工作，通过本章的学习，我们对网页和网络中的一些专业名词已

经有了初步的认识，而且对这些基础知识有了一定的了解，这对于我们之后熟练使用 Dreamweaver 和深入学习网页设计都是非常有益的。

    学习如何制作网站、网页看似简单，但实际上是很有学问的学科。想要真正学好网页制作，最关键的是要学习网页设计的理念。当然，网页制作软件 Dreamweaver 的学习也是非常必要的，因为它是制作网页的前提条件。因此，本书将以讲解实例为基础，避免枯燥无味的教程式教学方法，在讲解分析实例的同时引入对 Dreamweaver 这款软件的教学，以及对网页设计这门学科的认识。无论是设计中的技巧，还是行业中的规范，本书中都会有所介绍。

Dreamweaver CS6 包含了一个崭新、高效的页面，性能也得到了改进。此外，还包含了众多新增功能，改善了软件的操作性，用户无论使用设计视图还是代码视图都可以方便的创建网页。本章主要讲述 Dreamweaver CS6 工作环境，Dreamweaver CS6 菜单栏、工具栏、插入栏以及体验 Dreamweaver CS6 的新功能等，通过本章的学习可以初步了解网页制作软件 Dreamweaver CS6。

学习目标

☐ 熟悉 Dreamweaver CS6 的工作区

☐ 了解【插入】栏

☐ 体验 Dreamweaver CS6 的新功能

2.1　Dreamweaver CS6 工作环境

为了更好地使用 Dreamweaver CS6，应了解 Dreamweaver CS6 操作界面的基本元素。Dreamweaver CS6 的操作界面是由菜单栏、插入栏、文档窗口、属性面板以及浮动面板组组成，整体布局紧凑、合理、高效。图 2-1 所示的是 Dreamweaver CS6 工作环境。

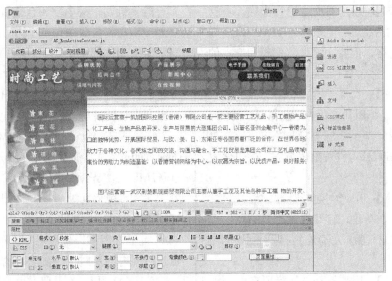

图 2-1　Dreamweaver CS6 工作环境

2.1.1 菜单栏

菜单栏包括【文件】、【编辑】、【查看】、【插入】、【修改】、【格式】、【命令】、【站点】、【窗口】和【帮助】10 个菜单，如图 2-2 所示。

文件(F) 编辑(E) 查看(V) 插入(I) 修改(M) 格式(O) 命令(C) 站点(S) 窗口(W) 帮助(H)

图 2-2 菜单栏

● 【文件】：用来管理文件，包括创建和保存文件、导入与导出文件、浏览和打印文件等。

● 【编辑】：用来编辑文本，包括撤销与恢复、复制与粘贴、查找与替换、参数设置和快捷键设置等。

● 【查看】：用来查看对象，包括代码的查看、网格线与标尺的显示、面板的隐藏和工具栏的显示等。

● 【插入】：用来插入网页元素，包括插入图像、多媒体、框架、表格、表单、电子邮件链接、日期、特殊字符和标签等。

● 【修改】：用来实现对页面元素修改的功能，包括页面元素、面板、快速标签编辑器、链接、表格、框架、导航条、AP 元素与表格的转换、模板、库和时间轴等。

● 【格式】：用来对文本进行操作，包括字体、字形、字号、字体颜色、HTML/CSS 样式、段落格式化、扩展、缩进、列表和文本的对齐方式等。

● 【命令】：收集了所有的附加命令项，包括应用记录、编辑命令清单、获得更多命令、插件管理器、应用源代码格式、清除HTML/Word HTML、设置配色方案、格式化表格和表格排序等。

● 【站点】：用来创建与管理站点，包括站点显示方式、新建、打开与自定义站点、上传与下载、登记与验证、查看链接和查找本地/远程站点等。

● 【窗口】：用来打开与切换所有的面板和窗口，包括插入栏、【属性】面板、站点窗口

和【CSS】面板等。

● 【帮助】：内含 Dreamweaver 联机帮助、注册服务、技术支持中心和 Dreamweaver 的版本说明。

2.1.2 【文档】工具栏

【文档】工具栏包括了控制文档窗口视图的按钮和一些比较常用的弹出菜单，用户可以通过【代码】、【拆分】、【设计】和【实时代码】4 个按钮使工作区在不同的视图模式之间进行切换，如图 2-3 所示。

代码 拆分 设计 实时视图 标题

图 2-3 【文档】工具

● 【代码】：显示 HTML 源代码视图。

● 【拆分】：同时显示 HTML 源代码和【设计】视图。

● 【设计】：是系统默认设置，只显示【设计】视图。

● 检查浏览器的兼容性：检查所设计的页面对不同类型的浏览器的兼容性。

● 【实时视图】：显示不可编辑的、交互式的、基于浏览器的文档视图。

● 多屏幕：借助"多屏幕预览"面板，为智能手机、平板电脑和台式机进行设计。

● 在浏览器中预览/调试：允许用户在浏览器中浏览或调试文档。

● 文件管理：当有多个人对一个页面进行过操作时，进行获取、取出、打开文件、导出和设计附注等操作。

● W3C 验证：由 World Wide Web Consortium（W3C）提供的验证服务可以为用户检查 HTML 文件是否附合 HTML 或 XHTML 标准。

● 可视化助理：允许用户使用不同的可视化助理来设计页面。

● 刷新设计视图：将【代码】视图中修改后的内容及时反映到文档窗口。

● 【标题】：输入要在网页浏览器上显示的文档标题。

【标准】工具栏包括【新建】、【打开】、【保存】、【剪切】、【复制】和【粘贴】等一般文档编辑命令，如图 2-4 所示。如果不需要经常使用这些命令，可以将此工具栏关闭，在工具栏的空白处单击鼠标右键，在弹出的快捷菜单中去掉【标准】前面的对勾即可。

图 2-4　【标准】工具栏

- 新建文档：新建一个网页文档。
- 打开：打开已保存的文档。
- 在 Bridge 中浏览：在 Bridge 中浏览文件。
- 保存：保存当前的编辑文档。
- 全部保存：保存 Dreamweaver 中的所有文件。
- 打印代码：单击此按钮，将自动打印代码。
- 剪切：剪切工作区中被选中的文字和图像等对象。
- 复制：复制工作区中被选中的文字和图像等对象。
- 粘贴：把剪切或复制的文字和图像等对象粘贴到文档窗口内。
- 还原：撤销前一步的操作。
- 重做：重新恢复取消的操作。

2.1.3　【属性】面板

【属性】面板主要用于查看和更改所选对象的各种属性，每种对象都具有不同的属性。

在【属性】面板包括两种选项：一种是【HTML】选项，将默认显示文本的格式、样式和对齐方式等属性；另一种是【CSS】选项，单击【属性】面板中的【CSS】选项，可以在【CSS】选项中设置各种属性，如图 2-5 所示。

图 2-5　【属性】面板

2.1.4　面板组

在 Dreamweaver 工作界面的右侧排列着一些浮动面板，这些面板集中了网页编辑和站点管理过程中最常用的一些工具按钮。这些面板被集合到面板组中，每个面板组都可以展开或折叠，并且可以和其他面板停靠在一起或取消停靠。面板组还可以停靠到集成的应用程序窗口中。这样就能够很容易地访问所需的面板，而不会使工作区变得混乱。面板组如图 2-6 所示。

图 2-6　面板组

2.2　【插入】栏

【插入】栏有两种显示方式：一种是以菜单方式显示，另一种是以制表符方式显示。【插入】栏中放置的是制作网页的过程中经常用到的对象和工具，通过【插入】栏可以很方便地插入网页对象。【插入】栏中包含用于创建和插入对象（如表格、图像和链接）的按钮。这些按钮按几个类别进行组织，可以通过从【类别】弹出菜单中选择所需类别来进行切换。当前文档包含服务器代码时（例如 ASP 或 CFML 文档），还会显示其他类别。

2.2.1　【常用】插入栏

【常用】插入栏用于创建和插入最常用的对象，例如图像和表格，如图 2-7 所示。

图 2-7　【常用】插入栏

● 【超级链接】：创建超级链接。

● 【电子邮件链接】：创建电子邮件链接，只要指定要链接邮件的文本和邮件地址，就可以自动插入邮件地址发送链接。

● 【命名锚记】：设置链接到网页文档的特定部位。

● 【水平线】：在网页中插入水平线。

● 【表格】：建立主页的基本构成元素，即表格。

● 【插入 Div 标签】：可以使用 Div 标签创建 CSS 布局块，并在文档中对它们进行定位。

● 【图像】：在文档中插入图像和导航栏等，单击右侧的小三角，可以看到其他与图像相关的按钮。

● 【媒体】：插入媒体文件，单击右侧的小三角，可以看到其他媒体类型的按钮。

● 【构件】：使用 widget Browser 将收藏到 widget 添加到 Dreamweaver 中。

● 【日期】：插入当前时间和日期。

● 【服务器端包括】：是对 Web 服务器的指令，它指示 Web 服务器在将页面提供给浏览器前在 Web 页面中包含指定的文件。

● 【注释】：在当前光标位置插入注释，便于以后进行修改。

● 【文件头】：按照指定的时间间隔进行刷新。

● 【脚本】：包含几个与脚本相关的按钮。

● 【模板】：单击此按钮，可以从下拉列表中选择与模板相关的按钮。

● 【标签选择器】：标签编辑器可用于查看、指定和编辑标签的属性。

● 【Sound】：安装 Sound 插件后，显示此按钮，可以插入声音文件。

● 【Flash Image】：安装 Flash Image 插件后，显示此按钮，用来制作图片的特殊效果。

2.2.2　【布局】插入栏

【布局】插入栏用于插入表格、表格元素、Div 标签、框架和 Spry 构件。还可以选择表格的两种视图，即标准（默认）表格和扩展表格，如图 2-8 所示。

图 2-8　【布局】插入栏

● 【标准】：在一般状态下显示的视图状态，可以插入和编辑图像、表格和 AP 元素。

● 【扩展】：用于使用扩展的表格样式进行显示。

◎ 【插入 Div 标签】：用于插入 Div 标签，为布局创建一个内容块。

◎ 【插入流体网格布局 Div 标签】：单击此按钮，可以插入流体网格布局 Div。

◎ 【绘制 AP Div】：单击此按钮后，在文档窗口中拖动鼠标，就会生成适当大小的绘制层。

◎ 【Spry 菜单栏】：单击此按钮可以创建横向或纵向的网页下拉或弹出菜单。

◎ 【Spry 选项卡式面板】：单击此按钮可以在网页中实现选项卡功能。

◎ 【Spry 折叠式】：单击此按钮可以在网页中添加折叠式菜单。

◎ 【Spry 可折叠面板】：单击此按钮可以在网页中添加折叠式面板。

◎ 【表格】：在当前光标所在的位置插入表格。

◎ 【在上面插入行】：在当前行的上方插入一个新行。

◎ 【在下面插入行】：在当前行的下方插入一个新行。

◎ 【在左边插入列】：在当前列的左边插入一个新列。

◎ 【在右边插入列】：在当前列的右边插入一个新列。

2.2.3　【表单】插入栏

表单在动态网页中是最重要的元素对象之一。使用【表单】插入栏可以定义表单和插入表单对象。【表单】插入栏如图 2-9 所示。

◎ 【表单】：在制作表单对象之前首先插入表单。

◎ 【文本字段】：插入文本字段，用于输入文字。

◎ 【隐藏域】：插入用户看不到的隐藏字段。

◎ 【文本区域】：插入文本区域，可输入多行文本。

◎ 【复选框】：插入复选框。

◎ 【单选按钮】：插入单选按钮。

◎ 【单选按钮组】：一次生成多个单选按钮组。插入普通单选按钮之后，将其组合为一个群组。

图 2-9　【表单】插入栏

◎ 【选择（列表/菜单）】：插入列表或菜单。

◎ 【跳转菜单】：使用列表/菜单对象建立跳转菜单。

◎ 【图像域】：在表单中插入图像字段。

◎ 【文件域】：插入可在文件中进行检索的文件字段。利用此字段，可以添加文件。

◎ 【按钮】：插入可传输样式内容的按钮。

◎ 【标签】：在表单控件上设置标签。

◎ 【字段集】：在表单控件中设置边框。

◎ 【Spry 验证文本域】：单击此按钮可以验证文本域。

◎ 【Spry 验证文本区域】：单击此按钮可以验证文本区域表单对象的有效性。

◎ 【Spry 验证复选框】：Spry 验证复选框是 HTML 表单中的一个或一组复选框，用于验证复选框的有效性。

● 【Spry 验证选择】：Spry 验证选择构件是一个下拉菜单，该菜单在用户进行选择时会显示构件的状态（有效或无效）。

● 【Spry 验证密码】：用于密码类型文本域，该构件根据用户的输入提供警告或错误消息。

● 【Spry 验证确认】：验证确认构件是一个文本域或密码表单域。当用户输入的值与同一表单中类似域的值不匹配时，该构件将显示有效或无效状态。

● 【Spry 验证单选按钮组】：Spry 验证单选按钮组是一组独立的单选按钮组。

2.2.4 【数据】插入栏

【数据】插入栏可以插入 Spry 数据对象和其他动态元素，如记录集、重复区域以及插入记录表单和更新记录表单。【数据】插入栏如图 2-10 所示。

图 2-10 【数据】插入栏

● 【导入表格式数据】：单击此按钮可以导入表格式数据。

● 【Spry 数据集】：单击此按钮可以插入 XML 数据集。

● 【Spry 区域】：单击此按钮可以插入 Spry 区域。

● 【Spry 重复项】：单击此按钮可以插入 Spry 重复项。

● 【Spry 重复列表】：单击此按钮可以插入 Spry 重复列表。

● 【记录集】：利用查询语句，从数据库中提取记录集。

● 【预存过程】：该按钮用来创建存储过程。

● 【动态数据】：通过将 HTML 属性绑定到数据可以动态地更改页面的外观。

● 【重复区域】：将当前选定的动态元素值传给记录集，重复输出。

● 【显示区域】：单击此按钮，可以使用一系列其他用于显示控制的按钮。

● 【记录集分页】：插入一个可在记录集内向前、向后、第一页和最后一页移动的导航条。

● 【转到详细页面】：转到详细页面或转到相关页面。

● 【显示记录计数】：插入记录集中重复页的第一页、最后一页和总页数等信息。

● 【主详细页集】：用来创建主/细节页面。

● 【插入记录】：利用记录集自动创建表单文档。

● 【更新记录】：利用表单文档传递过来的数值更新数据库记录。

● 【删除记录】：用于删除记录集中的记录。

● 【用户身份验证】：必须在登录页中添加【登录用户】服务器行为，以确保用户输入的用户名和密码有效。

● 【XSL 转换】：将 XML 数据转换为 HTML 文件。

2.2.5 【Spry】插入栏

【Spry】插入栏包含一些用于构建 Spry 页面的按钮，包括 Spry 数据对象和构件。【Spry】插入栏如图 2-11 所示，与【数据】插入栏和【表单】

插入栏的内容一致，这里就不再详细讲述了。

图 2-11　【Spry】插入栏

2.2.6　【文本】插入栏

【文本】插入栏用于插入各种文本格式和列表格式的标签，如 B、em、p、h1 和 ul 等，【文本】插入栏如图 2-12 所示。

图 2-12　【文本】插入栏

● 【粗体】：将所选文本改为粗体。
● 【斜体】：将所选文本改为斜体。
● 【加强】：为了强调所选文本，增强文本厚度。

● 【强调】：为了强调所选文本，以斜体表示文本。
● 【段落】：将所选文本设置为一个新的段落。
● 【块引用】：将所选部分标记为引用文字，一般采用缩进效果。
● 【已编排格式】：所选文本区域可以原封不动地保留多处空白，在浏览器中显示其中的内容时，将完全按照输入的原有文本格式显示。
● 【标题】：使用预先制作好的标题，数值越大，字号越小。
● 【项目列表】：创建无序列表。
● 【编号列表】：创建有序列表。
● 【列表项】：将所选文字设置为列表项目。
● 【定义列表】：创建包含定义术语和定义说明的列表。
● 【定义术语】：定义文章内的技术术语和专业术语等。
● 【定义说明】：在定义术语下方标注说明，以自动缩进格式显示与术语区分的结果。
● 【缩写】：为当前选定的缩写添加说明文字。虽然不会在浏览器中显示，但是可以用于音频合成程序或检索引擎。
● 【首字母缩写词】：指定与 Web 内容具有类似含义的同义词，可用于音频合成程序或检索引擎。
● 【字符】：插入特殊字符。

2.2.7　【收藏夹】插入栏

【收藏夹】插入栏用于将"插入"面板中最常用的按钮分组和组织到某一公共位置。【收藏夹】插入栏如图 2-13 所示。

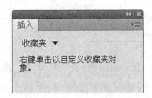

图 2-13　【收藏夹】插入栏

2.3 体验 Dreamweaver CS6 的新功能

Adobe Dreamweaver CS6 软件使设计人员和开发人员能充满自信地构建基于标准的网站。利用 Adobe Dreamweaver CS6 软件中改善的 FTP 性能，可以更高效地传输大型文件。更新的"实时视图"和"多屏幕预览"面板可呈现 HTML5 代码，使你能检查自己的工作。下面介绍 Adobe Dreamweaver CS6 软件的新特性和功能。

2.3.1 可响应的自适应网格版面

使用响应迅速的 CSS3 自适应网格版面，来创建跨平台和跨浏览器的兼容网页设计。利用简洁、业界标准的代码为各种不同设备和计算机开发项目，提高工作效率。协助你设计出能在台式机和各种设备的不同大小屏幕中显示的项目。直观地创建复杂网页设计和页面版面，无需忙于编写代码，如图 2-14 所示。

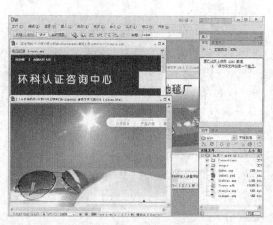

图 2-14　自适应网格版面

2.3.2 FTP 快速上传

如图 2-15 所示，利用重新改良的多线程 FTP 传输工具节省上传大型文件的时间，更快速高效地上传网站文件，缩短制作时间。

2.3.3 Adobe Business Catalyst 集成

使用 Dreamweaver 中集成的 Business Catalyst 面板连接并编辑你利用 Adobe Business Catalyst（需另外购买）建立的网站，利用托管解决方案建立电子商务网站。图 2-16 所示的是选择 Business Catalyst 集成菜单命令。

图 2-15　FTP 快速上传

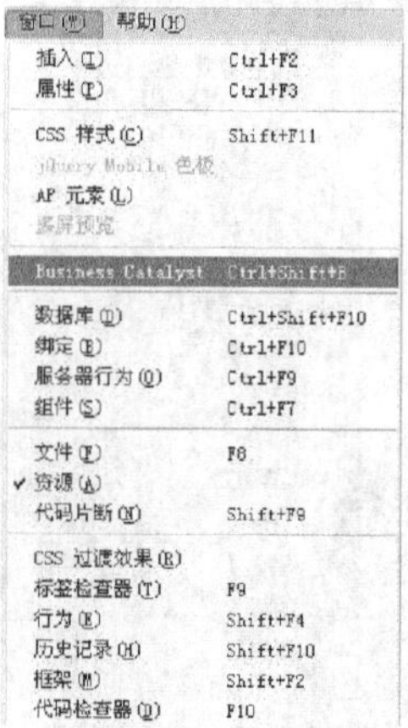

图 2-16　选择【Business Catalyst 集成】命令

2.3.4 增强型 jQuery 移动支持

使用更新的 jQuery 移动框架支持为 iOS 和 Android 平台建立本地应用程序。建立触屏移动受众的应用程序，同时简化您的移动开发工作流程，如图 2-17 所示。

jQuery Mobile 是 jQuery 在手机上和平板

设备上的版本。jQuery Mobile 不仅会给主流移动平台带来 jQuery 核心库，而且会发布一个完整统一的 jQuery 移动 UI 框架，支持全球主流的移动平台。

图 2-17　增强型 jQuery 移动支持

2.3.5　更新的 PhoneGap

支持更新的 Adobe PhoneGap™ 支持可轻松为 Android 和 iOS 建立和封装本地应用程序。通过改编现有的 HTML 代码来创建移动应用程序。使用 PhoneGap 模拟器检查你的设计。

2.3.6　CSS3 过渡

将 CSS 属性变化制成动画过渡效果，使网页设计栩栩如生，在处理网页元素和创建优美效果时保持对网页设计的精准控制，如图 2-18 所示。

2.3.7　更新的实时视图

使用更新的"实时视图"功能在发布前测试页面。"实时视图"现已使用最新版的 WebKit 转换引擎，能够提供绝佳的 HTML5 支持，如图 2-19 所示。

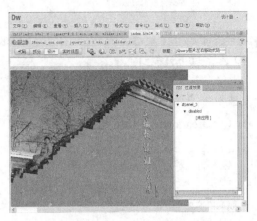

图 2-18　CSS3 过渡

图 2-19　更新的实时视图

2.3.8　更新的多屏幕预览面板

利用更新的"多屏幕预览"面板检查智能手机、平板电脑和台式机所建立项目的显示画面。该增强型面板现在能够让你检查 HTML5 内容呈现，如图 2-20 所示。

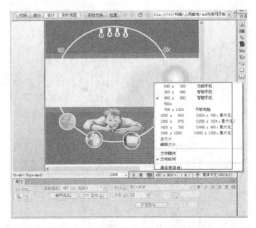

图 2-20　更新的多屏幕预览面板

2.4　课后练习

1．填空题

（1）Dreamweaver CS6 的操作界面是由组成＿＿＿＿＿＿＿＿、＿＿＿＿＿＿＿＿＿＿、＿＿＿＿＿＿＿、＿＿＿＿＿＿＿＿＿、＿＿＿＿＿＿＿＿＿＿，整体布局显得紧凑、合理、高效。

（2）插入栏中放置的是制作网页的过程中，经常用到的对象和工具，插入栏有两种显示方式：一种是以＿＿＿＿＿＿＿显示，另一种是以＿＿＿＿＿＿＿＿＿＿显示。

参考答案：

（1）菜单栏、插入栏、文档窗口、属性面板、浮动面板组

（2）菜单方式、制表符方式

2．操作题

（1）打开 Dreamweaver CS6 软件，熟悉其操作界面。

（2）熟悉 Dreamweaver CS6 的新增功能。

2.5　本章总结

无论是刚接触网页设计的初学者还是专业的 Web 开发人员，Dreamweaver 都在前卫的设计理念和强大的软件功能方面给予了充分而且可靠的支持，因此占领了大部分的网页设计市场，深受初学者和专业人士的欢迎。随着网页技术领域日新月异的发展，Adobe 公司又隆重推出了 Dreamweaver CS6 这一最新的中文版，它不仅继承了前一版本中的所有优点，并且在稳定性、技术性和创造性等方面增加了许多新功能。

所谓站点，可以看作是一系列文件的组合，这些文件之间通过各种链接关联起来，可拥有相似的属性。如描述相关的主体、采用相似的设计或实现相同的目的等，也可能只是毫无意义的链接。Dreamweaver 是站点创建和管理的工具，使用它不仅可以创建单独的文档，还可以创建完整的站点。制作网页的根本目的是为了制作一个完整的网站。因此在利用 Dreamweaver 制作网页之前，应该先在本地计算机上创建一个本地站点，以便于控制站点结构，方便地管理站点中的每个文件。本章主要讲述站点的创建和管理。

学习目标
■ 学习创建本地站点的方法
■ 掌握管理站点的技巧
■ 熟悉管理站点文件的方法
■ 掌握使用站点地图的方法

3.1 创建本地站点

站点是管理网页文档的场所，Dreamweaver CS6 是一个站点创建和管理工具，使用它不仅可以创建单独地文档，还可以创建完整的站点。

3.1.1 使用向导搭建站点

在使用 Dreamweaver 制作网页以前，最好先定义一个新站点，这是为了更好地利用站点对文件进行管理，也可以尽可能的减少错误，如路径出错、链接出错。新手做网页条理性、结构性需要加强，往往一个文件放这里，另一个文件放那里，或者所有文件都放在同一文件夹内，这样显得很乱。建议建立一个文件夹用于存放网站的所有文件，再在文件内建立几个文件夹，将文件分类，如果站点比较大，文件比较多，可以先按栏目分类，在栏目里再分类。可以使用站点定义向导按照提示快速创建本地站点，具体操作步骤如下。

❶ 启动 Dreamweaver，选择【站点】|【管理站点】命令，弹出【管理站点】对话框，在对话框中单击【新建站点】按钮，如图 3-1 所示。

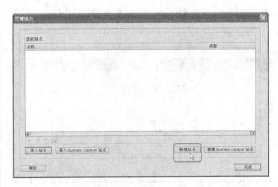

图 3-1 【管理站点】对话框

❷ 弹出【站点设置对象】对话框，在对话框中选择【站点】，在【站点名称】文本框中输入名称，如图 3-2 所示。

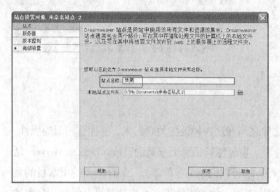

图 3-2 【站点设置对象】对话框

❸ 单击【本地站点文件夹】文本框右边的浏览文件夹按钮，弹出【选择根文件夹】对话框，选择站点文件，如图 3-3 所示。

图 3-3 【选择根文件夹】对话框

❹ 选择站点文件后，单击【选择】按钮，如图 3-4 所示。

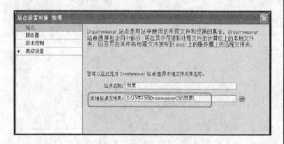

图 3-4 指定站点位置

❺ 单击【保存】按钮，更新站点缓存，如图 3-5 所示。

图 3-5 【正在更新站点缓存】对话框

❻ 出现【管理站点】对话框，其中显示了新建的站点，如图 3-6 所示。

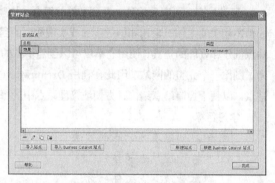

图 3-6 【管理站点】对话框

❼ 单击【完成】按钮，此时在【文件】面板中可以看到创建的站点文件，如图 3-7 所示。

图 3-7 创建的站点

3.1.2 使用【高级】面板创建站点

还可以在【站点设置对象】对话框中选择【高级设置】选项卡，快速设置【本地信息】、【遮盖】、【设计备注】、【文件视图列】、【Contribute】、【模板】和【Spry】中的参数来创建本地站点。

打开【站点设置对象 效果】对话框，在对话框中的【高级设置】中选择【本地信息】，如图 3-8 所示。

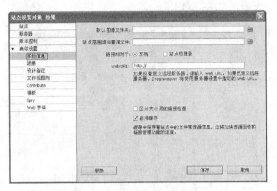

图 3-8　【本地信息】选项

在【本地信息】选项中可以设置以下参数。

● 在【默认图像文件夹】文本框中，输入此站点的默认图像文件夹的路径，或者单击文件夹按钮浏览到该文件夹。此文件夹是 Dreamweaver 上传到站点上的图像的位置。

● 在【站点范围媒体查询文件】文本框中，指定站点内所有包括该文件的页面的显示设置。站点范围媒体查询文件充当站点内所有媒体查询的中央存储库。

● 【链接相对于】：在站点中创建指向其他资源或页面的链接时，指定 Dreamweaver 创建的链接类型。

Dreamweaver 可以创建两种类型的链接：文档相对链接和站点根目录相对链接。

● 在【Web URL】文本框中，Web 站点的 URL。Dreamweaver 使用 Web URL 创建站点根目录相对链接，并在使用链接检查器时验证这些链接。

● 【区分大小写的链接检查】：在 Dreamweaver 检查链接时，将检查链接的大小写与文件名的大小写是否相匹配。此选项用于文件名区分大小写的 UNIX 系统。

● 【启用缓存】复选框表示指定是否创建本地缓存以提高链接和站点管理任务的速度。

在对话框中的【高级设置】中选择【遮盖】选项，如图 3-9 所示。

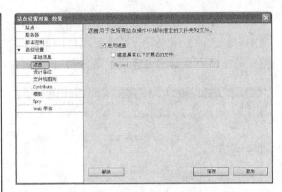

图 3-9　【遮盖】选项

在【遮盖】选项中可以设置以下参数。

● 【启用遮盖】：选中后激活文件遮盖。

● 【遮盖具有以下扩展名的文件】：勾选此复选框，可以对特定文件名结尾的文件使用遮盖。

在对话框中的【高级设置】中选择【设计备注】选项，在最初开发站点时，需要记录一些开发过程中的信息、备忘。如果在团队中开发站点，需要记录一些与别人共享的信息，然后上传到服务器，供别人访问，【设计备注】选项如图 3-10 所示。

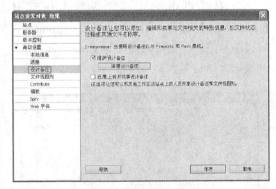

图 3-10　【设计备注】选项

在【设计备注】选项中可以进行如下设置。

● 【维护设计备注】：可以保存设计备注。

● 【清理设计备注】：单击此按钮，删除过去保存的设计备注。

● 【启用上传并共享设计备注】：可以在上传或取出文件的时候，设计备注上传到【远程信息】中设置的远端服务器上。

在对话框中的【高级设置】中选择【文件视图列】选项，用来设置站点管理器中的文件浏览器窗口所显示的内容，如图 3-11 所示。

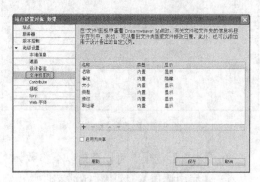

图 3-11 【文件视图列】选项

在【文件视图列】选项中可以进行如下设置。

- 【名称】：显示文件名。
- 【备注】：显示设计备注。
- 【大小】：显示文件大小。
- 【类型】：显示文件类型。
- 【修改】：显示修改内容。
- 【取出者】：正在被谁打开和修改。

在对话框中的【高级设置】中选择【Contribute】选项，勾选【启用 Contribute 兼容性】复选框，则可以提高与 Contribute 用户的兼容性，如图 3-12 所示。

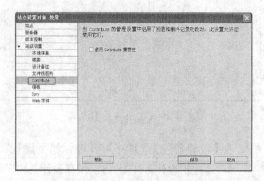

图 3-12 【Contribute】选项

在对话框中的【高级设置】中选择【模板】选项，如图 3-13 所示。

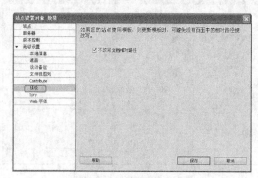

图 3-13 【模板】选项

在对话框中的【高级设置】中选择【Spry】选项，如图 3-14 所示。

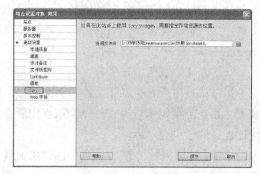

图 3-14 【Spry】选项

在对话框中的【高级设置】中选择【Web字体】选项，如图 3-15 所示。

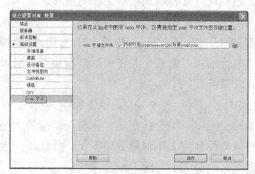

图 3-15 【Web 字体】选项

3.2 管理站点

在 Dreamweaver CS6 中，可以对本地站点进行管理，如打开、编辑、删除和复制站点等。

3.2.1 打开站点

当运行 Dreamweaver CS6 后，系统会自动打开上次退出 Dreamweaver CS6 时正在编辑的站点。如果想打开另外一个站点，单击文档窗口右边的【文件】面板中左边的下拉列表，在弹出的列表中将会显示已定义的所有站点，如图 3-16 所示。在列表中选择需要打开的站点，单击即可打开已定义的站点。

图 3-16 打开站点

3.2.2 编辑站点

在创建站点以后，可以对站点进行编辑，具体操作步骤如下。

❶ 选择【站点】|【管理站点】命令，弹出【管理站点】对话框，在对话框中单击【编辑】按钮，如图 3-17 所示。

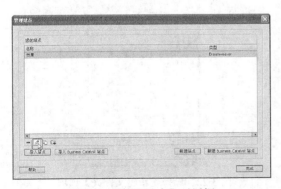

图 3-17 【管理站点】对话框

❷ 弹出【站点设置对象 效果】对话框，在【高级设置】选项卡中可以编辑站点的相关信息，如图 3-18 所示。

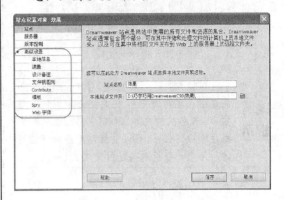

图 3-18 在【高级设置】选项卡中编辑站点的相关信息

❸ 编辑完毕后，单击【确定】按钮，返回到【管理站点】对话框，单击【完成】按钮，即可完成站点的编辑。

3.2.3 删除站点

如果不再需要站点，可以将其从站点列表中删除，删除站点具体操作步骤如下。

❶ 选择【站点】|【管理站点】命令，弹出【管理站点】对话框，在对话框中单击【删除】按钮，如图 3-19 所示。

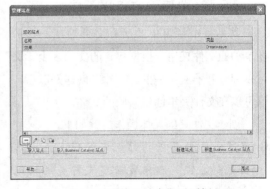

图 3-19 【管理站点】对话框

❷ 系统弹出提示对话框，询问用户是否要删除本地站点，如图 3-20 所示。单击【是】按钮，即可将本地站点删除。

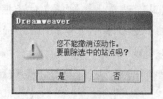

图 3-20 提示对话框

提示

该操作实际上只是删除了 Dreamweaver 同该站点之间的关系，但是实际上本地站点内容，包括文件夹和文档等，都仍然保存在磁盘相应的位置，可以重新创建指向其位置的新站点，重新对其进行管理。

3.2.4 复制站点

有时候希望创建多个结构相同或类似的站点，可以利用站点的复制功能，复制站点具体操作步骤如下。

❶ 选择【站点】|【管理站点】命令，弹出【管

理站点】对话框，在对话框中单击【复制】按钮，即可将该站点复制，新复制出的站点名称会出现在【管理站点】对话框的站点列表中，如图 3-21 所示。

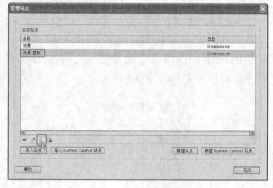

图 3-21 复制站点

❷ 在【管理站点】对话框中单击【完成】按钮，完成对站点的复制。

3.3 管理站点中的文件

在 Dreamweaver CS6 的【文件】面板中，可以找到多个工具来管理站点，向远程服务器传输文件、设置存回/取出文件以及同步本地和远程站点上的文件。管理站点文件包括很多方面，如新建文件夹和文件，文件的复制和移动等。

3.3.1 创建文件夹和文件

网站每个栏目中的所有文件被统一存放在单独的文件夹内，根据包含的文件多少，又可以细分到子文件夹里。文件夹创建好以后，就可以在文件夹里创建相应的文件。

创建文件夹的具体操作步骤如下。

❶ 在【文件】面板的站点文件列表框中单击鼠标右键，选中要新建文件夹的父级文件夹。

❷ 在弹出的菜单中选择【新建文件夹】选项，如图 3-22 所示，即可创建一个新文件夹。

图 3-22 选择【新建文件夹】选项

创建文件的具体操作步骤如下。

❶ 在【文件】面板的站点文件列表框中单击鼠标右键，选中要保存新建文件的文件夹。

❷ 在弹出的菜单中选择【新建文件】选项，如图 3-23 所示，即可创建一个新文件。

图 3-23　选择【新建文件】选项

3.3.2　移动和复制文件

同大多数的文件管理一样，可以利用剪切、复制和粘贴功能来实现对文件的移动和复制，具体操作如下。

❶ 选择一个本地站点的文件列表，单击鼠标右键选中要移动和复制的文件，在弹出的菜单中选择【编辑】选项，出现【剪切】、【复制】等选项，如图 3-24 所示。

图 3-24　【编辑】子菜单中的选项

❷ 如果要进行移动操作，则在【编辑】的子菜单中选择【剪切】选项；如果要进行复制操作，则在【编辑】的子菜单中选择【复制】选项。

❸ 选择要移动和复制的文件，在【编辑】的子菜单中选择【粘贴】选项，即可完成对文件的移动和复制。

3.4　使用站点地图

站点地图是以树形结构图方式显示站点中文件的链接关系。在站点地图中可以添加、修改、删除文件间的链接关系。

利用站点地图，可以以图形的方式查看站点结构，构建网页之间的链接。在 Dreamweaver 中，在左边的面板中找到管理站点文件的【文件】面板，单击【文件】面板中的【扩展/折叠】按钮，即可展开【文件】面板。

单击【站点地图】按钮，在弹出的菜单中选择【仅地图】选项，则窗口中仅显示文件地图的形式。选择【地图和文件】选项，则在窗口的左侧显示站点地图，右侧以列表的形式显示站点中的文件，如图 3-25 所示。

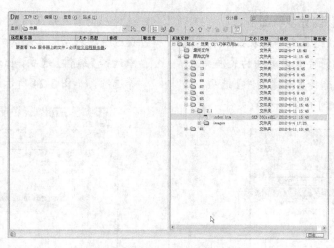

图 3-25 【地图和文件】选项

3.5 综合案例——创建本地站点

　　Dreamweaver 是最佳的站点创建和管理工具，使用它不仅可以创建单独的文档，还可以创建完整的站点。创建本地站点具体操作步骤如下。

❶ 选择【站点】|【管理站点】命令，弹出【管理站点】对话框，在对话框中单击【新建】按钮，如图 3-26 所示。

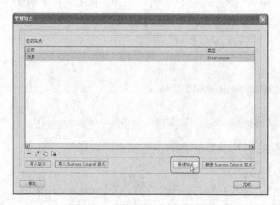

图 3-26 【管理站点】对话框

❷ 弹出【站点设置对象】对话框，在对话框中选择【站点】选项卡，在【站点名称】文本框中输入名称，可以根据网站的需要任意起一个名字，如图 3-27 所示。

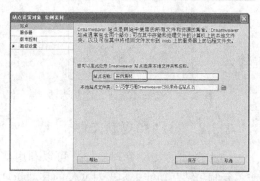

图 3-27 在【站点名称】文本框中输入名称

❸ 单击【本地站点文件夹】文本框右边的浏览文件夹按钮📁，弹出【选择根文件夹】对话框，选择站点文件，如图 3-28 所示。

图 3-28 【选择根文件夹】对话框

❹ 单击【选择】按钮，选择站点文件，如图 3-29 所示。

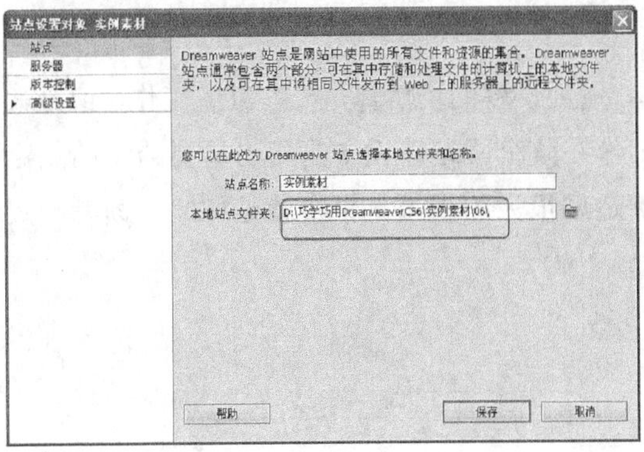

图 3-29　指定站点位置

❺ 单击【保存】按钮，更新站点缓存，出现【管理站点】对话框，其中显示了新建的站点，如图 3-30 所示。

❻ 单击【完成】按钮，此时在【文件】面板中可以看到创建的站点文件，如图 3-31 所示。

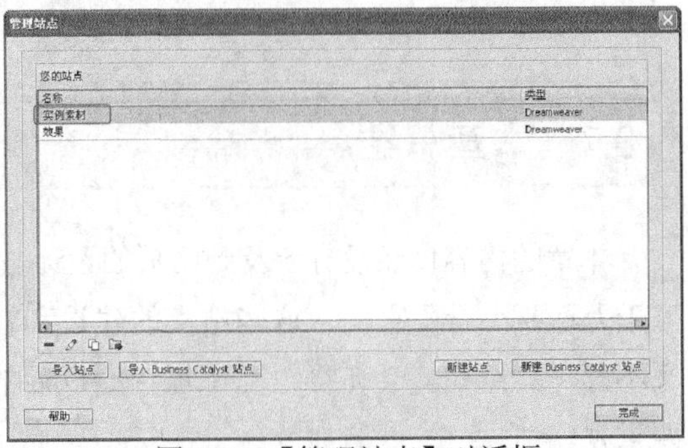

图 3-30　【管理站点】对话框

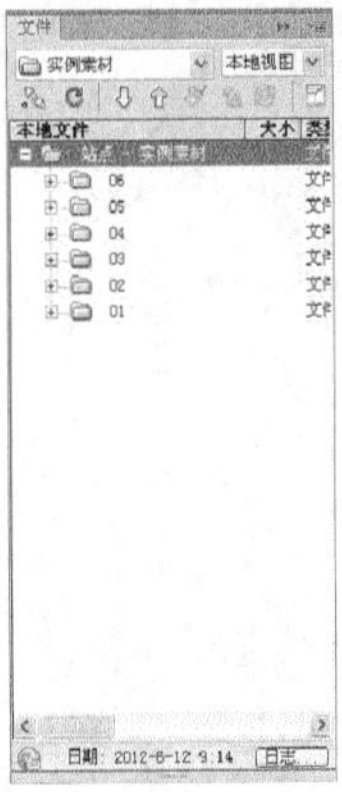

图 3-31　创建的站点文件

3.6　课后练习

1．填空题

（1）在使用 Dreamweaver 制作网页前，最好先定义一个______，这是为了更好地利用______对文件进行管理，尽可能地减少错误，如路径出错、链接出错。

（2）在 Dreamweaver CS6 的【文件】面板中，可以找到多个工具来管理站点，向远程服务器传输文件，设置_______，以及同步本地和远程站点上的文件。

（3）网站每个栏目中的所有文件被统一存放在单独的_______内，根据包含的文件多少，又可以细分到_______里。_______创建好以后，就可以在_______里创建相应的_______。

参考答案：

（1）新站点、站点

（2）存回/取出文件

（3）文件夹、子文件夹、文件夹、文件夹、文件

2．操作题

根据本章所讲知识创建一个本地站点。

3.7 本章总结

　　本章的内容仍然没有涉及到网页的设计与制作，主要讲解的仍然算是一些准备工作，但是大家千万不要小看了它们，这些站点的建设和管理工作在整个网站建设中是相当重要的。站点定义不好，其结构将会变得纷乱不堪，给以后的维护造成很大的困难。事实就是如此，读者一定要重视。

第4章

网站建设规范和基本流程

网站建设是一个复杂的系统工程。对于一个大型的网站，不可能只有一个人或特定的某个人来完成，往往都是通过多人的共同协作才能完成的。不同的人创建网站有不同的习惯，为了方便网站的开发，提高开发效率，在开发网站前一定先制作网站的开发规范。另外还要了解并确定网站建设的基本流程，不同类型的网站设计制作过程不一样，但是整体的基本流程是一样的，为了让网站开发有效地进行，集体之间的合作不会出现差错，开发人员都必须遵循网站的开发流程。

学习目标

- 掌握网站建设规范
- 了解网站建设的基本流程

4.1　网站建设规范

任何一个网站开发之前都需要定制一个开发约定和规则，这样有利于项目的整体风格统一、代码维护和扩展。由于网站项目开发的分散性、独立性、整合的交互性等，所以定制一套完整的约定和规则显得尤为重要。这些规则和约定需要与开发人员、设计人员和维护人员共同讨论定制，将来都将严格按照规则或约定开发。

4.1.1　组建开发团队规范

在接手项目后的第一件事就是组建团队，根据项目的大小团队可以有几十人，也有可以是只有几个人的小团队，在团队划分中应该含有 6 个角色，分别是项目经理、策划、美工、程序员、代码整合员和测试员。如果项目大、人数多，则分为 6 个组，每个组分工再来细分。下面简单介绍一下这 6 个角色的具体职责。

- 项目经理负责项目总体设计，开发进度的定制和监控，定制相应的开发规范，各个环节的评审工作，协调各个成员小组之间的开发工作。
- 策划提供详细的策划方案和需求分

析，还包括后期网站推广方面的策划。

- 美工根据策划和需求设计网站 VI、界面和 Logo 等。
- 程序员根据项目总体设计来设计数据库和功能模块的实现。
- 代码整合员负责将程序员的代码和界面融合到一起，代码整合员还可以制作网站的相关页面。
- 测试员负责测试程序。

4.1.2　开发工具规范

网站开发工具主要分为两部分：一是网站前台开发工具，二是网站后台开发环境。下面分别简单介绍这两部分需要使用的软件。

网站前台开发主要是指网站页面设计，包括网站整体框架建立、常用图片、Flash 动画设计等，主要使用的软件是 Adobe Photoshop、Dreamweaver 和 Flash 等。

网站后台开发主要指网站动态程序开发和数据库创建，主要使用的软件和技术是 ASP 和数据库。ASP 是一种非常优秀的网站程序开发语言，以全面的功能和简便的编辑方法受到众多网站开发者的欢迎。数据库系统的种类非常多，目前以关系型数据库系统最为常见，所谓关系型数据库系统是以表的类型将数据提供给用户，而所有的数据库操作都是利用旧的表来产生新的表。常见的关系型数据库包括 ACCESS 和 SQL Server。

4.1.3　超链接规范

在网页中的链接按照链接路径的不同可以分为 3 种形式："绝对路径"、"相对路径"、"根目录相对路径"。

小网站由于层次简单，文件夹结构不过两三层，而且网站内容、结构的改动性太小，所以使用"相对路径"是完全可以胜任的。

当网站的规模大一些的时候，由于文件夹结构越来越复杂，且基于模板的设计方法被广泛使用，使用"相对路径"会出现如超链接代码过长、模板中的超链接在不同的文件夹结构层次中无法直接使用等问题。此时使用"根目录相对路径"是理想的选择，它可以使超链接的指向变得绝对化，无论在网站的哪一级文件夹中，"根目录相对路径"都能够准确指向。

当网站规模再度增长，发展成为拥有一系列子网站的网站群的时候，各个网站之间的超链接就不得不采用"绝对路径"。为了方便网站群中的各个网站共享，过去在单域名网站中以文件夹方式存放的各种公共设计资源，最好采用独立资源网站的形式进行存放，各子网站可以使用"绝对路径"对其进行调用。

网站的超链接设计是一个很老的话题，而且也非常重要。设计和应用超链接确实是一项对设计人员的规划能力要求非常高的工作，而且这些规划能力多数是靠经验积累来获得的，所以要善于和勤于总结。

4.1.4　文件夹和文件命名规范

文件夹命名一般采用英文，长度一般不超过 20 个字符，命名采用小写字母。文件名称统一用小写的英文字母、数字和下划线的组合。命名原则的指导思想有两点：一是使得工作组的每一个成员能够方便的理解每一个文件的意义，二是当在文件夹中使用"按名称排列"命令时，同一种大类的文件能够排列在一起，以便查找、修改、替换等操作。

在给文件和文件夹命名时要遵循以下规则。

1. 尽量不使用难理解的缩写词

不要使用不易理解的缩写词，尤其是仅取首字母的缩写词。在网站设计中，设计人员往往会使用一些只有自己才明白的缩写词，这些缩写词的使用会给站点的维护带来隐患。如 xwhtgl、xwhtdl，如果不告诉这是"新闻后台管理"和"新闻后台登录"的拼音缩写，没有人能知道它们表示的是什么。

2. 不重复使用本文件夹，或者其他上层文件夹的名称

重复本文件夹或者上层文件夹名称会增长文件名、文件夹名的长度，导致设计中的不便。如果在 images 文件夹中建立一个 banner 文件夹用于存放广告，那么就不应该在每一个 banner 的命名中加入"banner"前缀。

3. 加强对临时文件夹和临时文件的管理

有些文件或者文件夹是为临时的目的而建立的，如一些短期的网站通告、促销信息、临时文件下载等。不要将这些文件和文件夹随意地放置。一种比较理想的方法是建立一个临时文件夹来放置各种临时文件，并适当使用简单的命名规范，不定期地进行清理，将陈旧的

文件及时删除。

4. 在文件以及文件夹的命名中避免使用特殊符号

特殊符号包括"&"、"＋"、"、"等会导致网站不能正常工作的字符，以及中文双字节的所有标点符号。

5. 在组合词中使用连字符

在某些命名用词中，可以根据词义，使用连字符将它们组合起来。

4.1.5　代码设计规范

一个良好的程序编码风格有利于系统的维护，代码也易于阅读查错。在编写代码时，应遵循以下规范。

1. 大小写规范

HTML 文件是由大量标记组成的，如<a>、<td>、<img>等，每个标记又由各种属性组成，标记有起始和结尾标记。每一个标记都有名称和若干属性，标记的名称和属性都在起始标记内标明。

HTML 语言本身不区分大小写，如<title>和<TITLE>是一样的，但作为严谨的网页设计师，应该确保每个网页的 HTML 代码使用统一的大小写方式。习惯上将 HTML 的代码使用"小写"书写方式。

2. 字体和格式规范

良好的代码编写格式能够使团队中的所有设计人员更好地进行代码维护。

规范化代码编写的第一步是统一编写环境，设计团队中所使用的编写软件应尽可能一致。代码的文本编辑，要尽可能使用等宽字符，而不是等比例字体，这样可以很容易地进行代码缩进和文字对齐调整。等宽字体的含义是指每一个英文字符的宽度都是相同的。

在 HTML 代码编写中，使用缩进也是一项重要的规范。缩进的代码量应事先预定，并在设计团队中进行统一，通常情况下应为 2、4 或 8 个字符。

3. 注释规范

网页中的注释用于代码功能的解释和说明，以提高网页的可读性和可维护性。

注释的内容应随着被注释代码的更新而更新，不能只修改代码而不修改注释；不要将注释写在代码后，而应该写在相应的代码前面，否则会使注释的可读性下降。

如果某个网页是由多个部件组合而成的，而且每个部件都有自己的起始注释，那么这些起始注释应该配对使用，如 Start/Stop、Begin/End 等，而且这些注释的缩进需要一致。

不要使用混乱的注释格式，如在某些页面使用"*"，而在其他页面使用"＃"，而应该使用一种简明、统一的注释格式，并且在网站设计中贯穿始终。

应减少网页中不必要的注释，但是在需要注释的地方，应该简明扼要地进行注释。使用注释的目的是为了让代码更容易维护，但是过于简短的和不严谨的注释将同样妨碍设计人员的理解。

4.2　网站建设的基本流程

创建网站是一个系统工程，有一定的工作流程，只有遵循这个步骤，按部就班地来，才能设计出满意的网站。因此在制作网站前，先要了解网站建设的基本流程，这样才能制作出更好、更合理的网站。

4.2.1　确定站点目标

在创建网站时，确定站点的目标是第一步。设计者应清楚建立站点的目标，即确定它将提供什么样的服务，网页中应该提供哪些内容等。要确定站点目标，应该从以下3个方面考虑。

1. 网站的整体定位

网站可以是大型商用网站、小型电子商务网站、门户网站、个人主页、科研网站、交流平台、公司和企业介绍性网站以及服务性网站等。首先应该对网站的整体进行一个客观的评估，同时要以发展的眼光看待问题，否则将带来许多升级和更新方面的不便。

2. 网站的主要内容

如果是综合性网站，那么对于新闻、邮件、电子商务和论坛等都要有所涉及，这样就要求网页要结构紧凑、美观大方。对于侧重某一方面的网站，如书籍网站、游戏网站和音乐网站等，则往往对网页美工要求较高，使用模板较多，更新网页和数据库较快。如果是个人主页或介绍性的网站，那么一般来讲，网站的更新速度较慢，浏览率较低，并且由于链接较少，内容不如其他网站丰富，但对美工的要求更高一些，可以使用较鲜艳明亮的颜色，同时可以添加 Flash 动画等，使网页更具动感并充满活力，否则网站将缺乏吸引力。

3. 网站浏览者的教育程度

对于不同的浏览者群，网站的吸引力是截然不同的，如针对少年儿童的网站，卡通和科普性的内容更符合浏览者的品味，也能够达到网站寓教于乐的目的。针对学生的网站，往往对网站的互动程度和特效技术要求更高一些。对于商务浏览者，网站的安全性和易用性更为重要。

4.2.2　确定目标浏览者

确定站点目标后，还需要判断哪些浏览者会访问自己的站点，这通常与站点的主题紧密相关。

为了使站点能够吸引更多的浏览者，还应该充分考虑到浏览者所使用的计算机类型、使用的操作平台、平均使用的连接速度以及他们使用的浏览器种类等，这些因素都会影响浏览者访问自己的网页。如今使用 Windows 操作系统的用户占绝大多数，因此应使自己设计的网页能够很好地工作在 Windows 操作系统下，并支持 Internet Explorer 浏览器。少数浏览者可能会使用其他浏览器，因此也要确保自己的网页能够适应这些浏览器。

另外，还要充分了解浏览者所使用的浏览器种类，这就需要使站点具有更大的浏览器兼容性。目前，用户使用的浏览器有多种，并且每一种浏览器都有多个版本。即使是人们普遍使用的 Internet Explorer 浏览器和 Netscape Navigator 浏览器，也不能保证所有的用户都能使用最新的版本。当网站放置在服务器上后，总会有浏览者使用早期版本的浏览器浏览。设计者可以选择一种或两种浏览器作为目标浏览器，并为这些浏览器设计相应的站点，同时也要使该站点能较大程度地适合于其他浏览器。

4.2.3　确定站点风格

站点风格设计包括站点的整体色彩、网页的结构、文本的字体和大小以及背景的使用等，这些没有一定的公式或规则，需要设计者通过各种分析决定。

一般来说，适合于网页标准色的颜色有3大系：蓝色、黄/橙色和黑/灰/白色。不同的色彩搭配会产生不同的效果，并可能影响访问者的情绪。在站点整体色彩上，要结合站点目标来确定。如果是政府网站，就要在大方、庄重、美观和严谨上多下功夫，切不可花哨；如果是个人网站，则可以采用较鲜明的颜色，设计要简单而有个性。图 4-1 所示的是色彩鲜明简单的个人网站。

图 4-1　个人网站

在网页结构上，整个站点要保持谐调统一。对于字体，默认的网页字体一般是宋体，为了体现网页的特有风格，也可以根据需要选择一些特殊字体，如华文行楷、隶书和其他字体等。在背景的使用上，应该以宁缺毋滥为原则，切不可喧宾夺主。

4.2.4　收集资源

网站的主题内容是文本、图像和多媒体等，它们构成了网站的灵魂，否则再好的结构设计都不能达到网站设计的初衷，也不能吸引浏览者。在对网站进行结构设计之后，需要对每个网页的内容进行一个大致的构思，如哪些网页需要使用模板，哪些网页需要使用特殊设计的图像，哪些网页需要使用较多的动态效果，如何设计菜单，采用什么样式的链接，网页采用什么颜色和风格等，这些都对资源收集具有指导性作用。

● 重要的文本：如企业简介文本，不能临时书写，要得体、简明，一般使用企业内部的宣传文字。

● 重要的图像：如企业的标志、网页的背景图像等，这些图像对于浏览者的视觉影响很大，不能草率处理。

● 库文件：对于一些常用和重要的网页

对象，需要使用库文件来进行管理和使用，在设计网页之前，可以先编辑这些库文件备用。

● Flash 等多媒体元素：许多网站都越来越多地使用 Flash 等多媒体元素，这些多媒体元素在设计网页之前就需要收集妥当或者制作完成。

4.2.5　设计网页图像

在确定好网站的风格和搜集完资料后就需要设计网页图像了。网页图像设计包括 Logo、标准色彩、标准字、导航条和首页布局等。可以使用 Photoshop 或 Fireworks 软件来具体设计网站的图像。

有经验的网页设计者，通常会在使用网页制作工具制作网页之前，设计好网页的整体布局，这样在具体设计过程将会胸有成竹，大大节省工作时间。

● 设计网站标志。标志可以是中文、英文字母，也可以是符号、图案等。标志的设计创意应当来自网站的名称和内容，如网站内有代表性的人物、动物和植物，可以用它们作为设计的标本，加以卡通化或者艺术化。专业网站可以以本专业具有代表性的物品作为标志。最常用和最简单的方式是用自己网站的英文名称作标志，采用不同的字体、字母的变形和字母的组合可以很容易制作好自己的标志。

● 首页设计包括版面、色彩、图像、动态效果和图标等风格设计。图 4-2 所示的是设计完成的网站首页图像。

图 4-2　网站首页图像

● 设计导航栏。在站点中导航栏也是一个重要的组成部分。在设计站点时，应考虑到访问自己站点的浏览者大多都很有经验，也应考虑到如何使浏览者能轻松地从网站的一个页面跳转到另一个页面。

● 设计网站字体。标准字体是指用于标志和导航栏的特有字体。一般网页默认的字体是宋体。为了体现站点的与众不同和特有风格，可以根据需要选择一些特别字体。可以根据自己网站所表达的内涵，选择更贴切的字体。

4.2.6 制作网页

设计完网页图像后，就可以按照规划逐步制作网页了，这是一个复杂而细致的过程，一定要按照先大后小、先简单后复杂的顺序进行制作。所谓先大后小，就是说在制作网页时，先把大的结构设计好，然后再逐步完善小的结构设计。所谓先简单后复杂，就是先设计出简单的内容，然后再设计复杂的内容，以便出现问题时好修改。在制作网页时要灵活运用模板，这样可以大大提高制作效率。图 4-3 所示的是模板网页。

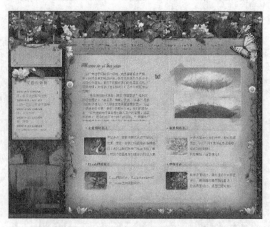

图 4-3　模板网页

4.2.7 开发动态网站模块

页面制作完成后，如果还需要动态功能，则需要开发动态功能模块，网站中常用的功能模块包括搜索功能、留言板、新闻发布、在线购物和论坛及聊天室等。图 4-4 所示的是开发的在线购物模块。

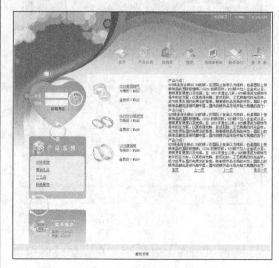

图 4-4　在线购物模块

4.2.8 申请域名和服务器空间

域名是企业或事业单位在因特网上进行相互联络的网络地址，在网络时代，域名是企业、机构进入因特网必不可少的身份证明。

国际域名资源是十分有限的，为了满足更多企业、机构的申请要求，各个国家、地区在域名最后加上了国家标记段，由此形成了各个国家、地区的国内域名，如中国是 cn、日本是 jp 等，这样就扩大了域名的数量，满足了用户的需求。

注册域名前应该在域名查询系统中查询所希望注册的域名是否已经被注册。几乎每一个域名注册服务商在自己的网站上都提供查询服务。

国内域名顶级管理机构 CNNIC 的网站是 http://www.cnnic.net，可以通过该网站查询相关的域名信息。图 4-5 所示的是 CNNIC 的网站首页。

域名注册的流程与方式比较简单，首先可以通过域名注册商，或者一些公共的域名查询网站查询所希望注册的域名是否已经被注册，如果没有，则需要尽快与一家域名注册服务商取得联系，告诉他们自己希望注册的域名，以及付款的方式。域名属于特殊商品，一旦注册成功是不可以退款的，所以在通常情况下，域名注册服务商需要先收款。当域名注册服务商完成域名注册后，域名查询系统并不能立即查询到该域名，因为全球的域名 WHOIS 数据库更新需要 1～3 天的时间。

图 4-5　CNNIC 的网站首页

网站是建立在网络服务器上的一组计算机文件，它需要占据一定的硬盘空间，这就是一个网站所需的网站空间。

一般来说，一个标准中型企业网站的基本网页 HTML 文件和网页图片需要 8MB 左右空间，加上产品照片和各种介绍性页面，一般在 15MB 左右。除此之外，企业可能还需要存放反馈信息和备用文件的空间，这样，一个标准的企业网站总共需要 30～50MB 的网站空间。当然，如果是从事网络相关服务的用户，可能需要有大量的内容要存放在网站空间中，这样就需要多申请空间。

4.2.9　测试与发布上传

网页制作完毕，最后要发布到 Web 服务器上，才能够让全世界的朋友观看。现在上传的工具有很多，可以采用 Dreamweaver 自带的站点管理上传文件，也可以采用专门的 FTP 软件上传。利用这些 FTP 工具，可以很方便地把网站发布到服务器上。网站上传以后，要在浏览器中打开自己的网站，逐页逐个链接地进行测试，发现问题，及时修改，然后再上传测试。

4.2.10　网站的推广

网页做好之后，还要不断地进行宣传，这样才能让更多的朋友认识它，提高网站的访问率和知名度。推广的方法有很多，如到搜索引擎上注册、网站交换链接和添加广告链等。

网站推广是网站获得有效访问的重要步骤，合理而科学的推广计划能使企业网站收到接近期望值的效果。网站推广作为电子商务服务的一个独立分支正显示出其巨大的魅力，并引起越来越多的企业高度重视和关注。

4.3　课后练习

1. 填空题

（1）网站前台开发主要是指网站页面设计，包括网站整体框架建立、常用图片、Flash 动画设计等，主要使用的软件是＿＿＿＿、＿＿＿＿＿、＿＿＿＿＿等。

（2）在网页中的链接按照链接路径的不同可以分为 3 种形式：＿＿＿＿＿、＿＿＿＿＿、＿＿＿＿＿。

参考答案：

（1）Photoshop、Dreamweaver、Flash

（2）绝对路径、相对路径、根目录相对路径

2．简答题

（1）文件夹和文件命名有哪些规范？

（2）简述网站建设的基本流程？

4.4　本章总结

任何一个网站在开发之前都需要定制一个开发约定和规则，这样有利于项目的整体风格统一、代码维护和发展。由于网站项目开发的分散性、独立性和整合的交互性，因此制订一套完整的约定和规则尤为重要。建立并实施网站建设指导规范对于规范网站建设服务，提高企业网站的网络营销价值非常重要。规范的网站建设不仅可以为用户获取信息带来更多的方便，也体现了网站的专业水平，同时也有利于企业的健康发展。

不同类型的网站有不同的网站建设流程，但是大部分网站的建设流程基本类似，熟悉并了解这些流程对于建好网站起到很重要的作用。

第 2 部分
静态网页设计篇

第 5 章
创建结构清晰的文本网页
第 6 章
创建绚丽多彩的图像和多媒体网页
第 7 章
创建超级链接
第 8 章
使用表格排版网页
第 9 章
使用 Div 和 Spry 灵活布局网页
第 10 章
使用 CSS 修饰美化网页
第 11 章
CSS+Div 布局方法
第 12 章
使用模板和库提高网页制作效率
第 13 章
使用行为和 JavaScript 为网页增添活力
第 14 章
网站页面布局设计与色彩搭配

■■■■■■■ **第 5 章**
创建结构清晰的文本网页

文本是网页的基本组成部分，人们通过网页了解的信息大部分是从文本对象中获得的。只有将文本内容处理好，才能使网页更加美观易读，使访问者在浏览时赏心悦目，激发访问者浏览的兴趣。本章主要讲述文本的插入、文本属性的设置、项目列表和编号列表的创建等。

学习目标

☐ 掌握设置文本属性的方法
☐ 学习在网页中插入其他元素的方法
☐ 掌握创建项目列表和编号列表的技巧
☐ 学习插入网页头部内容的方法

5.1 设置文本属性

文字是人类语言最基本的表达方式，文本是网页中最简单，也是最基本的部分，无论当前的网页多么绚丽多彩，其中占多数的还是文本。一个网站成功与否，它是最关键的因素。

5.1.1 插入文本

在网页中可直接输入文本信息，也可以将其他应用程序中的文本直接粘贴到网页中，此外还可以导入已有的 Word 文档。在网页中添加文本的具体操作步骤如下。

原始文件	CH05/5.1/index.htm
最终文件	CH05/5.1/index.htm

❶ 打开原始文件，如图 5-1 所示。

图 5-1　打开原始文件

❷ 将光标放置在要输入文本的位置，输入文本，如图 5-2 所示。

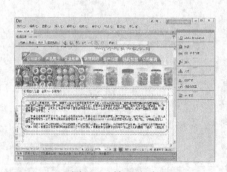

图 5-2　输入文本

5.1.2 设置字体

字体对网页中的文本来说是非常重要的，Dreamweaver 中自带的字体比较少，可以在 Dreamweaver 的字体列表中添加更多的字体，添加新字体的具体操作步骤如下。

❶ 使用 Dreamweaver 打开网页文档，在【属性】面板中的【字体】下拉列表中选择【编辑字体列表】选项，如图 5-3 所示。

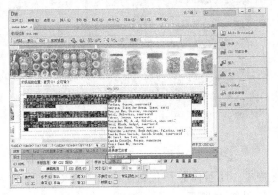

图 5-3　选择【编辑字体列表】选项

❷ 在对话框中的【可用字体】列表框中选择要添加的字体，单击 按钮添加到左侧的【选择的字体】列表框中，在【字体】列表框中也会显示新添加的字体，如图 5-4 所示。重复以上操作即可添加多种字体，若要取消已添加的字体，可以选中该字体单击 按钮。

图 5-4　【编辑字体列表】对话框

❸ 完成一个字体样式的编辑后，单击 按钮可进行下一个样式的编辑。若要删除某个已经编辑的字体样式，可选中该样式单击 按钮。

❹ 完成字体样式的编辑后，单击【确定】按钮关闭该对话框。

5.1.3　设置字号

选择一种合适的字号是决定网页美观、布局合理的关键。在设置网页时，应该对文本设置相应的字体字号，具体操作步骤如下。

❶ 选中要设置字号的文本，在【属性】面板中的【大小】下拉列表中选择字号的大小，或者直接在文本框中输入相应大小的字号，如图 5-5 所示。

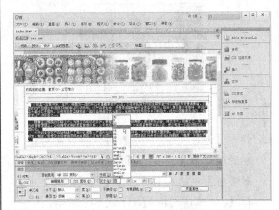

图 5-5　设置文本的字号

❷ 弹出【新建 CSS 规则】对话框，在对话框中的【选择器类型】中选择【类（可应用于任何 HTML 元素）】，在【选择器名称】中输入名称，在【规则定义】中选择【（仅限该文档）】，如图 5-6 所示。单击【确定】按钮，完成设置字体的字号。

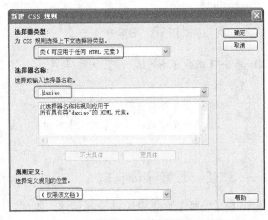

图 5-6　【新建 CSS 规则】对话框

5.1.4 设置字体颜色

还可以改变网页文本的颜色，设置文本颜色的具体操作步骤如下。

❶ 选中设置颜色的文本，在【属性】面板中单击【文本颜色】按钮，打开如图 5-7 所示的调色板。在调色板中选中所需的颜色，光标变为 形状，单击鼠标左键即可选取该颜色。

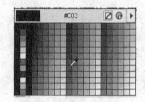

图 5-7　调色板

❷ 弹出【新建 CSS 规则】对话框，在对话框中的选择器类型中的【选择类】，在【选择器名称】中输入名称，在【规则定义】中选择【(仅限该文档)】，如图 5-8 所示。

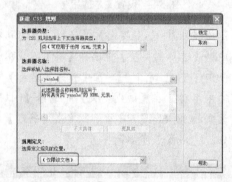

图 5-8　设置参数

❸ 单击【确定】按钮，设置文本颜色，如图 5-9 所示。

提示　如果调色板中的颜色不能满足需要，则单击 按钮，弹出【颜色】对话框，在对话框中选择需要的颜色即可。

5.1.5 设置字体样式

在【属性】面板中可以设置粗体、斜体。单击【粗体】 B 按钮，可将文本在粗体和正常体之间切换，单击【斜体】 I 按钮，可将文本在斜体和正常体之间切换。

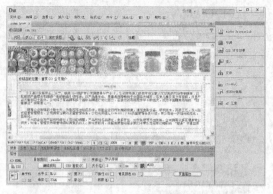

图 5-9　设置文本颜色

选中文档中相应的文本，在【属性】面板中单击【粗体】 B 按钮，将选择的文本加粗，如图 5-10 所示。

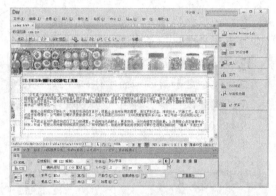

图 5-10　加粗文本

提示　选中文本，选择【格式】|【样式】命令，则会弹出一个子菜单。在子菜单中选择合适的文本样式，当选中一种字体样式后，该选项的左侧会出现一个对勾标记，可以依次为选中的文本内容设置多种字体风格。

5.1.6 编辑段落

标题常常用来强调段落要表现的内容，在 HTML 中共定义了 6 级标题，从 1 级到 6 级，每级标题的字体大小依次递减。

选中设置标题段落的文本，选择【窗口】|【属性】命令，打开【属性】面板，单击面板中【格式】右边的下拉列表，如图 5-11 所示。

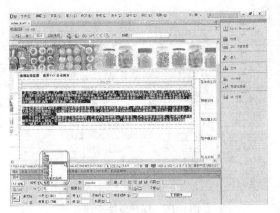

图 5-11　打开【属性】面板，设置文本格式

在【格式】下拉列表中可以设置以下段落格式。

● 【段落】：选择该项，则将插入点所在的文字块定义为普通段落，其两端分别被添加 <p> 和 </p> 标记。

● 【预先格式化的】：选择该项，则将插入点所在的段落设置为格式化文本。其两端分别被添加 <pre> 和 </pre> 标记。这时候在文字中间的所有空格和回车等格式全部被保留。

● 【无】：选择该项，则取消对段落的指定。

5.2　插入其他元素

网页中除了文本、图像和表格等这些基本的元素之外，还有一些元素也是非常重要的，如特殊字符、水平线和注释等内容，这些都是网页中较常用的元素。

5.2.1　插入特殊字符

特殊字符包含换行符、空格、版权信息和注册商标等，是网页中经常用到的元素之一。当在网页文档中插入特殊字符时，在【代码】视图中显示的是特殊字符的源代码，在【设计】视图中显示的是一个标志，只有在浏览器窗口中才能显示真正面目。

下面通过实例讲述插入版权字符的效果，如图 5-12 所示。具体操作步骤如下。

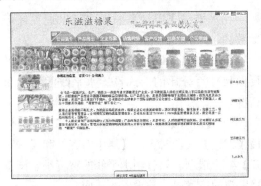

图 5-12　插入特殊字符的效果

原始文件	CH05/5.2.1/index.htm
最终文件	CH05/5.2.1/index1.htm

❶ 打开原始文件，如图 5-13 所示。

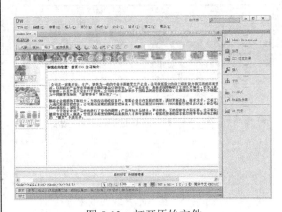

图 5-13　打开原始文件

❷ 将光标置于要插入特殊字符的位置，选择【插入】|【HTML】|【特殊字符】|【版权】命令，即可插入版权字符，如图 5-14 所示。

提示　如果选择【插入】|【HTML】|【特殊字符】|【其他字符】命令，将弹出【插入其他字符】对话框，在此对话框中可以选择更多的特殊字符。

❸ 保存文档，按 F12 键即可在浏览器中浏览效果。

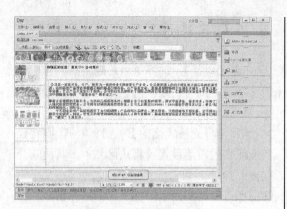

图 5-14　插入版权字符

5.2.2　插入水平线

水平线在网页文档中经常用到,它主要用于分隔文档内容,使文档结构清晰明了,合理使用水平线可以获得非常好的效果。一篇内容繁杂的文档,如果合理放置水平线,会变得层次分明,易于阅读。下面通过实例讲述在网页中插入水平线的效果,如图 5-15 所示。具体操作步骤如下。

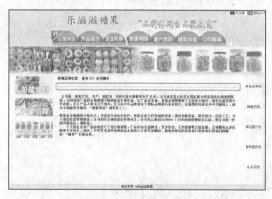

图 5-15　插入水平线的效果

原始文件	CH05/5.2.2/index.htm
最终文件	CH05/5.2.2/index1.htm

❶ 打开原始文件,如图 5-16 所示。

❷ 将光标置于要插入水平线的位置,选择【插入】|【HTML】|【水平线】命令,插入水平线,如图 5-17 所示。

提示　　　将光标放置在插入水平线的位置,单击【常用】插入栏中的【水平线】■ 按钮,也可插入水平线。

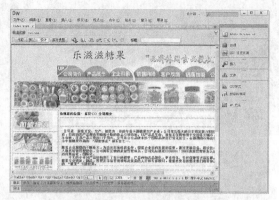

图 5-16　打开原始文件

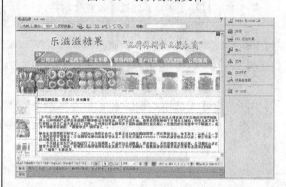

图 5-17　插入水平线

❸ 选中水平线,打开【属性】面板,可以在【属性】面板中设置水平线的【高】、【宽】、【对齐】和【阴影】,如图 5-18 所示。

图 5-18　设置水平线的属性

在水平线【属性】面板中可以设置以下参数。

● 【宽】和【高】:以像素为单位或以页面尺寸百分比的形式设置水平线的宽度和高度。

● 【对齐】:设置水平线的对齐方式,包括【默认】、【左对齐】、【居中对齐】和【右对齐】4 个选项。只有当水平线的宽度小于浏览器窗口的宽度时,该设置才适应。

● 【阴影】:设置绘制的水平线是否带阴影,取消选择该项将使用纯色绘制水平线。

> **提示**
>
> 设置水平线颜色：在【属性】面板中并没有提供关于水平线颜色的设置选项。如果需要改变水平线的颜色，只需要直接进入源代码更改〈hr color="对应颜色的代码"〉即可。

❹ 保存文档，按 F12 键即可在浏览器中浏览效果。

5.2.3　插入注释

注释是在 HTML 代码中插入的描述性文本，用来解释该代码或提供其他信息。插入注释的具体操作步骤如下。

❶ 将光标置于插入注释的位置，选择【插

入】|【注释】命令，弹出【注释】对话框，如图 5-19 所示。

图 5-19　【注释】对话框

❷ 在【注释】文本框输入注释内容，单击【确定】按钮，即可插入注释。

> **提示**
>
> 如果要在设计视图中显示注释标记，则要在【首选参数】对话框中勾选【注释】复选框即可，否则将不出现注释标记。

5.3　创建项目列表和编号列表

在网页编辑中，有时会使用列表。包含层次关系、并列关系的标题都可以制作成列表形式，这样有利于访问者理解网页内容。列表包括项目列表和编号列表，下面分别进行介绍。

5.3.1　创建项目列表

如果项目列表之间是并列关系，则需要生成项目符号列表。创建项目列表的具体操作步骤如下。

原始文件	CH05/5.3.1/index.htm
最终文件	CH05/5.3.1/index1.htm

❶ 打开原始文件，如图 5-20 所示。

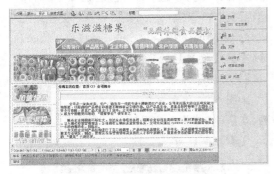

图 5-20　打开原始文件

❷ 将光标放置在要创建项目列表的位置，选择【格式】|【列表】|【项目列表】命令，创建项目列表，如图 5-21 所示。

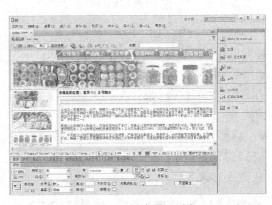

图 5-21　创建项目列表

> **提示**
>
> 单击【属性】面板中的【项目列表】按钮，即可创建项目列表。

5.3.2　创建编号列表

当网页内的文本需要按序排列时，就应该使用编号列表。编号列表的项目符号可以在阿拉伯数字、罗马数字和英文字母中做出选择。

将光标放置在要创建编号列表的位置，选择【格式】|【列表】|【编号列表】命令，创建编号列表，如图 5-22 所示。

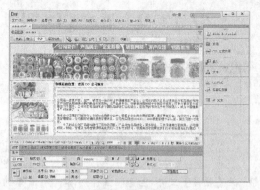

图 5-22　创建编号列表

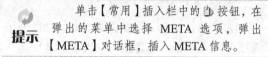

单击【属性】面板中的【编号列表】 按钮，即可创建编号列表。

5.4　插入网页头部内容

文件头标签也就是通常说的 Meta 标签，文件头标签在网页中是看不到的，它包含在网页中 <head>...</head>标签之间，所有包含在该标签之间的内容在网页中都是不可见的。

文件头标签主要包括标题、META、关键字、说明、刷新、基础和链接，下面分别介绍常用的文件头标签的使用。

5.4.1　设置 META

META 对象常用于插入一些为 Web 服务器提供选项的标记符，方法是通过 http-equiv 属性和其他各种在 Web 页面中包括的、不会使浏览者看到的数据。设置 META 的具体操作步骤如下。

❶ 选择【插入】|【HTML】|【文件头标签】|【META】命令，弹出【META】对话框，如图 5-23 所示。

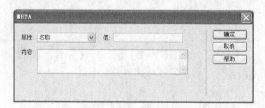

图 5-23　【META】对话框

❷ 在【属性】下拉列表中可以选择【名称】或【http-equiv】选项，指定 META 标签是否包含有关页面的描述信息或 http 标题信息。

❸ 在【值】文本框中指定在该标签中提供的信息类型。

❹ 在【内容】文本框中输入实际的信息。

❺ 设置完毕后，单击【确定】按钮即可。

提示　单击【常用】插入栏中的 按钮，在弹出的菜单中选择 META 选项，弹出【META】对话框，插入 META 信息。

5.4.2　插入关键字

关键字也就是与网页的主题内容相关的简短而有代表性的词汇，这是给网络中的搜索引擎准备的。关键字一般要尽可能地概括网页内容，这样浏览者只要输入很少的关键字，就能最大程度地搜索网页。插入关键字的具体操作步骤如下。

❶ 选择【插入】|【HTML】|【文件头标签】|【关键字】命令，弹出【关键字】对话框，如图 5-24 所示。

❷ 在【关键字】文本框中输入一些值，单击【确定】按钮即可。

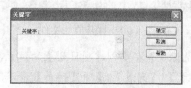

图 5-24　【关键字】对话框

提示　单击【常用】插入栏中的 按钮，在弹出的菜单中选择【关键字】选项，弹出【关键字】对话框，插入关键字。

5.4.3　插入说明

插入说明的具体操作步骤如下。

❶ 选择【插入】|【HTML】|【文件头标签】|【说明】命令，弹出【说明】对话框，如图5-25 所示。

❷ 在【说明】文本框中输入一些值，单击【确定】按钮即可。

图 5-25　【说明】对话框

提示　单击【常用】插入栏中的 按钮，在弹出的菜单中选择【说明】选项，弹出【说明】对话框，插入说明。

5.4.4　插入刷新

设置网页的自动刷新特性，使其在浏览器中显示时，每隔一段指定的时间，就跳转到某个页面或是刷新自身。插入刷新的具体操作步骤如下。

❶ 选择【插入】|【HTML】|【文件头标签】|【刷新】命令，弹出【刷新】对话框，如图5-26 所示。

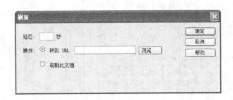

图 5-26　【刷新】对话框

❷ 在【延迟】文本框中输入刷新文档要等待的时间。

❸ 在【操作】选项区域中，可以选择重新下载页面的地址。勾选【转到 URL】单选按钮

时，单击文本框右侧的【浏览】按钮，在弹出的【选择文件】对话框中选择要重新下载的 Web 页面文件。勾选【刷新此文档】单选按钮时，将重新下载当前的页面。设置完毕后，单击【确定】按钮即可。

5.4.5　设置基础

【基础】定义了文档的基本 URL 地址，在文档中，所有相对地址形式的 URL 都是相对于这个 URL 地址而言的。设置基础元素的具体操作步骤如下。

❶ 选择【插入】|【HTML】|【文件头标签】|【基础】命令，弹出【基础】对话框，如图5-27 所示。

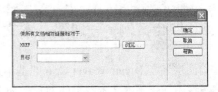

图 5-27　【基础】对话框

在【基础】对话框中可以设置以下参数。

● 【HREF】：基础 URL。单击文本框右边的【浏览】按钮，在弹出的对话框中选择一个文件，或在文本框中直接输入路径。

● 【目标】：在其下拉列表框中选择打开链接文档的框架集。这里共包括以下 4 个选项。

【空白】：将链接的文档载入一个新的、未命名的浏览器窗口。

【父】：将链接的文档载入包含该链接的框架的父框架集或窗口。如果包含链接的框架没有嵌套，则相当于_top，链接的文档将被载入整个浏览器窗口。

【自身】：将链接的文档载入链接所在的同一框架或窗口。此目标是默认的，所以通常不需要指定它。

【顶部】：将链接的文档载入整个浏览器窗口，从而删除所有框架。

❷ 在对话框中进行相应的设置，单击【确定】
按钮，设置基础。

5.4.6　设置链接

链接设置可以定义当前网页和本地站点
中的另一网页之间的关系。设置链接的具体操
作步骤如下。

❶ 选择【插入】|【HTML】|【文件头标签】|
【链接】命令，弹出【链接】对话框，如图
5-28 所示。

在【链接】对话框中可以设置以下参数。

● 【HREF】：链接资源所在的 URL 地址。

● 【ID】：输入 ID 值。

● 【标题】：输入该链接的描述。

● 【Rel】和【Rev】：输入文档与链接资
源的链接关系。

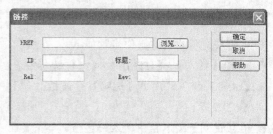

图 5-28　【链接】对话框

❷ 在对话框中进行相应的设置，单击【确定】
按钮，设置文档链接。

5.5　综合案例——创建基本文本网页

前面讲述了 Dreamweaver CS6 的基本知识，以及在网页中插入文本和设置文本属性。下面利
用实例讲述创建基本文本网页的效果，如图 5-29 所示。具体操作步骤如下。

图 5-29　基本文本网页效果

原始文件	CH05/5.5/index.htm
最终文件	CH05/5.5/index1.htm

❶ 打开原始文件，如图 5-30 所示。

图 5-30　打开原始文件

❷ 将光标放置在要输入文字位置，输入文字，如图 5-31 所示。

图 5-31　输入文字

❸ 选中输入的文字，在【属性】面板中单击【大小】文本框右边的按钮，在弹出的列表中选择 12 像素，如图 5-32 所示。

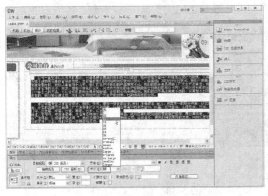

图 5-32　选择文字大小

❹ 弹出【新建 CSS 规则】对话框，在对话框中的【选择器名称】中输入名称.danxiao，如图 5-33 所示。

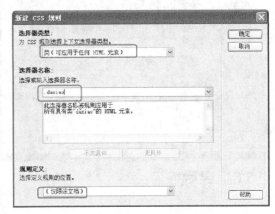

图 5-33　【新建 CSS 规则】对话框

❺ 单击【颜色】按钮，打开调色板，在对话框中选择颜色#630，如图 5-34 所示。

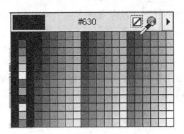

图 5-34　在调色板中选择颜色

❻ 弹出【新建 CSS 规则】对话框，在对话框中的【选择器名称】中输入名称.yanse，如图 5-35 所示。

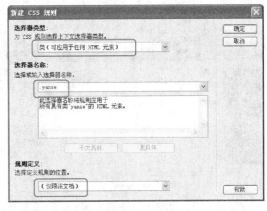

图 5-35　在【选择器名称】对话框中输入名称

❼ 单击【确定】按钮，设置文本颜色，将光标置于要插入特殊字符的位置，选择【插入】|【HTML】|【特殊字符】|【版权】命令，插入版权，如图 5-36 所示。

❽ 保存文档，按 F12 键即可在浏览器中预览效果。

图 5-36　插入版权

5.6　课后练习

1．填空题

（1）在网页中可直接输入文本信息，也可以将其他应用程序中的＿＿＿＿到网页中，此外还可以＿＿＿＿。

（2）＿＿＿＿在网页文档中经常用到，它主要用于分隔文档内容，使文档结构清晰明了，合理使用水平线可以获得非常好的效果。一篇内容繁杂的文档，如果合理放置＿＿＿＿，会变得层次分明，易于阅读。

参考答案：

（1）文本直接粘贴、导入已有的 Word 文档

（2）水平线、水平线

2．操作题

在网页中输入文本的效果，如图 5-37 和图 5-38 所示。

原始文件	CH05/操作题/index.htm
最终文件	CH05/操作题/index1.htm

图 5-37　原始文件

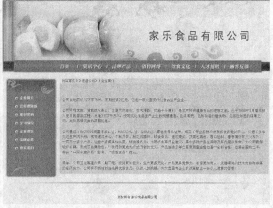

图 5-38　输入文本效果

5.7　本章总结

　　学习完本章，相信读者对文本对象的基本操作没有问题了。在这里，作者还要向读者明确一点，就是文本内容在一个网站中具有很重要的地位，有些读者可能会问为什么？其实这个重要并不是指它在制作上有什么难度，而是指文本内容相对于网站本身一定要丰富、充实，丰富的文字内容才是浏览者光临该网站的主要原因。因此读者在实际制作自己的网站前一定要规划好文本方面的内容，同时再力求制作一个拥有华丽视觉效果的页面，两者搭配，才是制作一个成功网站的正确方向。

在网络上随意浏览一个页面，都会发现除了文字以外还有各种各样的其他元素，如图像、动画和声音。图像或多媒体是文本的解释和说明，在文档的适当位置上放置一些图像或多媒体文件，不仅可以使文本更加容易阅读，而且使得文档更加具有吸引力。本章主要讲述图像的基本使用、添加 Flash 影片、插入视频文件和插入其他媒体对象等。

学习目标

☐ 了解网页中图像的常见格式

☐ 掌握插入图像的方法

☐ 学习编辑图像的技巧

☐ 掌握插入多媒体的方法

6.1 网页中常用的图像格式

网页中图像的格式通常有 3 种，即 GIF、JPEG 和 PNG。目前 GIF 和 JPEG 文件格式的支持情况最好，大多数浏览器都可以查看它们。由于 PNG 文件具有较大的灵活性并且文件较小，所以它对于几乎任何类型的网页图形都是最适合的。但是 Internet Explorer 和 Netscape Navigator 只能部分支持 PNG 图像的显示。建议使用 GIF 或 JPEG 格式以满足更多人的需求。

GIF 是英文单词 Graphic Interchange Format 的缩写，即图像交换格式，文件最多使用 256 种颜色，最适合显示色调不连续或具有大面积单一颜色的图像，例如导航条、按钮、图标、徽标或其他具有统一色彩和色调的图像。

GIF 格式的最大优点就是制作动态图像，可以将数张静态文件作为动画帧串联起来，转换成一张动画文件。GIF 格式的另一优点就是可以将图像以交错的方式在网页中呈现。所谓交错显示，就是当图像尚未下载完成时，浏览器会先已马赛克的形式将图像慢慢显示，让浏览者可以大略猜出下载图像的雏形。

JPEG 是英文单词 Joint Photographic Experts Group（联合图像专家组）的缩写，专门用来处理照片图像。JPEG 的图像为每一个像素提供了 24 位可用的颜色信息，从而提供了上百万种颜色。为了使 JPEG 便于应用，大量的颜色信息必须压缩。通过删除那些运算法则认为是多余的信息来进行。JPEG 格式通常被归类为有损压缩，图像的压缩是以降低图像的质量为代价减小图像尺寸的。

PNG 是英文单词 Portable Network Graphic 的缩写，即便携网络图像，文件格式是一种替代 GIF 格式的无专利权限制的格式，它包括对索引色、灰度、真彩色图像以及 alpha 通道透明的支持。PNG 是 Macromedia Fireworks 固有的文件格式。PNG 文件可保留所有原始层、矢量、颜色和效果信息，并且在任何时候所有元素都是可以完全编辑的。文件必须具有.png 文件扩展名才能被 Dreamweaver 识别为 PNG 文件。

6.2　插入图像

前面介绍了网页中常见的 3 种图像格式，下面就来学习如何在网页中使用图像。在使用图像前，一定要有目的地选择图像，最好运用图像处理软件美化一下图像，否则插入的图像可能会不美观，非常死板。

6.2.1　插入普通图像

图像是网页中最重要的元素之一，美观的图像会为网站增添生命力，同时也会加深用户对网站的印象。下面通过实例讲述在网页中插入图像，效果如图 6-1 所示。具体操作步骤如下。

图 6-1　插入图像

原始文件	CH06/6.2.1/index.htm
最终文件	CH06/6.2.1/index1.htm

❶ 打开原始文件,将光标置于网页文档中要插入图像的位置,如图 6-2 所示。

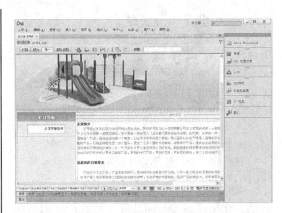

图 6-2　打开原始文件

❷ 选择【插入】|【图像】命令，弹出【选择图像源文件】对话框，从中选择需要的图像文件，如图 6-3 所示。

图 6-3　【选择图像源文件】对话框

提示　使用以下方法也可以插入图像。

　● 选择【窗口】|【资源】命令，打开【资源】面板，在【资源】面板中单击

按钮,展开图像文件夹,选定图像文件,然后用鼠标拖动到网页中合适的位置。

● 单击【常用】插入栏中的 🖼▾ 按钮,弹出【选择图像源文件】对话框,从中选择需要的图像文件。

❸ 单击【确定】按钮,图像就插入到网页中了,如图 6-4 所示。

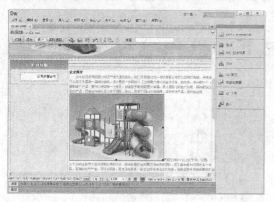

图 6-4 插入图像

6.2.2 设置图像属性

插入图像后,如果图像的大小和位置并不合适,还需要对图像的属性进行具体的调整,如大小、位置和对齐方式等。设置图像属性的效果如图 6-5 所示。具体操作步骤如下。

图 6-5 设置图像属性的效果

| 原始文件 | CH06/6.2.2/index.htm |
| 最终文件 | CH06/6.2.2/index1.htm |

❶ 打开原始文件,如图 6-6 所示。

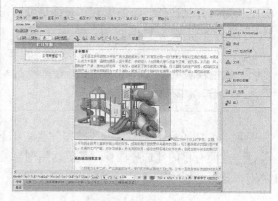

图 6-6 打开原始文件

❷ 选择图像,在【属性】面板中的【替换】下拉列表中输入【粽子】,将【对齐】设置为【右对齐】,如图 6-7 所示。

图 6-7 设置图像的属性

在图像属性面板中可以进行如下设置。

● 【宽】和【高】:以像素为单位设定图像的宽度和高度。当在网页中插入图像时,Dreamweaver 自动使用图像的原始尺寸。可以使用以下单位指定图像大小:点、英寸、毫米和厘米。在 HTML 源代码中,Dreamweaver 将这些值转换为以像素为单位。

● 【源文件】:指定图像的具体路径。

● 【链接】:为图像设置超级链接。可以单击 🗀 按钮浏览选择要链接的文件,或直接输入 URL 路径。

● 【目标】:链接时的目标窗口或框架。在其下拉列表中包括 4 个选项。

【_blank】：将链接的对象在一个未命名的新浏览器窗口中打开。

【_parent】：将链接的对象在含有该链接的框架的父框架集或父窗口中打开。

【_self】：将链接的对象在该链接所在的同一框架或窗口中打开。_self 是默认选项，通常不需要指定它。

【_top】：将链接的对象在整个浏览器窗口中打开，因而会替代所有框架。

● 【替换】：图片的注释。当浏览器不能正常显示图像时，便在图像的位置用这个注释代替图像。

● 【编辑】：启动【外部编辑器】首选参数中指定的图像编辑其并使用该图像编辑器打开选定的图像。

● 【编辑图像设置】：弹出【图像预览】对话框，在对话框中可以对图像进行设置。

● 【重新取样】：将【宽】和【高】的值重新设置为图像的原始大小。调整所选图像大小后，此按钮显示在【宽】和【高】文本框的右侧。如果没有调整过图像的大小，该按钮不会显示出来。

● 【裁剪】：修剪图像的大小，从所选图像中删除不需要的区域。

● 【亮度和对比度】：调整图像的亮度和对比度。

● 【锐化】：调整图像的清晰度。

● 【地图】：名称和【热点工具】标注以及创建客户端图像地图。

● 【垂直边距】：图像在垂直方向与文本或其他页面元素的间距。

● 【水平边距】：图像在水平方向与文本或其他页面元素的间距。

● 【原始】：指定在载入主图像之前应该载入的图像。

❸ 选择图像，单击鼠标右键在弹出的菜单中将图像设置为【右对齐】，如图 6-8 所示。保存文档，按 F12 键即可在浏览器中预览效果。

图 6-8　设置图像右对齐

6.2.3　插入图像占位符

有时候根据页面布局的需要，要在网页中插入一幅图片。这个时候可以不制作图片，而是使用占位符来代替图片位置，如图 6-9 所示。插入图像占位符的具体操作步骤如下。

图 6-9　图像占位符

原始文件	CH06/6.2.3/index.htm
最终文件	CH06/6.2.3/index1.htm

❶ 打开原始文件,将光标放置在要插入图像占位符的位置，如图 6-10 所示。

❷ 选择【插入】|【图像对象】|【图像占位符】命令，弹出【图像占位符】对话框，在对话框中进行相应的设置，如图 6-11 所示。

图 6-10　打开原始文件

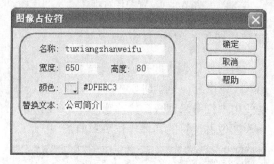

图 6-11　【图像占位符】对话框

❸ 单击【确定】按钮，插入图像占位符，如图
6-20 所示。

图 6-12　插入图像占位符

6.2.4　插入鼠标经过图像

鼠标经过图像就是当鼠标经过图像时，原
图像会变成另外一张图像。鼠标经过图像其实
是由两张图像组成的：原始图像和鼠标经过图
像。组成鼠标经过图像的两张图像必须有相同
的大小；如果两张图像的大小不同，
Dreamweaver 会自动将第二张图像大小调整成

第一张同样大小。鼠标经过图像前的效果如图
6-13 所示。鼠标经过图像时的效果如图 6-14
所示。具体操作步骤如下。

图 6-13　鼠标经过图像前的效果

图 6-14　鼠标经过图像时的效果

| 原始文件 | CH06/6.2.4/index.htm |
| 最终文件 | CH06/6.2.4/index1.htm |

❶ 打开原始文件,将光标置于要插入图像的位
置，如图 6-15 所示。

❷ 选择【插入】|【图像对象】|【鼠标经过图
像】命令，弹出如图 6-16 所示的【插入鼠
标经过图像】对话框，在对话框中设置以下
参数。

图 6-15 打开原始文件

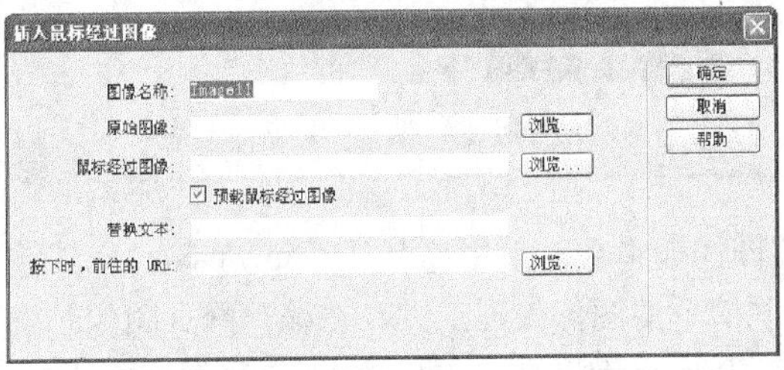

图 6-17 【原始图像】对话框

④ 单击【确定】按钮，添加原始图像，单击【鼠标经过图像】文本框右边的【浏览】按钮，弹出【鼠标经过图像】对话框，在对话框中选择图像文件，如图 6-18 所示。

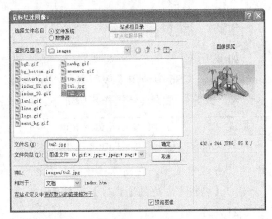

图 6-18 【鼠标经过图像】对话框

⑤ 单击【确定】按钮，添加图像文件，如图 6-19 所示。

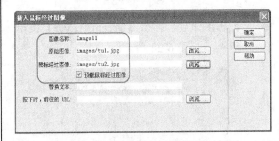

图 6-19 【插入鼠标经过图像】对话框

在对话框中选择图像文件，如图 6-17 所示。

图 6-16 【插入鼠标经过图像】对话框

在【插入鼠标经过图像】对话框中可以设置以下参数。

● 【图像名称】：在文本框中输入图像名称。

● 【原始图像】：单击【浏览】按钮选择图像源文件或直接在文本框中输入图像路径。

● 【鼠标经过图像】：单击【浏览】按钮选择图像文件或直接在文本框中输入图像路径设置鼠标经过时显示的图像。

● 【预载鼠标经过图像】：让图像预先加载到浏览器的缓存中以便加快图像的显示速度。

● 【替换文本】：选择替换的文本文件。

● 【按下时，前往的 URL】：单击【浏览】按钮选择文件或者直接在文框框中输入鼠标经过图像时打开的文件路径。如果没有设置链接，Dreamweaver 会自动在 HTML 代码中为鼠标经过图像加上一个空链接（#）。如果将这个空链接除去，鼠标经过图像就无法应用。

❸ 在对话框中单击【原始图像】文本框右边的【浏览】按钮，弹出【原始图像:】对话框，

❻ 单击【确定】按钮,插入鼠标经过图像,
选中插入的图像,单击鼠标右键在弹出的
菜单中将图像设置为【右对齐】,如图 6-20
所示。

❼ 保存网页文档,按 F12 键即可在浏览器中浏
览,当鼠标指针没有经过图像时的效果如图
6-13 所示。当鼠标经过图像时的效果如图
6-14 所示。

图 6-20　设置图像

6.3　编辑图像

　　裁剪、调整亮度/对比度和锐化等一些辅助性的图像编辑功能不用离开 Dreamweaver 就能够
完成,编辑工具是内嵌的 Fireworks 技术。有了这些简单的图像处理工具,在编辑网页图像时就
轻松多了,不需要打开其他图像处理工具进行处理,从而大大提高了工作效率。

6.3.1　裁剪图像

　　如果所输入的图像太大,还可以在
Dreamweaver CS6 中使用【裁剪】▣ 按钮来裁
剪图像,裁剪图像的具体操作步骤如下。

原始文件	CH06/6.3.1/index.htm
最终文件	CH06/6.3.1/index1.htm

❶ 单击并选中图像,在图像【属性】面板中,
选中【编辑】右边的【裁剪】▣ 按钮,如图
6-21 所示。

图 6-21　选择【裁剪】按钮

❷ 单击此按钮后,弹出【Dreamweaver】提示
对话框,如图 6-22 所示。

图 6-22　【Dreamweaver】提示对话框

提示　当使用 Dreamweaver 裁剪图像时,会
直接更改磁盘上的源图像文件,因此,可
能需要备份图像文件,以便在需要恢复到
原始图像时使用。

❸ 单击【确定】按钮,在图像上会显示裁剪的
范围,如图 6-23 所示。调整裁剪图像范围
的大小后,按 Enter 键即可裁剪图像。

图 6-23　图像上显示了裁剪图像的范围

6.3.2　重新取样图像

　　在【属性】面板中单击【重新取样】按钮
▣,图像将恢复原来的大小,如图 6-24 所示。

图 6-24　选择重新取样的效果

6.3.3　调整图像亮度和对比度

调整亮度和对比度的具体制作步骤如下。

❶ 单击并选中图像，在图像【属性】面板中，选中【编辑】右边的【亮度和对比度】按钮，如图 6-25 所示。

图 6-25　选择【亮度/对比度】按钮

❷ 弹出【亮度/对比度】对话框，在对话框中将【亮度】和【对比度】滑块拖运到合适的位置，如图 6-26 所示。

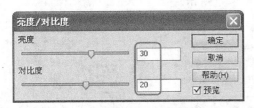

图 6-26　【亮度/对比度】对话框

❸ 单击【确定】按钮，设置图像的对比度和亮度，效果如图 6-27 所示。

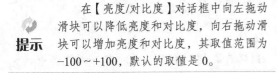 **提示**　在【亮度/对比度】对话框中向左拖动滑块可以降低亮度和对比度，向右拖动滑块可以增加亮度和对比度，其取值范围为 −100 ~ +100，默认的取值是 0。

图 6-27　设置亮度/对比度后的效果

6.3.4　锐化图像

锐化将增加对象边缘像素的对比度，从而增加图像的清晰度或锐度，具体操作步骤如下。

❶ 单击并选中图像，在图像属性面板中，选中【编辑】右边的【锐化】△ 按钮，弹出【锐化】对话框，在对话框中拖动【锐化】滑块到合适的位置，如图 6-28 所示。

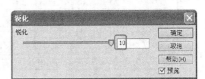

图 6-28　【锐化】对话框

❷ 单击【确定】按钮，锐化后的效果如图 6-29 所示。

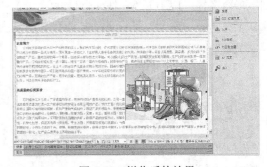

图 6-29　锐化后的效果

 提示　只能在保存包含图像的页面之前撤销【锐化】命令的效果并恢复到原始图像文件。页面一旦保存，对图像所做更改即永久保存。

6.4 插入多媒体

SWF 是一个非常成功的产品，在以前的 Web 页面中所有的动态视频元素不是视频就是 GIF 动画，现在已经慢慢转化为使用 SWF 动画了。所以 SWF 影片在页面中的置入是非常重要的。

6.4.1 插入 SWF 动画

SWF 动画是在专门的 Flash 软件中完成的，在 Dreamweaver 中能将现有的 SWF 动画插入到文档中。在 Dreamweaver 中插入 SWF 影片的效果如图 6-30 所示。具体操作步骤如下。

图 6-30 插入 SWF 影片的效果

原始文件	CH06/6.4.1/index.htm
最终文件	CH06/6.4.1/index1.htm

❶ 打开原始文件，将光标置于要插入 SWF 影片的位置，如图 6-31 所示。

图 6-31 打开原始文件

❷ 选择【插入】|【媒体】|【SWF】命令，弹出【选择 SWF】对话框，在对话框中选择文件，如图 6-32 所示。

 提示　　单击【常用】插入栏中的媒体按钮 ，在弹出的菜单中选择 SWF 选项，弹出【选择 SWF】对话框，插入 SWF 影片。

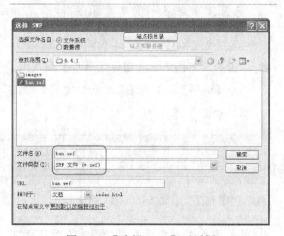

图 6-32 【选择 SWF】对话框

❸ 单击【确定】按钮，插入 SWF 影片，如图 6-33 所示。

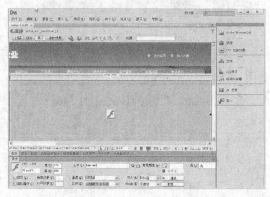

图 6-33 插入 SWF 影片

❹ 保存文档，按 F12 键即可在浏览器中预览效果。

SWF 属性面板的各项设置。

● 【SWF】文本框：输入 SWF 动画的名称。

● 【宽】和【高】：设置文档中 SWF 动画的尺寸，可以输入数值改变其大小，也可以在文档中拖动缩放手柄来改变其大小。

● 【文件】：指定 SWF 文件的路径。

● 【背景颜色】：指定影片区域的背景颜色。在不播放影片时（在加载时和在播放后）也显示此颜色。

● 【类】：可用于对影片应用 CSS 类。

● 【循环】：勾选此复选框可以重复播放 SWF 动画。

● 【自动播放】：勾选此复选框，当在浏览器中载入网页文档时，自动播放 SWF 动画。

● 【垂直边距】和【水平边距】：指定动画边框与网页上边界和左边界的距离。

● 【品质】：设置 SWF 动画在浏览器中的播放质量，包括【低品质】、【自动低品质】、【自动高品质】和【高品质】4 个选项。

● 【比例】：设置显示比例，包括【全部显示】、【无边框】和【严格匹配】3 个选项。

● 【对齐】：设置 SWF 在页面中的对齐方式。

● 【Wmode】：为 SWF 文件设置 Wmode 参数以避免与 DHTML 元素（例如 Spry 构件）相冲突。默认值是【不透明】，这样在浏览器中，DHTML 元素就可以显示在 SWF 文件的上面。如果 SWF 文件包括透明度，并且希望 DHTML 元素显示在它们的后面，则选择【透明】选项。

● 【播放】：在【文档】窗口中播放影片。

● 【参数】：打开一个对话框，可在其中输入传递给影片的附加参数。影片必须已设计好，可以接收这些附加参数。

6.4.2 插入 FLV 视频

随着宽带技术的发展和推广，出现了许多视频网站。越来越多的人选择观看在线视频，在网上可以进行视频聊天、在线看电影等。在网页中插入视频的效果如图 6-34 所示。具体操作步骤如下。

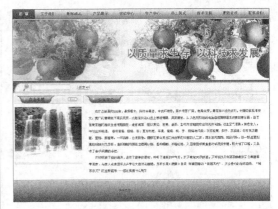

图 6-34 插入视频的效果

原始文件	CH06/6.4.2/index.htm
最终文件	CH06/6.4.2/index1.htm

❶ 打开原始文件，将光标置于要插入视频的位置，如图 6-35 所示。

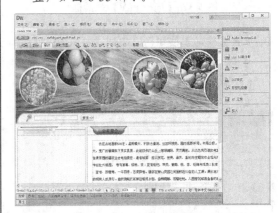

图 6-35 打开原始文件

❷ 选择【插入】|【媒体】|【FLV】命令，弹出【插入 FLV】对话框，如图 6-36 所示。

图 6-36 【插入 FLV】对话框

❸ 在对话框中单击 URL 后面的【浏览】按钮，在弹出的对话框中选择视频文件，如图 6-37 所示。

图 6-37 【选择 FLV】对话框

❹ 单击【确定】按钮，返回到【插入 FLV】对话框，在对话框中进行相应的设置，如图 6-38 所示。

图 6-38 【插入 FLV】对话框

❺ 单击【确定】按钮，插入视频，如图 6-39 所示。

❻ 保存文档，按 F12 键即可在浏览器中预览效果。

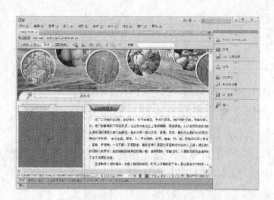

图 6-39 插入视频

6.4.3 插入背景音乐

通过代码提示，可以在【代码】视图中插入代码，在输入某些字符时，将显示一个列表，列出完成条目所需要的选项。下面通过代码提示讲述插入背景音乐的效果，如图 6-40 所示。具体操作步骤如下。

原始文件	CH06/6.4.3/index.htm
最终文件	CH06/6.4.3/index1.htm

图 6-40 插入背景音乐的效果

❶ 打开原始文件，如图 6-41 所示。

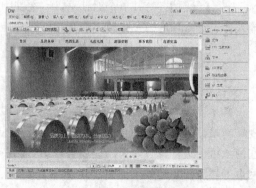

图 6-41 打开原始文件

❷ 切换到【代码】视图，在【代码】视图中找到标签<BODY>，并在其后面输入【<】以显示标签列表。在列表中选择【bgsound】标签，如图 6-42 所示。

图 6-42　在<BODY>后面输入【<】

> 💡 **提示**　使用<bgsound>来插入背景音乐，只适用于 Internet Explorer 浏览器，并且当浏览器窗口最小化时，背景音乐将停止播放。

❸ 在列表中双击【bgsound】标签，则插入该标签。如果该标签支持属性，则按空格键以显示该标签允许的属性列表，从中选择属性【src】，这个属性用来设置背景音乐文件的路径，如图 6-43 所示。

图 6-43　插入标签【bgsound】

❹ 双击后出现【浏览】字样，打开【选择文件】对话框，从对话框中选择音乐文件，如图 6-44 所示。

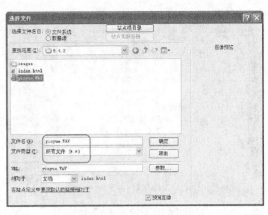

图 6-44　【选择文件】对话框

❺ 选择音乐文件后，单击【确定】按钮，插入音乐文件，如图 6-45 所示。

❻ 在插入的音乐文件后按空格键，在属性列表中选择属性【loop】，如图 6-46 所示。

图 6-45　插入音乐文件

图 6-46　选择属性【loop】

❼ 然后选中 loop，出现【-1】并将其选中，即在属性值后面输入【>】，如图 6-47 所示。

图 6-47　输入【>】

❽ 保存网页文档，按 F12 键即可在浏览器中浏览网页，当打开图 6-40 所示的网页时就能听到音乐。

6.4.4　插入 Java Applet

　　Java 是一款允许开发、可以嵌入 Web 页面的轻量级应用程序（小程序）的编程语言。在创建 Java 小程序后，可以使用 Dreamweaver 将该程序插入到 HTML 文档中，Dreamweaver 使用 <applet> 标签来标识对小程序文件的引用。插入 Java Applet 影片的效果如图 6-48 所示。具体操作步骤如下。

图 6-48　插入 Java Applet 影片的效果

原始文件	CH06/6.4.4/index.htm
最终文件	CH06/6.4.4/index1.htm

❶ 打开原始文件，如图 6-49 所示。

图 6-49　打开原始文件

❷ 将光标置于要插入 Applet 影片的位置，选择【插入】|【媒体】|【Applet】命令，弹出【选择文件】对话框，选择文件，如图 6-50 所示。

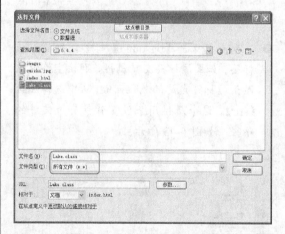

图 6-50　【选择文件】对话框

提示　　要插入的 Java 小程序的扩展名为 .class，该文件需放在引用文件相同的文件夹下，引用文件时区分大小写。

❸ 单击【确定】按钮，插入 Applet 影片，在属性面板中设置大小，如图 6-51 所示。

❹ 打开【代码】视图，在【代码】视图中将代码修改为以下代码，如图 6-52 所示。

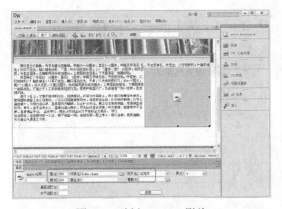

图 6-51　插入 Applet 影片

```
<applet code="Lake.class" width="250"
height="220" align="right"><PARAM NAME=
"image" VALUE="cuizhu.jpg">//cuizhu.jpg
换为你的图像名</applet>
```

在 Java Applet 属性面板中可以进行如下设置。

● 【宽】和【高】：设置 Java Applet 的宽度和高度，可以输入数值。

● 【代码】：设置程序的 Java Applet 路径。

● 【基址】：指定包含这个程序的文件夹。

● 【对齐】：设置程序的对齐方式。

● 【替换】：设置当程序无法显示时，将显示的替换图像。

图 6-52　修改代码

● 【垂直边距】：设置程序上方以及其上方其他页面元素，程序下方以及下方其他页面元素的距离。

● 【水平边距】：设置程序左侧以及左侧其他页面元素，以及设置程序右侧以及右侧其他页面元素的距离。

❺ 保存文档，按 F12 键即可在浏览器中浏览效果。

6.5　综合案例

6.5.1　创建图文混排网页

文字和图像是网页中最基本的元素，在网页中图像和文本的混和排版是常见的，图文混排的方式包括图像左环绕，图像居右环绕等方式。创建图文混排网页的效果如图 6-53 所示。具体操作步骤如下。

图 6-53　创建图文混排网页的效果

原始文件	CH06/6.5.1/index.htm
最终文件	CH06/6.5.1/index1.htm

❶ 打开原始文件，如图 6-54 所示。

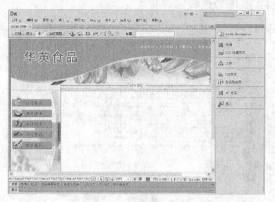

图 6-54　打开原始文件

❷ 将光标置于页面中，输入文字，如图 6-55 所示。

图 6-55　输入文字

❸ 选中文本，在属性面板中单击【大小】文本框右边的按钮，在弹出的列表中选择 12，如图 6-56 所示。

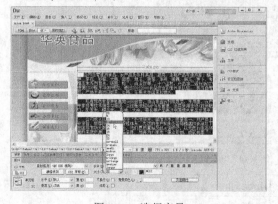

图 6-56　选择字号

❹ 弹出【新建 CSS 规则】对话框，在名称中输入名称，如图 6-57 所示。

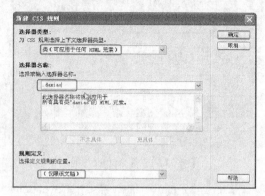

图 6-57　【新建 CSS 规则】对话框

❺ 单击【确定】按钮，设置文本大小，如图 6-58 所示。

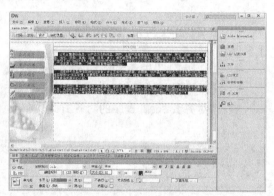

图 6-58　设置文本大小

❻ 将光标置于要插入图像的位置，选择【插入】|【图像】命令，弹出【选择图像源文件】对话框，在对话框中选择相应的图像文件，如图 6-59 所示。

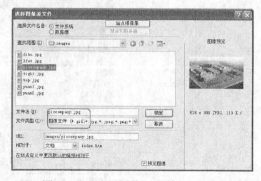

图 6-59　【选择图像源文件】对话框

❼ 单击【确定】按钮,插入图像,如图 6-60 所示。

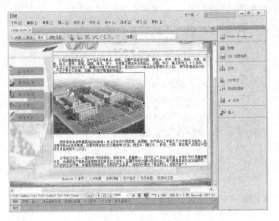

图 6-60　插入图像

❽ 选中插入的图像,在【属性】面板中的【对齐】下拉列表中选择【右对齐】,如图 6-61 所示。

图 6-61　设置图像属性

❾ 保存文档,在浏览器中浏览网页,效果如图 6-53 所示。

6.5.2　创建精彩的多媒体网页

在网页中可以很方便地插入 SWF 动画,下面通过如图 6-62 所示的实例讲述 SWF 动画的插入,具体操作步骤如下。

原始文件	CH06/6.5.2/index.htm
最终文件	CH06/6.5.2/index1.htm

图 6-62　插入 SWF 动画

❶ 打开原始文件,如图 6-63 所示。

图 6-63　打开原始文件

❷ 将光标放置在要插入 SWF 影片的位置,选择【插入】|【媒体】|【SWF】命令,弹出【选择 SWF】对话框,在【文件类型】中选择【SWF 文件】,如图 6-64 所示。

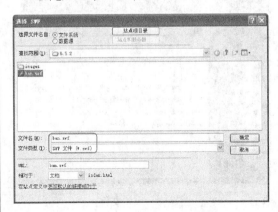

图 6-64　【选择 SWF】对话框

87

❸ 单击【确定】按钮，插入 Flash 影片，如图
  6-65 所示。

❹ 保存文档，按 F12 键即可在浏览器中预览
  效果。

图 6-65　插入 Flash 影片

6.6　课后练习

1．填空题

（1）网页中图像的格式通常有三种，即＿＿＿＿＿、＿＿＿＿＿＿、＿＿＿＿＿＿。目前 GIF 和 JPEG 文件格式的支持情况最好，大多数浏览器都可以查看它们。

（2）有时候没有已制作好的图片，而根据页面布局的需要，要在网页中插入一幅图片，这时可以使用＿＿＿＿＿＿来代替图片位置。

参考答案：

（1）GIF、JPEG、PNG

（2）占位符

2．操作题

（1）在网页中插入图像的效果分别如图 6-66 和图 6-67 所示。

原始文件	CH06/操作题 1/index.htm
最终文件	CH06/操作题 1/index1.htm

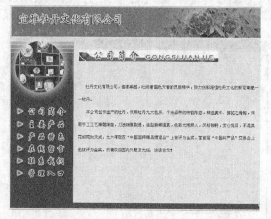

图 6-66　原始文件

图 6-67　插入图像效果

（2）在网页中插 SWF 动画的效果如图 6-68 和图 6-69 所示。

原始文件	CH06/操作题 2/index.htm
最终文件	CH06/操作题 2/index1.htm

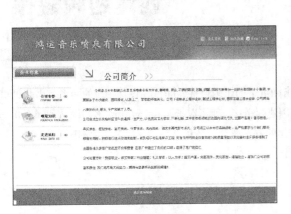

图 6-68　原始文件

图 6-69　插入 SWF 效果

6.7　本章总结

通过这章的学习，读者应该掌握了各种对图像的操作。在这里再强调一下图像的重要性，是图像使网页充满的生命力与说服力，体现了网页及其网站独有的风格。在拥有了华丽视觉效果的同时，读者也一定要时刻留意图像所占去的空间大小，在效果和大小之间找到一个合适的交叉点，这就是一个网页设计师处理图像的最终任务了。

本章还讲述了更加丰富多彩的网页多媒体对象，例如大受欢迎的 Flash 动画、视频影片等。它们作为重要的辅助元素，将会使页面的效果更加生动、网站的内容更加丰富。

7

超级链接是构成网站最为重要的部分之一，单击网页中的超级链接，即可跳转到相应的网页，因此可以非常方便地从一个网页到达另一个网页。在网页上创建超链接，就可以把 Internet 上众多的网站和网页联系起来，构成一个有机的整体。本章主要讲述超级链接的基本概念、各种类型的超级链接的创建。

学习目标

☐ 了解超链接的基本概念

☐ 学习创建超链接的方法

☐ 练习创建各种类型链接

☐ 掌握管理超链接的技巧

7.1 关于超级链接的基本概念

网络中的一个个网页是通过超级链接的形式关联在一起的。可以说超级链接是网页中最重要、最根本的元素之一。超级链接的作用是在 Internet 上建立从一个位置到另一个位置的链接。超级链接由源地址文件和目标地址文件构成，当访问者单击超链接时，浏览器会从相应的目标地址检索网页并显示在浏览器中。如果目标地址不是网页而是其他类型的文件，浏览器会自动调用本机上的相关程序打开所访问的文件。

在网页中的链接按照链接路径的不同可以分为 3 种形式：绝对路径、相对路径和基于根目录路径。

这些路径都是网页中的统一资源定位，只不过后两种路径将 URL 的通信协议和主机名省略了。后两种路径必须有参照物，一种是以文档为参照物，另一种是以站点的根目录为参照物。而第一种路径就不需要有参照物，它是最完整的路径，也是标准的 URL。

7.2 创建超级链接的方法

使用 Dreamweaver 创建链接既简单又方便，只要选中要设置成超级链接的文字或图像，然后应用以下几种方法添加相应的 URL 即可。

7.2.1　使用【属性】面板创建链接

利用【属性】面板创建链接的方法很简单，选择要创建链接的对象，选择【窗口】|【属性】命令，打开【属性】面板。在面板中的【链接】文本框中的输入要链接的路径，即可创建链接，如图 7-1 所示。

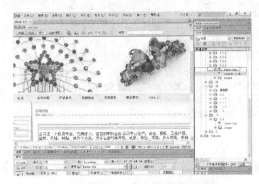

图 7-1　在【属性】面板中设置链接

7.2.2　使用指向文件图标创建链接

利用直接拖动的方法创建链接时，要先建立一个站点，选择【窗口】|【属性】命令。打开【属性】面板，选中要创建链接的对象，在面板中单击【指向文件】 按钮，按住鼠标左键不放并将该按扭拖动到站点窗口中的目标文件上，释放鼠标左键即可创建链接，如图 7-2 所示。

原始文件	CH07/7.2.2/index.htm

7.2.3　使用菜单创建链接

使用菜单命令创建链接也非常简单，选中创建超链接的文本，选择【插入】|【超级链接】命令，弹出【超级链接】对话框，如图 7-3 所示。在对话框中的【链接】文本框中输入链接的目标，或单击【链接】文本框右边的【浏览文件】按钮，选择相应的链接目标，单击【确定】按钮，即可创建链接。

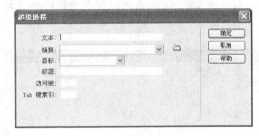

图 7-2　指向文件图标创建链接

图 7-3　【超级链接】对话框

7.3　创建各种类型的链接

前面介绍了超级链接的基本概念及创建链接的几种方法，下面通过几个实例来巩固所学的知识。

7.3.1　创建文本链接

当浏览网页时，鼠标经过某些文本，会出现一个手形图标，同时文本也会发生相应的变化，提示浏览者这是带链接的文本。此时单击鼠标，会打开所链接的网页，这就是文本超级链接。

创建文本链接的效果如图 7-4 所示。具体操作步骤如下。

原始文件	CH07/7.3.1/index.htm
最终文件	CH07/7.3.1/index1.htm

图 7-4　创建文本链接的效果

❶ 打开原始文件，选中要创建链接的文本，如图 7-5 所示。

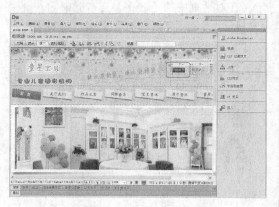

图 7-5　打开原始文件

❷ 打开【属性】面板，在面板中单击【链接】文本框右边的浏览按钮图标，弹出【选择文件】对话框，在对话框中选择链接的文件，如图 7-6 所示。

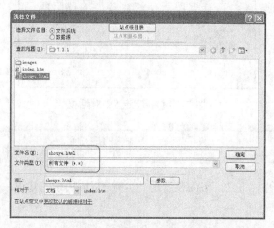

图 7-6　【选择文件】对话框

❸ 单击【确定】按钮，文件即可被添加到【链接】文本框中，如图 7-7 所示。

❹ 保存网页文档，按 F12 键即可在浏览器中浏览网页。

7.3.2　创建图像热点链接

在网页中，超级链接可以是文字，也可以是图像。图像整体可以是一个超级链接的载体，而且图像中的一部分或多个部分也可以分别成

为不同的链接。创建图像热点链接的效果如图 7-8 所示。具体操作步骤如下。

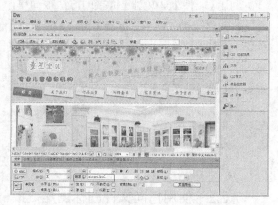

图 7-7　在【链接】文本框中添加文件

原始文件	CH07/7.3.2/index.htm
最终文件	CH07/7.3.2/index1.htm

图 7-8　创建文图像热点链接的效果

❶ 打开原始文件，如图 7-9 所示。选中创建图像热点链接的图像，打开【属性】面板，在【属性】面板中单击【矩形热点工具】按钮，如图 7-10 所示。

图 7-9　打开原始文件

图 7-10 【属性】面板

> **提示**
>
> 在【属性】面板中有 3 种热点工具，分别是【矩形热点工具】、【椭圆形热点工具】和【多边形热点工具】，可以根据图像的形状来选择热点工具。

❷ 将光标移动到要绘制热点图像【集团概貌】的上方，按住鼠标左键不放，拖动鼠标左键绘制一个矩形热点，如图 7-11 所示。

图 7-11 绘制一个矩形热点

❸ 选中矩形热点，在【属性】面板【链接】文本框中输入地址，如图 7-12 所示。

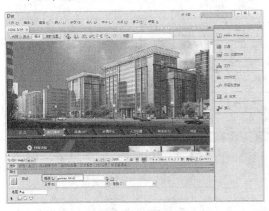

图 7-12 在【链接】文本框中输入地址

❹ 同理绘制其他的图像热点链接，并输入相应的链接，如图 7-13 所示。保存文档，按F12键即可在浏览器中预览效果。

图 7-13 绘制其他的热点

7.3.3 创建 E-mail 链接

E-mail 链接也叫电子邮件链接，在制作网页时，有些内容需要创建电子邮件链接。当单击此链接时，将启动相关的邮件程序发送 E-mail 信息。

在 Dreamweaver 中，创建 E-mail 链接可以在【属性】面板中进行设置，也可以使用菜单命令进行设置。创建 E-mail 链接的效果如图 7-14 所示。具体操作步骤如下。

原始文件	CH07/7.3.3/index.htm
最终文件	CH07/7.3.3/index1.htm

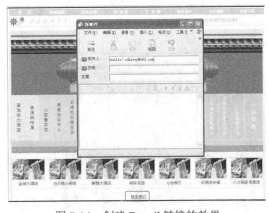

图 7-14 创建 E-mail 链接的效果

❶ 打开原始文件，如图 7-15 所示。

❷ 将光标放置在页面中相应的位置，选择【插入】|【电子邮件链接】命令，弹出【电子邮件链接】对话框。在对话框中的【文本】文本框中输入"联系我们"，在【电子邮件】

文本框中输入 "mailto: sdhzwey@163.com"，如图 7-16 所示。

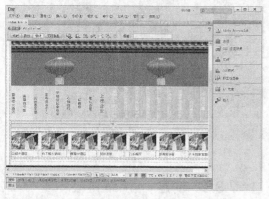

图 7-15　打开原始文件

图 7-16　【电子邮件链接】对话框

❸ 单击【确定】按钮，创建 E-mail 链接，如图 7-17 所示。保存文档，按 F12 键即可在浏览器中预览效果，单击 E-mail 链接，可以看到【新邮件】对话框。

图 7-17　创建 E-mail 链接

7.3.4　创建下载文件链接

如果要在网站中提供下载资料，就需要为文件提供下载链接。如果超级链接指向的不是一个网页文件，而是其他文件，如 zip、mp3、exe 文件等，单击链接的时候就会下载文件。

创建下载文件链接的效果如图 7-18 所示。具体操作步骤如下。

图 7-18　创建下载文件链接的效果

原始文件	CH07/7.3.4/index.htm
最终文件	CH07/7.3.4/index1.htm

❶ 打开原始文件，选中要创建下载链接的文字，如图 7-19 所示。

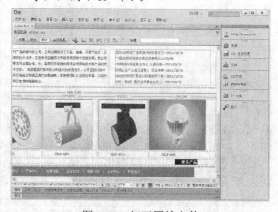

图 7-19　打开原始文件

❷ 在【属性】面板中单击【链接】文本框右边的文件夹图标🗀，如图 7-20 所示。

❸ 弹出【选择文件】对话框，在对话框中选择文件，如图 7-21 所示。

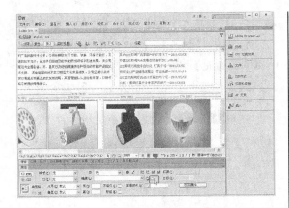

图 7-20　【属性】面板

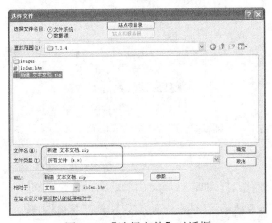

图 7-21　【选择文件】对话框

❹ 单击【确定】按钮，添加文件，如图 7-22 所示。

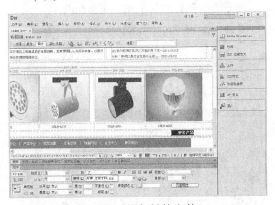

图 7-22　添加链接文件

提示　网站中的每个下载文件必须对应一个下载链接，而不能为多个文件或文件夹建立下载链接，如果需要对多个文件或文件夹提供下载，只能利用压缩软件将这些文件或文件夹压缩为一个文件。

❺ 保存文档，按 F12 键即可浏览效果，单击【文件下载】，效果如图 7-18 所示。

7.3.5　创建锚点链接

如果一个页面的内容较多、篇幅很长，为了方便用户浏览，可以在页面的某个分项内容的标题上设置锚点，然后在页面上设置锚点的链接，从而通过锚点链接快速直接地跳转到感兴趣的内容。创建锚点链接的效果如图 7-23 所示。具体操作步骤如下。

| 原始文件 | CH07/7.3.5/index.htm |
| 最终文件 | CH07/7.3.5/index1.htm |

图 7-23　创建锚点链接的效果

❶ 打开原始文件，如图 7-24 所示。

图 7-24　打开原始文件

❷ 将光标放置在文字"关于我们"的前面，选择【插入】|【命名锚记】命令，弹出【命名锚记】对话框，在对话框中的【锚记名称】文本框中输入 guanyuwomen，如图 7-25 所示。

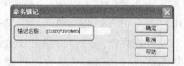

图 7-25 【命名锚记】对话框

> **提示** 也可以在【常用】插入栏中单击【命名锚记】 按钮，弹出【命名锚记】对话框，插入命名锚记。

❸ 单击【确定】按钮，插入锚记 guanyuwomen，如图 7-26 所示。

图 7-26 插入锚记

❹ 选中文本"关于我们"，在面板中的【链接】文本框中输入 #guanyuwomen，设置链接，如图 7-27 所示。

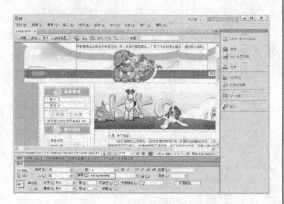

图 7-27 设置锚点链接

❺ 将光标放置在文档中文本"客户服务"的前面，选择【插入】|【命名锚记】命令，弹出【命名锚记】对话框，在对话框中的【锚记名称】文本框中输入 kehufuwu，如图 7-28 所示。

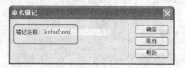

图 7-28 输入名称

❻ 单击【确定】按钮，插入命名锚记 kehufuwu，如图 7-29 所示。

图 7-29 插入命名锚记

❼ 选中文本"客户服务"，在【属性】面板中的【链接】文本框中输入 #kehufuwu，设置链接，如图 7-30 所示。

图 7-30 设置锚记链接

❽ 将光标放置在文档中文本"我要加盟"的前面，选择【插入】|【命名锚记】命令，弹

出【命名锚记】对话框，在对话框中的【锚记名称】文本框中输入 woyaojiameng，如图 7-31 所示。

图 7-31　【命名锚记】对话框

❾ 单击【确定】按钮，插入命名锚记，如图 7-32 所示。

图 7-32　插入锚记

❿ 选中文本"我要加盟"，在【属性】面板中的【链接】文本框中输入 #woyaojiameng，设置链接，如图 7-33 所示。

图 7-33　设置锚点链接

⓫ 将光标放置在文档中文本"公司动态"的前面，选择【插入】|【命名锚记】命令，弹出【命名锚记】对话框，在对话框中的【锚记名称】文本框中输入 gongsidongtai，如图 7-34 所示。

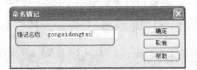

图 7-34　【命名锚记】对话框

⓬ 单击【确定】按钮，插入锚记，如图 7-35 所示。

图 7-35　插入锚记

⓭ 选中文本"公司动态"，在【属性】面板中的【链接】文本框中输入 #gongsidongtai，设置链接，如图 7-36 所示。

图 7-36　设置锚记链接

⓮ 保存文档，按 F12 键即可在浏览器中预览效果。

7.3.6　创建脚本链接

脚本超链接执行 JavaScript 代码或调用 JavaScript 函数，它非常有用，能够在不离开当前网页文档的情况下为访问者提供有关某项的附加信息。脚本超链接还可以用于在访问者单击特定项时，执行计算、表单验证和其他处理任务。下面利用脚本超链接创建关闭网页的效果，如图 7-37 所示。具体操作步骤如下。

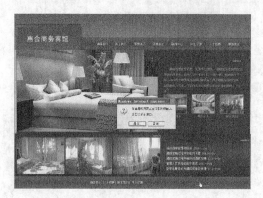

图 7-37　创建关闭网页的效果

原始文件	CH07/7.3.6/index.htm
最终文件	CH07/7.3.6/index1.htm

❶ 打开原始文件，选中文本"关闭网页"，如图 7-38 所示。

图 7-38　打开原始文件

❷ 在【属性】面板中的【链接】文本框中输入 javascript:window.close()，如图 7-39 所示。

❸ 保存文档，按 F12 键在浏览器中浏览效果，单击"关闭网页"超文本链接，会自动弹出一个提示对话框，询问是否关闭窗口。单击【是】按钮，即可关闭网页，如图 7-37 所示。

7.3.7　创建空链接

空链接用于向页面上的对象或文本附加

行为，创建空链接的具体操作步骤如下。

原始文件	CH07/7.3.7/index.htm

图 7-39　输入链接

❶ 打开要创建空链接的原始文件，选中文字，如图 7-40 所示。

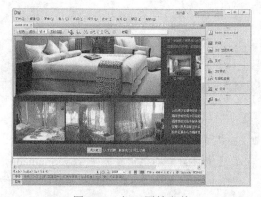

图 7-40　打开原始文件

❷ 选择【窗口】|【属性】命令，打开【属性】面板，在【链接】文本框中输入#即可，如图 7-41 所示。

图 7-41　输入链接

7.4 管理超链接

超链接是网页中不可缺少的一部分，通过超链接可以使各个网页链接在一起，使网站中众多的网页构成一个有机整体。通过管理网页中的超链接，也可以对网页进行相应的管理。

7.4.1 自动更新链接

每当在站点内移动或重命名文档时，Dreamweaver 可更新其指向该文档的链接。当将整个站点存储在本地硬盘上时，自动更新链接功能最适合用 Dreamweaver 不更改远程文件夹中的文件。为了加快更新过程，Dreamweaver 可创建一个缓存文件，用以存储有关本地文件夹所有链接的信息，在添加、更改或删除指向本地站点上的文件的链接时，该缓存文件以可见的方式进行更新。

设置自动更新链接的方法如下。

选择【编辑】|【首选参数】命令，在打开的对话框的【分类】列表框中选择【常规】选项，如图 7-42 所示。

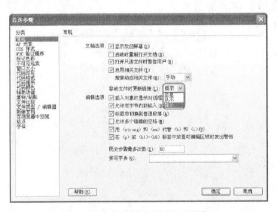

图 7-42 【首选参数】对话框

在【文档选项】区域中，从【移动文件时更新链接】下拉表中选择【总是】或【提示】。若选择【总是】，则每当移动或重命名选定的文档时，Dreamweaver 将自动更新其指向该文档的所有链接；如果选择【提示】，在移动文档时，Dreamweaver 将显示一个对话框，在对话框中列出此更改影响到所有文件，提示是否更新文件，单击【更新】按钮将更新这些文件中的链接。

7.4.2 在站点范围内更改链接

除了每当移动或重命名文件时让 Dreamweaver 自动更新链接外，还可以手动更改所有链接，以指向其他位置，具体操作步骤如下。

❶ 打开已创建的站点地图，选中一个文件，选择【站点】|【改变站点链接范围的链接】命令，弹出【更改整个站点链接】对话框，如图 7-43 所示。

图 7-43 【更新整个站点链接】对话框

❷ 在【变成新链接】文本框中输入链接的文件，单击【确定】按钮，弹出【更新文件】对话框，如图 7-44 所示。

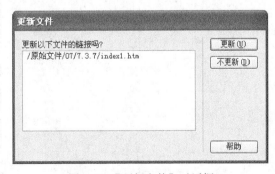

图 7-44 【更新文件】对话框

❸ 单击【更新】按钮，完成更改整个站点范围内的链接。

7.4.3　检查站点中的链接错误

检查站点中链接错误的具体操作步骤如下。

❶ 选择【站点】|【检查站点范围的链接】命令，打开【链接检查器】面板，在【显示】选项中选择【断掉的链接】，如图 7-45 所示。单击最右边的【浏览文件夹】图标选择正确的文件，可以修改无效链接。

图 7-45　选择【断掉的链接】

❷ 在【显示】下拉表中选择【外部链接】，可以检查出与外部网站链接的全部信息，如图 7-46 所示。

图 7-46　选择【外部链接】

❸ 在【显示】下拉表中选择【孤立的文件】，检查出来的孤立文件用 Delete 键即可删除，如图 7-47 所示。

图 7-47　选择【孤立的文件】

7.5　综合案例

本章主要讲述了关于超链接的基本概念、创建超链接的方法和创建各种类型的链接以及如何管理超级链接等。下面通过两个实例具体讲述和概括本章所学的知识。

7.5.1　创建锚点链接网页

锚点链接通常用于大量文本的网页，长文本的网页不便于阅读，使用锚点链接可以清晰地给文本分段，便于阅读。创建锚点链接的效果如图 7-48 所示。具体操作步骤如下。

图 7-48　创建锚点链接的效果

原始文件	CH07/7.5.1/index.htm
最终文件	CH07/7.5.1/index1.htm

❶ 打开原始文件，如图 7-49 所示。

图 7-49　打开原始文件

❷ 将光标置于"公司简介"前，选择【插入】|
【命名锚记】命令，弹出【命名锚记】对话
框，在对话框中【锚记名称】文本框中输入
jianjie，如图 7-50 所示。

图 7-50　【命名锚记】对话框

❸ 单击【确定】按钮，插入命名锚记 jianjie，
如图 7-51 所示。

图 7-51　插入命名锚记

❹ 选中文字"公司简介"，在【属性】面板的
【链接】文本框中输入链接#jianjie，如图 7-52

所示。

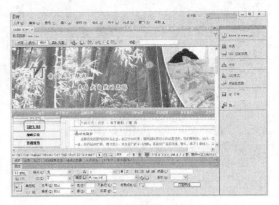

图 7-52　设置锚点链接

❺ 将光标置于"战略定位"前面，选择【插
入】|【命名锚记】命令，弹出【命名锚记】
对话框，在【锚记名称】文本框中输入
zhanluedingwei，如图 7-53 所示。

图 7-53　【命名锚记】对话框

❻ 单击【确定】按钮，插入命名锚记
zhanluedingwei，如图 7-54 所示。

图 7-54　插入命名锚记

❼ 选中文字"战略定位"，在【属性】面板的
【链接】文本框中输入链接#zhanluedingwei，
如图 7-55 所示。

图 7-55 设置锚点链接

❽ 将光标置于"资源优势"前面，选择【插入】|【命名锚记】命令，弹出【命名锚记】对话框，在【锚记名称】文本框中输入 ziyuanyoushi，如图 7-56 所示。

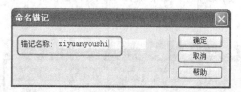

图 7-56 【命名锚记】对话框

❾ 单击【确定】按钮，插入命名锚记 ziyuanyoushi，如图 7-57 所示。

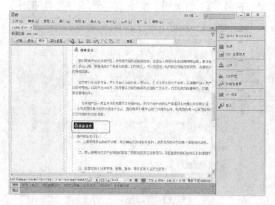

图 7-57 插入命名锚记

❿ 选中文字"资源优势"，在【属性】面板的【链接】文本框中输入链接#ziyuanyoushi，如图 7-58 所示。

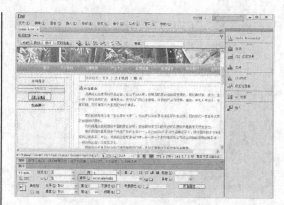

图 7-58 设置锚点链接

⓫ 将光标置于"生态第一"前面，选择【插入】|【命名锚记】命令，弹出【命名锚记】对话框，在对话框中【锚记名称】文本框中输入 shengtaidiyi，如图 7-59 所示。

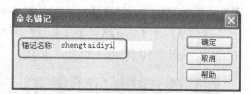

图 7-59 【命名锚记】对话框

⓬ 单击【确定】按钮，插入命名锚记 shengtaidiyi，如图 7-60 所示。

图 7-60 插入命名锚记

⓭ 选中文本【生态第一】，在【属性】面板的【链接】文本框中输入链接#shegntaidiyi，如图 7-61 所示。

图 7-61　设置锚点链接

⑭ 保存文档，在浏览器中浏览效果。

7.5.2　创建图像热点链接

在网页中，经常可以看到这种情况：当鼠标移动到图像的不同部分时，打开不同的网页，这就是图像热点链接。下面通过实例讲述图像热点链接的创建，效果如图 7-62 所示。具体操作步骤如下。

原始文件	CH07/7.5.2/index.htm
最终文件	CH07/7.5.2/index1.htm

图 7-62　图像热点链接的效果

❶ 打开原始文件，如图 7-63 所示。

❷ 选中图像，打开【属性】面板，在面板中选择矩形热点工具，如图 7-64 所示。

图 7-63　打开原始文件

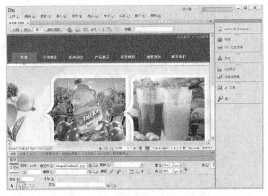

图 7-64　选择矩形热点工具

❸ 将光标置于图像上，绘制矩形热点，如图 7-65 所示。

图 7-65　绘制矩形热点

❹ 在【属性】面板中单击【链接】文本框右边的文件夹图标🗀，在弹出的对话框中选择链接文件，如图 7-66 所示。

图 7-66　输入链接

图 7-67　绘制矩形热点

❺ 重复以上步骤，在其他的图像上绘制热点，并输入相应链接，如图 7-67 所示。

❻ 保存文档，按 F12 键即可在浏览器中浏览效果，如图 7-63 所示。

7.6　课后练习

1. 填空题

（1）在网页中的链接按照链接路径的不同可以分为 3 种形式：_____、_____ 和 _____。

（2）如果一个页面的内容较多、篇幅很长，为了方便用户浏览，可以在页面的某个分项内容的标题上设置_____，然后在页面上设置_____，从而通过_____快速直接地跳转到感兴趣的内容。

参考答案：

（1）绝对路径、相对路径、基于根目录路径

（2）锚点、锚点的链接、锚点链接

2. 操作题

（1）创建下载文件链接的效果如图 7-68 和图 7-69 所示。

原始文件	CH07/操作题 1/index.htm
最终文件	CH07/操作题 1/index1.htm

图 7-68　原始文件

图 7-69　插入图像效果

（2）创建脚本链接的效果如图 7-70 和图 7-71 所示。

原始文件	CH07/操作题 2/index.htm
最终文件	CH07/操作题 2/index1.htm

图 7-70　原始文件　　　　　　　　　图 7-71　插入 SWF 效果

7.7　本章总结

经过本章的学习，读者应该掌握在网页中建立各种类型链接的方法和技巧了。对一个网站而言，能让浏览者轻松地观看是很重要的，其中最关键的因素就看设计者制作的"链接"了。如果整个网页中的链接有系统、有条理，那么浏览者浏览起来将会十分轻松，查找任何资料也会十分方便。相反的，如果整个网页中的链接很杂乱，没有条理，那么浏览者在浏览时将会遇到很多困难。读者一定要很好地掌握"链接"这块内容。

■■■■■■ 第 8 章

使用表格排版网页

表格是网页排版设计的常用工具，表格在网页中不仅可以用来排列数据，而且可以对页面中的图像、文本等元素进行准确的定位，使得页面在形式上既丰富多彩又有条理，从而使页面显得更加整齐有序。本章主要讲述表格的创建、表格属性的设置、表格的基本操作、表格的排序和导入表格式数据等。

学习目标

☐ 掌握插入表格的方法

☐ 掌握设置表格及其元素属性的方法

☐ 了解表格的基本操作

☐ 熟悉表格的基本应用

8.1 创建表格

在 Adobe Dreamweaver CS6 中，表格可以用于制作简单的图表，还可以用于安排网页文档的整体布局，起着非常重要的作用。

8.1.1 表格的基本概念

在开始制作表格之前，先对表格的各部分名称做简单介绍。

● 一张表格横向称为行，纵向称为列，行列交叉部分就称为单元格。

● 单元格中的内容和边框之间的距离称为边距。

● 单元格和单元格之间的距离称为间距。

● 整张表格的边缘称为边框。

选中整个表格，就出现表格的【属性】面板，可以在【属性】面板中设置表格的相关参数，表格的各部分名称如图 8-1 所示。

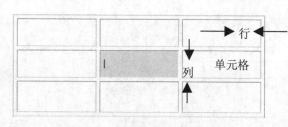

图 8-1　表格的各部分名称

8.1.2 插入表格

表格不但能够记载表单式的资料、规范各种数据和输入列表式的文字，而且利用它还可以排列文字和图像，在网页中插入表格的具体操作步骤如下。

原始文件	CH08/8.1.2/index.htm

❶ 打开原始文件，如图 8-2 所示。

图 8-2　打开原始文件

❷ 将光标置于要插入表格的位置，选择【插入】|【表格】命令，弹出【表格】对话框，在对话框中将【行数】设置为 5，将【列数】设置为 6，将【表格宽度】设置为 90%，如图 8-3 所示。

图 8-3　【表格】对话框

在【表格】对话框中可以进行如下设置。

● 【行数】：在文本框中输入新建表格的行数。

● 【列】：在文本框中输入新建表格的列数。

● 【表格宽度】：用于设置表格的宽度，其中右边的下拉列表中包含百分比和像素。

● 【边框粗细】：用于设置表格边框的宽度，如果设置为 0，在浏览时则看不到表格的边框。

● 【单元格边距】：单元格内容和单元格边界之间的像素数。

● 【单元格间距】：单元格之间的像素数。

● 【标题】：可以定义表头样式，4 种样式可以任选一种。

● 【辅助功能】：定义表格的标题。

● 【标题】：用来定义表格标题的对齐方式。

● 【摘要】：用来对表格进行注释。

❸ 单击【确定】按钮，插入表格，如图 8-4 所示。

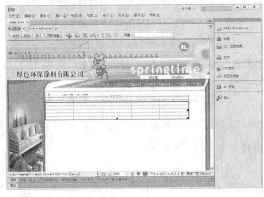

图 8-4　插入表格

8.2　设置表格及其元素属性

直接插入的表格有时并不能让人满意，在 Dreamweaver 中，通过设置表格或单元格的属性，可以很方便地修改表格的外观。

8.2.1　设置表格属性

可以在表格【属性】面板中对表格的属性进行详细的设置，在设置表格属性之前首先要选中表格，表格的【属性】面板如图 8-5 所示。

图 8-5 表格的【属性】面板

在表格的【属性】面板中可以设置以下参数。

- 【表格】：表格的 TNR。
- 【行】和【列】：表格中行和列的数量。
- 【宽】：以像素为单位或表示为占浏览器窗口宽度的百分比。
- 【填充】：单元格内容和单元格边界之间的像素数。
- 【间距】：相邻的表格单元格间的像素数。
- 【对齐】：设置表格的对齐方式，该下拉列表框中共包含 4 个选项，即【默认】、【左对齐】、【居中对齐】和【右对齐】。
- 【边框】：用来设置表格边框的宽度。
- 【类】：对该表格设置一个 CSS 类。
- ⬚ ：用于清除行高。
- ⬚ ：将表格的宽由百分比转换为像素。
- ⬚ ：将表格的宽由像素转换为百分比。
- ⬚ ：从表格中清除列宽。

8.2.2 设置单元格的属性

将光标置于单元格中，该单元格就处于选中状态，此时【属性】面板中显示出所有允许设置的单元格属性的选项，如图 8-6 所示。

图 8-6 单元格的【属性】面板

在单元格的【属性】面板中可以设置以下参数。

- 【水平】：设置单元格中对象的对齐方式，【水平】下拉列表框中包含【默认】、【左对齐】、【居中对齐】和【右对齐】4 个选项。
- 【垂直】：也是设置单元格中对象的对齐方式，【垂直】下拉列表框中包含【默认】、【顶端】、【居中】、【底部】和【基线】5 个选项。
- 【宽】和【高】：用于设置单元格的宽与高。
- 【不换行】：表示单元格的宽度将随文字长度的不断增加而加长。
- 【标题】：将当前单元格设置为标题行。
- 【背景颜色】：用于设置单元格的颜色。
- 【页面属性】：设置单元格的页面属性。

8.3 表格的基本操作

在网页中，表格用于网页内容的排版，如文字放在页面的某个位置，就可以使用表格。下面讲述表格的基本操作。

8.3.1 选择表格

要想在文档中对一个元素进行编辑，那么首先要选择它；同样，要想对表格进行编辑，首先也要选中它。主要有以下几种方法选取整个表格。

- 单击表格上的任意一个边框线，如图 8-7 所示。
- 将光标置于表格内的任意位置，选择【修改】|【表格】|【选择表格】命令，如图 8-8 所示。

图 8-7 单击边框线选择表格

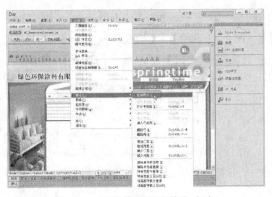

图 8-8　选择【选择表格】命令

　　● 将光标置于表格的左上角，按住鼠标左键不放拖动到表格的右下角，将所有的单元格选中，单击鼠标右键，在弹出的菜单中选择【表格】|【选择表格】命令，如图 8-9 所示。

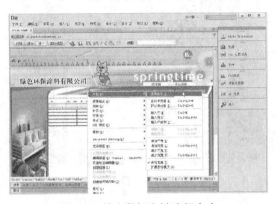

图 8-9　单击鼠标右键选择命令

　　● 将光标置于表格内任意位置，单击文档窗口左下角的<table>标签，如图 8-10 所示。

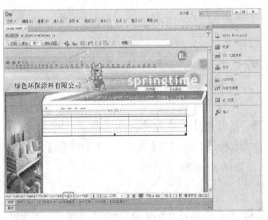

图 8-10　单击<table>标签

8.3.2　调整表格和单元格的大小

　　在文档中插入表格后，若想改变表格的高度和宽度可先选中该表格，在出现的 3 个控制点后将鼠标移动到控制点上，当鼠标指针变成如图 8-11 和图 8-12 所示的形状时，按鼠标左键并拖动即可改变表格的高度和宽度。

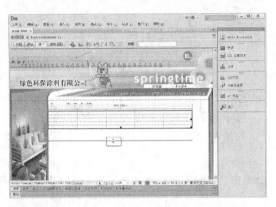

图 8-11　调整表格的高度

　　提示　还可以在【属性】面板中改变表格的【宽】和【高】。

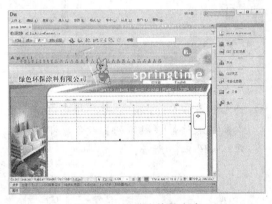

图 8-12　调整表格的宽度

8.3.3　添加或删除行或列

　　在网页文档中添加行或列的具体操作步骤如下。

原始文件	CH08/8.3.3/index.htm
最终文件	CH08/8.3.3/index1.htm

❶ 打开原始文件，如图 8-13 所示。

图 8-13　打开原始文件

❷ 将光标置于第 1 行单元格中，选择【修改】|【表格】|【插入行】命令，即可插入 1 行，如图 8-14 所示。

图 8-14　插入行

❸ 将光标置于第 1 行第 1 列单元格中，选择【修改】|【表格】|【插入列】命令，即可插入列，如图 8-15 所示。

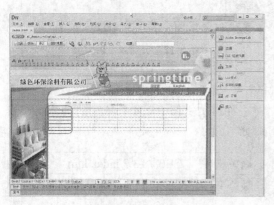

图 8-15　插入列

❹ 将光标置于第 2 行第 1 列单元格中，选择【修改】|【表格】|【插入行或列】命令，弹出【插入行或列】对话框，如图 8-16 所示。

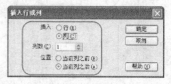

图 8-16　【插入行或列】对话框

❺ 在对话框中【插入】单选按钮中选择【列】，【列数】设置为 1，【位置】选择【当前列之后】，单击【确定】按钮，插入列，如图 8-17 所示。

图 8-17　插入列

> **提示**　将光标置于插入行或列的位置，单击鼠标右键，在弹出的菜单中选择【表格】|【插入行或列】选项，也可以弹出【插入行或列】对话框。

在网页文档中删除行或列的具体操作步骤如下。

❶ 将光标置于要删除行的任意一个单元格，选择【修改】|【表格】|【删除行】命令就可以删除当前行。

❷ 将光标置于要删除列中的任意一个单元格，选择【修改】|【表格】|【删除列】命令，就可以删除当前列。

> **提示**　还可以单击鼠标右键，在弹出的菜单中选择【表格】|【删除列】选项，删除列。

8.3.4　拆分单元格

在使用表格的过程中，有时需要拆分单元格以达到自己所需的效果。拆分单元格就是将选中的表格单元格拆分为多行或多列，具体操作步骤如下。

❶ 将光标置于要拆分的单元格中，选择【修改】|【表格】|【拆分单元格】命令，弹出【拆分单元格】对话框，如图 8-18 所示。

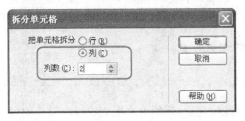

图 8-18　【拆分单元格】对话框

❷ 在对话框中【把单元格拆分】中选择【列】，将【列数】设置为 2，单击【确定】按钮，将单元格拆分，如图 8-19 所示。

图 8-19　拆分单元格

拆分单元格还有以下两种方法。

提示

○ 将光标置于拆分的单元格中，单击鼠标右键，在弹出的菜单中选择【表格】|【拆分单元格】选项，弹出【拆分单元格】对话框，然后进行相应的设置。

○ 单击【属性】面板中的【拆分单元格】按钮，弹出【拆分单元格】对话框，然后进行相应的设置。

8.3.5　合并单元格

合并单元格就是将选中单元格的内容合并到一个单元格，先将要合并的单元格选中，然后选择【修改】|【表格】|【合并单元格】命令，将多个单元格合并成一个单元格，如图 8-20 所示。

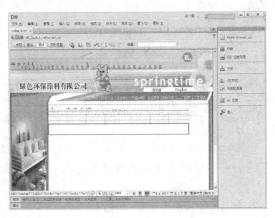

图 8-20　合并单元格

合并单元格还有两种方法。

提示

○ 选中要合并的单元格，在【属性】面板中单击【合并单元格】按钮，即可合并单元格。

○ 选中要合并的单元格，单击鼠标右键，在弹出的菜单中选择【表格】|【合并单元格】选项，即可合并单元格。

8.3.6　剪切、复制、粘贴表格

下面讲述剪贴、复制和粘贴表格，具体操作步骤如下。

❶ 选择要剪贴的表格，选择【编辑】|【剪贴】命令。

❷ 选择要复制的表格，选择【编辑】|【拷贝】命令，如图 8-21 所示。

❸ 将光标置于表格中，选择【编辑】|【粘贴】命令，粘贴表格后的效果如图 8-22 所示。

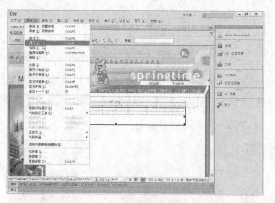

图 8-21　选择【拷贝】命令

图 8-22　粘贴表格

8.4　表格的基本应用

Dreamweaver CS6 供了对表格进行排序的功能，可以根据一列的内容来完成一次简单的表格排序，也可以根据两列的内容来完成一次较复杂的排序。

8.4.1　导入表格式数据

在实际工作中，有时需要把其他的程序（如 Excel 和 Access）建立的表格数据导入到网页中，在 Dreamweaver 中，可以很容易地实现这一功能。在导入表格式数据前，首先要将表格数据文件转换成.txt（文本文件）格式，并且该文件中的数据要带有分隔符，如逗号、分号和冒号等。导入表格式数据的效果如图 8-23 所示。具体操作步骤如下。

原始文件	CH08/8.4.1/index.htm
最终文件	CH08/8.4.1/index1.htm

❶　打开原始文件，如图 8-24 所示。

图 8-24　打开原始文件

❷　将光标置于页面中，选择【插入】|【表格对象】|【导入表格式数据】命令，弹出【导入表格式数据】对话框，在对话框中单击【数据文件】文本框右边的【浏览】字样，如图 8-25 所示。

❸　弹出【打开】对话框，在对话框中选择数据文件，如图 8-26 所示。

图 8-23　导入表格式数据效果

图 8-25　【导入表格式数据】对话框

图 8-26　【打开】对话框

❹ 单击【打开】按钮，将数据文件添加到【数据文件】文本框中，在【定界符】文本框中选择【逗点】，如图 8-27 所示。

图 8-27　【导入表格式数据】对话框

❺ 单击【确定】按钮，导入表格式数据，如图 8-28 所示。

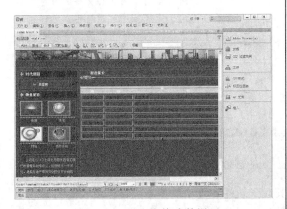

图 8-28　导入表格式数据

❻ 设置导入表格数据的文本颜色，如图 8-29 所示。

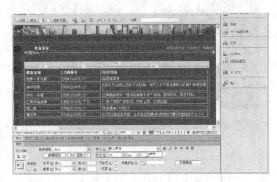

图 8-29　设置文本颜色

❼ 保存文档，按 F12 键即可在浏览器中浏览效果，如图 8-23 所示。

8.4.2　排序表格

排序表格的主要功能针对具有格式数据的表格而言，是根据表格列表中的数据来排序的，排序表格的效果如图 8-30 所示。具体操作步骤如下。

图 8-30　排序表格的效果

原始文件	CH08/8.4.2/index.htm
最终文件	CH08/8.4.2/index1.htm

❶ 打开原始文件，如图 8-31 所示。

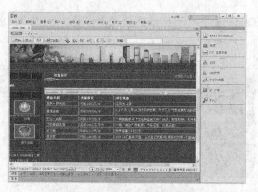

图 8-31 打开原始文件

❷ 选择【命令】|【排序表格】命令，弹出【排序表格】对话框，在【排序按】文本框中选择【列2】，在【顺序】文本框中选择【按数字顺序】，在右边的文本框中选择【降序】，如图 8-32 所示。

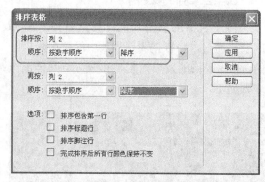

图 8-32 【排序表格】对话框

在【排序表格】对话框中可以设置以下参数。

● 【排序按】：确定哪个列的值将用于对表格的行进行排序。

● 【顺序】：确定是按字母还是按数字顺序，以及升序还是降序对列进行排序。

● 【再按】：确定在不同列上第二种排列方法的排列顺序。在其后面的下拉列表中指定应用第二种排列方法的列，在后面的下拉列表中指定第二种排序方法的排序顺序。

● 【排序包含第一行】：勾选此复选框，可将表格的第一行包括在排序中。如果第一行是不应移动的标题或表头，则不勾选此复选框。

● 【排序标题行】：勾选此复选框，指定使用与 body 行相同的条件对表格 thead 部分中的所有行进行排序。

● 【排序脚注行】：勾选此复选框，指定使用与 body 行相同的条件对表格 tfoot 部分中的所有行进行排序。

● 【完成排序后所有行颜色保持不变】：勾选此复选框，指定排序之后表格行属性应该保持与相同内容的关联。

❸ 单击【确定】按钮，对表格进行排序，如图 8-33 所示。

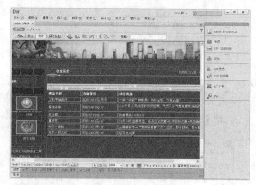

图 8-33 表格排序

❹ 保存文档，按 F12 键即可在浏览器中浏览效果，如图 8-30 所示。

> **提示**
>
> 如果表格中含有合并或拆分的单元格，则表格无法使用表格排序功能。
>
> 如果表格行使用两种交替的颜色，则不要勾选【完成排序后所有行颜色保持不变】复选框，以确保排序后的表格仍具有颜色交替的行；如果行属性特定于每行的内容，则勾选【完成排序后所有行颜色保持不变】复选框以确保这些属性保持与排序后表格中正确的行关联在一起。

8.5 综合案例

本章主要讲述了如何创建表格、设置表格及其元素属性和表格的基本操作以及表格的其他功能等。下面通过表格在网页中的应用实例来巩固前面所学的知识。

8.5.1　制作网页细线表格

通过设置表格属性和单元格的属性可以制作细线表格，创建细线表格的效果如图 8-34 所示。具体操作步骤如下。

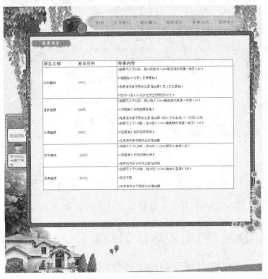

图 8-34　细线表格的效果

原始文件	CH08/8.5.1/index.htm
最终文件	CH08/8.5.1/index1.htm

❶ 打开原始文件，如图 8-35 所示。

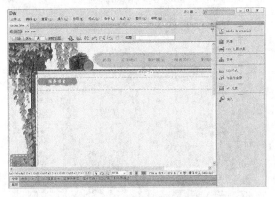

图 8-35　打开原始文件

❷ 将光标置于要插入表格的位置，选择【插入】|【表格】命令，弹出【表格】对话框，在对话框中将【行数】设置为 6，将【列数】设置为 3，将【表格宽度】设置为 90%，如图 8-36 所示。

图 8-36　【表格】对话框

❸ 单击【确定】按钮，插入表格，如图 8-37 所示。

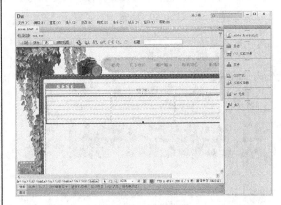

图 8-37　插入表格

❹ 选中插入的表格，打开【属性】面板，在面板中将【填充】设置为 3，将【间距】设置为 1，将【对齐】设置为居中对齐，如图 8-38 所示。

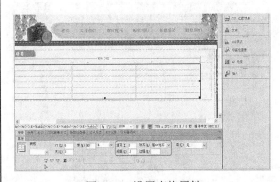

图 8-38　设置表格属性

❺ 选中插入的表格，打开代码视图，在表格代码中输入 bgcolor="#5E3519"，如图 8-39 所示。

图 8-39　输入代码

❻ 返回时间设计视图，可以看到设置表格的背景颜色，如图 8-40 所示。

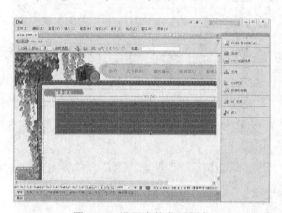

图 8-40　设置表格背景颜色

❼ 选中所有的单元格，将单元格的背景颜色设置为 bgcolor="#FFFFFF"，如图 8-41 所示。

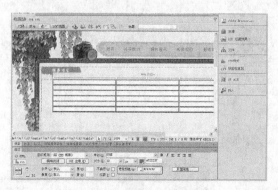

图 8-41　设置单元格背景颜色

❽ 将光标置于表格的单元格中，输入相应的文字，如图 8-42 所示。

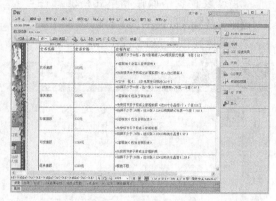

图 8-42　输入文字

❾ 保存文档，按 F12 键即可在浏览器中预览效果，如图 8-34 所示。

8.5.2　利用表格排列网页

　　表格在网页布局中的作用是无处不在的，无论使用简单的静态网页还是动态功能的网页，都要使用表格进行排版。下面的例子是通过表格布局网页，效果如图 8-43 所示。具体操作步骤如下。

图 8-43　利用表格布局网页

原始文件	CH08/8.5.2/index.htm
最终文件	CH08/8.5.2/index1.htm

1. 制作顶部导航

❶ 选择【文件】|【新建】命令，打开【新建文档】对话框，在对话框中选择【空白页】选项，在【页面类型】中选择【HTML】，在【布局】中选择【无】，如图 8-44 所示。

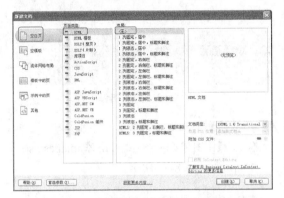

图 8-44　【新建文档】对话框

❷ 单击【确定】按钮，新建文档，如图 8-45 所示。

图 8-45　新建文档

❸ 选择【文件】|【保存】命令，弹出【另存为】对话框，在对话框的文件名中输入名称，如图 8-46 所示。

❹ 单击【保存】按钮，保存文档，将光标置于页面中，选择【修改】|【页面属性】命令，弹出【页面属性】对话框，在对话框中将【上边距】、【下边距】、【左边距】和【右边距】设置为 0，如图 8-47 所示。

图 8-46　【另存为】对话框

图 8-47　【页面属性】对话框

❺ 将光标置于页面中，选择【插入】|【表格】命令，弹出【表格】对话框，在对话框中将【行数】设置为 5，将【列】设置为 1，将【表格宽度】设置为 874 像素，如图 8-48 所示。

图 8-48　【表格】对话框

❻ 单击【确定】按钮，插入表格，此表格记为表格 1，如图 8-49 所示。

图 8-49 插入表格 1

❼ 将光标置于表格 1 的第 1 行单元格中，选择【插入】|【表格】命令，插入 1 行 3 列的表格，此表格记为表格 2，如图 8-50 所示。

图 8-50 插入表格 2

❽ 将光标置于表格 2 的第 1 列单元格中，选择【插入】|【图像】命令，弹出【选择图像源文件】对话框，在对话框中选择相应的图像 images/xsd_01.jpg，如图 8-51 所示。

图 8-51 【选择图像源文件】对话框

❾ 单击【确定】按钮，插入图像，如图 8-52 所示。

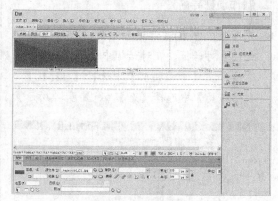

图 8-52 插入图像

❿ 将光标置于表格 2 的第 2 列单元格中，选择【插入】|【图像】命令，插入图像 images/xsd_02.jpg，如图 8-53 所示。

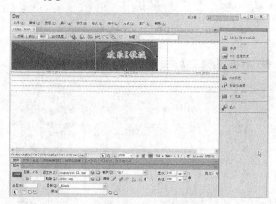

图 8-53 插入图像

⓫ 将光标置于表格 2 的第 3 列单元格中，打开代码视图，在代码中输入背景图像代码 background=images/xsd_03.jpg，如图 8-54 所示。

图 8-54 输入代码

⑫ 返回设计视图，可以看到插入的背景图像，如图 8-55 所示。

图 8-55 插入背景图像

⑬ 将光标置于表格 1 的第 2 行单元格中，打开代码视图，在代码中输入背景图像代码 background=images/xsd_12.jpg，如图 8-56 所示。

图 8-56 输入代码

⑭ 返回设计视图，将光标置于背景图像上，插入 1 行 5 列的表格，此表格记为表格 3，如图 8-57 所示。

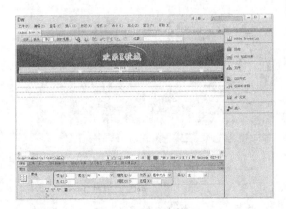

图 8-57 插入表格 3

⑮ 在表格 3 的单元格中分别插入相应的图像，如图 8-58 所示。

图 8-58 插入图像

⑯ 将光标置于表格 1 的第 3 行单元格中，插入图像 images/xsd_13.jpg，如图 8-59 所示。

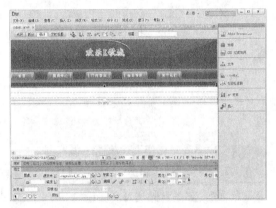

图 8-59 插入图像

⑰ 将光标置于表格 1 的第 4 行单元格中，选择【窗口】|【属性】命令，打开【属性】面板，在面板中将【背景颜色】设置为#FF247E，如图 8-60 所示。

图 8-60 设置背景颜色

2．制作正文内容部分

❶ 在表格1的第4行单元格中插入1行3列的表格，此表格记为表格4，如图8-61所示。

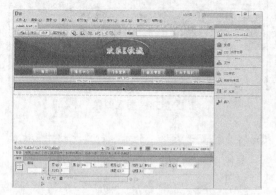

图 8-61　插入表格 4

❷ 将光标置于表格4的第1列单元格中，插入2行1列的表格，如此表格记为表格5，图8-62所示。

图 8-62　插入表格 5

❸ 将光标置于表格5的第1行单元格中，打开代码视图，在代码中输入背景图像 background=images/xsd_22.jpg，如图8-63所示。

图 8-63　输入背景图像代码

❹ 返回设计视图，可以看插入的背景图像，并在背景图像上输入相应的文字，如图8-64所示。

图 8-64　输入文字

❺ 将光标置于表格5的第2行单元格中，打开代码视图，输入背景图像代码 background=images/xsd_28.jpg，如图8-65所示。

图 8-65　输入背景图像代码

❻ 返回设计视图，可以看到插入的背景图像，并在背景图像上插入2行1列的表格,此表格记为表格6，如图8-66所示。

图 8-66　插入表格 6

❼ 将光标置于表格6的第1行单元格中，输入相应的文字，如图8-67所示。

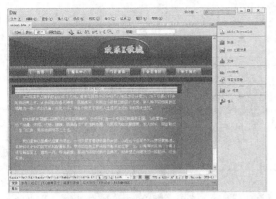

图 8-67 输入文字

⑧ 将光标置于表格 6 的第 2 行单元格中,选择
【插入】|【表格】命令,插入 1 行 2 列的表
格,此表格记为表格 7,如图 8-68 所示。

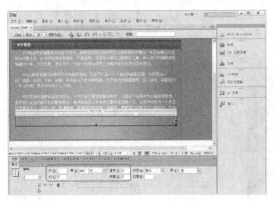

图 8-68 插入表格 7

⑨ 分别在表格 7 的单元格中插入相应的图像,
如图 8-69 所示。

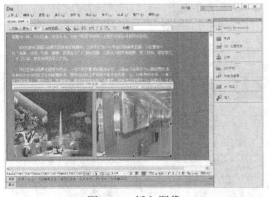

图 8-69 插入图像

⑩ 将光标置于表格 4 的第 2 列单元格中,将单
元格的【宽】设置为 13,如图 8-70 所示。

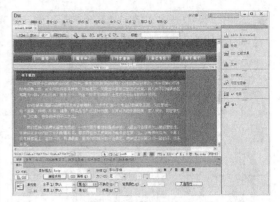

图 8-70 设置单元格

3. 制作右侧部分

❶ 将光标置于表格 4 的第 3 列单元格中,选择
【插入】|【表格】命令,插入 3 行 1 列的表
格,此表格记为表格 8,如图 8-71 所示。

图 8-71 插入表格 8

❷ 将光标置于表格 8 的第 1 行单元格中,打开代码
视图,在代码中输入背景图像代码 background=
images/xsd_32.jpg,如图 8-72 所示。

图 8-72 输入代码

❸ 返回设计视图，可以看到插入的背景图像，并在背景图像上输入相应的文字，如图8-73所示。

图8-73　输入文字

❹ 将光标置于表格8的第2行单元格中，打开代码视图，输入背景图像代码 background= images/xsd_33.jpg，如图8-74所示。

图8-74　输入代码

❺ 返回设计视图，可以看到插入的背景图像，在背景图像上插入8行1列的表格，此表格记为表格9，如图8-75所示。

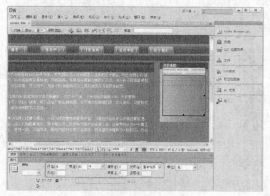

图8-75　插入表格9

❻ 将光标置于表格9的第1行单元格中，输入文字，如图8-76所示。

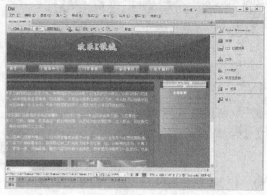

图8-76　输入文字

❼ 将光标置于表格9的第2行单元格中，打开代码视图，在代码中输入背景图像代码 background=images/bd.gif，如图8-77所示。

图8-77　输入代码

❽ 返回设计视图，可以看到插入的背景图像，如图8-78所示。

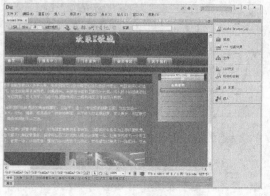

图8-78　插入背景图像

⑨ 使用之前的方法，在表格 9 的其他单元格中输入相应的文字，并输入背景图像，如图 8-79 所示。

图 8-79　输入内容

⑩ 将光标置于表格 8 的第 3 行单元格中，插入 3 行 1 列的表格，此表格记为表格 10，如图 8-80 所示。

图 8-80　插入表格 10

⑪ 在表格 10 的单元格中分别插入相应的图像，如图 8-81 所示。

⑫ 将光标置于表格 1 的第 5 行单元格中，打开代码视图，在代码中输入背景图像 background=images/xsd_43.jpg，如图 8-82 所示。

图 8-81　插入图像

图 8-82　输入代码

⑬ 返回设计视图，可以看到插入的背景图像，如图 8-83 所示。

图 8-83　插入背景图像

⑭ 选择【文件】|【保存】命令，保存文档，在浏览器中预览效果。

8.6　课后练习

1. 填空题

（1）＿＿＿＿＿＿不但能够记载表单式的资料、规范各种数据、输入列表式的文字，而且利用它还可以排列文字和图像。

（2）在使用表格的过程中，有时需要_____以达到自己所需的效果。_____就是将选中的表格单元格拆分为多行或多列。

（3）通过设置_____和_____可以制作细线表格。

参考答案：

（1）表格

（2）拆分单元格、拆分单元格

（3）表格属性、单元格的属性

2. 操作题

（1）在网页中插入细线表格的效果如图 8-84 和图 8-85 所示。

原始文件：	CH08/操作题 1/index.htm
最终文件：	CH08/操作题 1/index1.htm

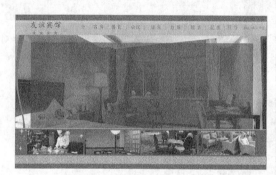
图 8-84　原始文件

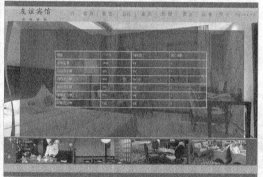
图 8-85　细线表格

（2）利用表格排列数据的效果如图 8-86 和图 8-87 所示。

原始文件	CH08/操作题 2/index.htm
最终文件	CH08/操作题 2/index1.htm

图 8-86　原始文件

图 8-87　利用表格排列数据

8.7　本章总结

本章主要介绍了 Dreamweaver 中表格的使用和设置，并且给出了一个较大的商业网站案例，如此详细的讲解，可见表格在排版中是多么的重要了。可以不客气地说，不会表格就相当于不会设计网页，所以读者一定要熟练地使用它。

使用 Div 和 Spry 灵活布局网页

Dreamweaver 中的 **AP Div** 实际上就是来自 CSS 中的定位技术, 只不过 **Dreamweaver** 将其进行了可视化操作。**Spry** 框架是一个可用来构建更加丰富的网页的 **JavaScript** 和 CSS 库, 使用它可以显示 XML 数据, 并创建显示动态数据的交互式页面元素, 而无需刷新整个页面。

学习目标
- ☐ 学习插入 AP Div 的方法
- ☐ 掌握设置 AP Div 属性的方法
- ☐ 熟悉使用 Spry 布局对象的技巧

9.1 插入 AP Div

AP Div 就像一个容器一样, 可以将页面中的各种元素包含其中, 从而控制页面元素的位置。在 Dreamweaver CS6 中, AP Div 用来控制浏览器窗口中对象的位置。AP Div 可以放置在页面的任意位置, 在 AP Div 中可以包括图片和文本等元素。

9.1.1 创建普通 AP Div

在 Dreamweaver CS6 中有两种插入 AP Div 的方法, 一种是通过菜单创建, 一种是通过插入栏创建。在网页中插入 AP Div 的具体操作步骤如下。

原始文件	CH09/9.1.1/index.htm
最终文件	CH09/9.1.1/index1.htm

❶ 打开原始文件, 如图 9-1 所示。

图 9-1　打开原始文件

❷ 选择【插入】|【布局对象】|【AP Div】命令即可插入 AP Div, 如图 9-2 所示。

图 9-2　插入 AP Div

> **提示**　在【布局】插入栏中单击【绘制 AP Div】按钮, 在文档窗口中按住鼠标左键进行拖动, 可以绘制一个 AP Div。按住 Ctrl 键不放, 可以连续绘制多个 AP Div。

9.1.2 创建嵌套 AP Div

在 Dreamweaver CS6 中, 一个 AP Div 里还可以包含另外一个 AP Div, 也就是嵌入 AP Div。嵌套的 AP Div 称为子 AP Div, 子 AP Div 外面的 AP Div 称为父 AP Div。

将光标置于文档窗口中的现有 AP Div 中, 选择【插入】|【布局对象】|【AP Div】命令, 即可创建嵌套 AP Div, 如图 9-3 所示。

> **提示** 一个 AP Div 完全处于另一个 AP Div 的区域内不一定是一个嵌入 AP Div, 这是因为 AP Div 具有一个【Z 轴】属性,【Z 轴】用来设置 AP Div 的 Z 轴, 可输入数值, 这个数值可以是负值。当 AP Div 重叠时, Z 值大的 AP Div 将在最表面显示,

覆盖或部分覆盖 Z 值小的 AP Div。也就是说, 有可能在两个 AP Div 的位置出现 100%的重叠, 因此, 在这种情况下, 重叠的两个 AP Div 并不是嵌套的关系。

图 9-3 创建嵌套 AP Div

9.2 设置 AP Div 的属性

插入 AP Div 后可以在【属性】面板和【AP 元素】面板中修改 AP Div 的相关属性, 如控制 AP Div 在页面中的显示方式、大小、背景和可见性等。

9.2.1 设置 AP Div 的显示/隐藏属性

当处理文档时, 可以使用【AP Div】面板手动显示和隐藏 AP Div。当前选定 AP Div 始终会变为可见, 它在选定时将出现在其他 AP Div 的前面。设置 AP Div 的显示/隐藏属性的具体操作步骤如下。

❶ 选择【窗口】|【AP 元素】命令, 打开【AP 元素】面板, 如图 9-4 所示。

图 9-4 【AP 元素】面板

❷ 单击【AP 元素】面板中的眼睛按钮 , 可以显示或隐藏 AP Div, 当【AP 元素】面板中的眼睛按钮为 时, 显示 AP Div, 如图 9-5 所示。

图 9-5 显示 AP Div

❸ 单击【AP 元素】面板中的眼睛按钮 , 当【AP 元素】面板中的眼睛按钮为 时, 表示隐藏 AP Div, 如图 9-6 所示。

图 9-6　隐藏 AP Div

9.2.2　改变 AP Div 的堆叠顺序

在【AP 元素】面板更改 AP 元素的堆叠顺序，在【AP 元素】面板中的【Z 轴】文本框中键入一个数字，如图 9-7 所示。

图 9-7　AP 元素面板

在【AP 元素】面板中选定某个 AP Div，然后单击【Z 轴】对应的属性列，此时会出现 Z 轴值设置框，在设置框中更改数值即可调整 AP Div 的堆叠顺序。数值越大，显示越在上面。

提示　在【文档】窗口中，选择【修改】|【排列顺序】|【防止 AP 元素重叠】命令，可以防止 AP 元素的堆叠。

9.2.3　添加 AP Div 滚动条

在【AP 元素】属性面板中的【溢出】用于控制当 AP 元素的内容超过 AP 元素的指定大小时如何在浏览器中显示 AP 元素，如图 9-8 所示。

图 9-8　【AP 元素】属性面板中的【溢出】选项

在 AP Div【属性】面板中可以进行如下设置。

● 【左】：AP Div 的左边界距离浏览器窗口左边界的距离。

● 【上】：AP Div 的上边界距离浏览器窗口上边界的距离。

● 【宽】：AP Div 的宽。

● 【高】：AP Div 的高。

● 【Z 轴】：AP Div 的 Z 轴顺序。

● 【背景图像】：AP Div 的背景图。

● 【可见性】：AP Div 的显示状态，包括【default】、【inherit】、【visible】和【hidden】4 个选项。

● 【背景颜色】：AP Div 的背景颜色。

● 【剪辑】：用来指定 AP Div 的哪一部分是可见的，输入的数值是距离 AP Div 的 4 个边界的距离。

● 【溢出】：如果 AP Div 里面的文字过多或图像过大，AP Div 的大小不足以全部显示的处理方式。

【溢出】中的各选项设置如下。

【visible】（可见）：指示在 AP 元素中显示额外的内容；实际上，AP 元素会通过延伸来容纳额外的内容。

【hidden】（隐藏）：指定不在浏览器中显示额外的内容。

【scroll】（滚动条）：指定浏览器应在 AP 元素上添加滚动条，而不管是否需要滚动条。

【auto】（自动）：当 AP Div 中的内容超出 AP Div 范围时才显示 AP 元素的滚动条。

● 【类】：可以从该下拉列表中选择 CSS 样式定义 AP Div。

提示　【溢出】选项在不同的浏览器中会获得不同程度的支持。

9.2.4 改变 AP Div 的可见性

在【属性】面板中的【可见性】中可以改变 AP Div 的可见性，如图 9-9 所示。

图 9-9 设置 AP Div 的可见性

【可见性】中的各选项设置如下。

- 【default】（默认）：选择该选项时，则使用浏览器的默认设置。
- 【inherit】（继承）：选择该选项时，在有嵌套的 AP Div 的情况下，当前 AP Div 使用父 AP Div 的可见性属性。
- 【visible】（可见）：选择该选项时，则无论父 AP Div 是否可见，当前 AP Div 都可见。
- 【hidden】（隐藏）：选择该选项时，则无论父 AP Div 是否可见，该 AP Div 都为隐藏。

9.3 使用 Spry 布局对象

Spry 框架支持一组用标准 HTML、CSS 和 JavaScript 编写的可重用构件。可以方便地插入这些构件（采用最简单的 HTML 和 CSS 代码），然后设置构件的样式。框架行为包括允许用户执行下列操作的功能：显示或隐藏页面上的内容、更改页面的外观（如颜色）与菜单项交互等。

9.3.1 使用 Spry 菜单栏

菜单栏构件是一组可导航的菜单按钮，当站点访问者将鼠标悬停在其中的某个按钮上时，将显示相应的子菜单。使用菜单栏构件可在紧凑的空间中显示大量可导航信息，并使站点访问者无需深入浏览站点即可了解站点上提供的内容。

使用 Spry 菜单栏的具体操作步骤如下。

❶ 打开新建的文档，将光标置于页面中，选择【插入】|【布局对象】|【Spry 菜单栏】命令。

❷ 选择命令后，弹出【Spry 菜单栏】对话框，在对话框有两种菜单栏构件：垂直构件和水平构件，勾选【水平】单选按钮，如图 9-10所示。

图 9-10 【Spry 菜单栏】对话框

❸ 单击【确定】按钮，插入 Spry 菜单栏，如图 9-11 所示。

图 9-11 插入 Spry 菜单栏

9.3.2 使用 Spry 选项卡式面板

选项卡式面板构件是一组面板，用来将内容存储到紧凑空间中。站点访问者可通过单击他们要访问的面板上的选项卡来隐藏或显示存储在选项卡式面板中的内容。当访问者单击不同的选项卡时，构件的面板会相应地打开。在给定时间内，选项卡式面板构件中只有一个内容面板处于打开状态。具体操作步骤如下。

将光标置于页面中，选择【插入】|【布局对象】|【Spry 选项卡式面板】命令，插入 Spry 选项卡式面板，如图 9-12 所示。

图 9-12　插入 Spry 选项卡式面板

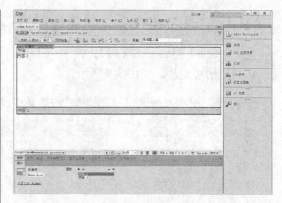

图 9-13　插入 Spry 折叠式

选项卡式面板构件的 HTML 代码中包含一个含有所有面板的外部 Div 标签、一个标签列表、一个用来包含内容面板的 Div，以及各面板对应的 Div。在选项卡式面板构件的 HTML 中，在文档头中和选项卡式面板构件的 HTML 标记之后还包括脚本标签。

> **提示**　当将光标置于标签 2 选项卡中时，就会出现按钮 ，单击此按钮，即可进入标签 2 选项卡对其进行编辑。

9.3.3　使用 Spry 折叠式

折叠构件是一组可折叠的面板，可以将大量内容存储在一个紧凑的空间中。站点访问者可通过单击该面板上的选项卡来隐藏或显示存储在折叠构件中的内容。当访问者单击不同的选项卡时，折叠构件的面板会相应地展开或收缩。在折叠构件中，每次只能有一个内容面板处于打开且可见的状态。

将光标置于页面中，选择【插入】|【布局对象】|【Spry 折叠式】命令，插入 Spry 折叠式，如图 9-13 所示。

> **提示**　折叠构件的默认 HTML 中包含一个含有所有面板的外部 Div 标签以及各面板对应的 Div 标签，各面板的标签中还有一个标题 Div 和内容 Div。折叠构件可以包含任意数量的单独面板。在折叠构件的 HTML 中，在文档头中和折叠构件的 HTML 标记之后还包括 Script 标签。

9.3.4　使用 Spry 可折叠面板

可折叠面板构件是一个面板，可将内容存储到紧凑的空间中。用户单击构件的选项卡即可隐藏或显示存储在可折叠面板中的内容。

将光标置于页面中，选择【插入】|【布局对象】|【Spry 可折叠面板】命令，即可插入 Spry 可折叠面板，如图 9-14 所示。

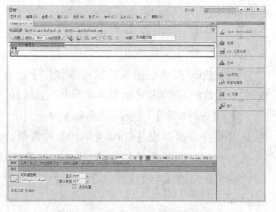

图 9-14　插入 Spry 可折叠面板

> **提示**　可折叠面板构件的 HTML 中包含一个外部 Div 标签，其中包含内容 Div 标签和选项卡容器 Div 标签。在可折叠面板构件的 HTML 中，在文档头中和可折叠面板的 HTML 标记之后还包括脚本标签。

9.4 综合案例——利用 AP Div 制作网页下拉菜单

下拉菜单是网上最常见效果之一，下拉菜单不仅节省了网页排版上的空间，使网页布局简洁有序，而且一个新颖美观的下拉菜单为网页增色不少。Div 拥有很多表格所不具备的特点，如可以重叠、便于移动和可设为隐藏等。这些特点有助于我们的设计思维不受局限，从而发挥更多的想象力。利用 AP Div 制作网页下拉菜单效果如图 9-15 所示。具体操作步骤如下。

图 9-15　AP Div 制作网页下拉菜单效果

原始文件	CH09/9.4/index.htm
最终文件	CH09/9.4/index1.htm

❶ 打开原始文件，如图 9-16 所示。

图 9-16　打开原始文件

❷ 将光标置于页面中，选择【插入】|【布局对象】|【AP Div】命令，插入 AP Div，在属性面板中将【左】、【上】、【宽】和【高】分别设置为 307px、96px、82px、120px，将【背景颜色】设置为#87AA2A，如图 9-17 所示。

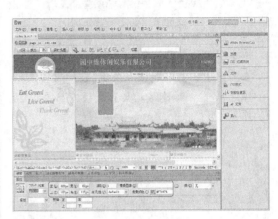

图 9-17　插入 AP Div

❸ 将光标置于 AP Div 中，插入 4 行 1 列的表格，将【表格宽度】设置为 100%，将【间距】设置为 1，【填充】设置为 5，将单元格的【背景颜色】设置为#FEFCDC，如图 9-18 所示。

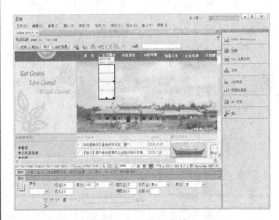

图 9-18　插入表格

❹ 在单元格中输入文字，将【大小】设置为 12 像素，如图 9-19 所示。

图 9-19　输入文字

❺ 选中图像"公司简介",打开【行为】面板,在面板中单击添加行为按钮,在弹出的菜单中选择【显示-隐藏元素】选项,如图 9-20 所示。

图 9-20　选择【显示-隐藏元素】选项

❻ 弹出【显示-隐藏元素】对话框,在对话框中单击【显示】按钮,如图 9-21 所示。

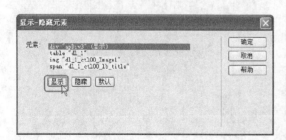

图 9-21　单击【显示】按钮

❼ 单击【确定】按钮,将行为添加到【行为】面板中,将事件设置为 onMouseOver,如图 9-22 所示。

图 9-22　设置事件

❽ 在【行为】面板中单击添加行为按钮,在弹出的菜单中选择【显示-隐藏元素】选项,弹出【显示-隐藏元素】对话框,单击【隐藏】按钮,如图 9-23 所示。

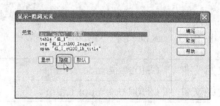

图 9-23　【显示-隐藏元素】对话框

❾ 单击【确定】按钮,将行为添加到【行为】面板中,将事件设置为 onMouseOut,如图 9-24 所示。

图 9-24　添加到【行为】面板

⑩ 选择【窗口】|【AP 元素】命令，打开【AP 元素】面板，在面板中的 apDiv2 前面单击出现 按钮，如图 9-25 所示。

⑪ 保存文档，按 F12 键即可在浏览器中预览效果，如图 9-15 所示。

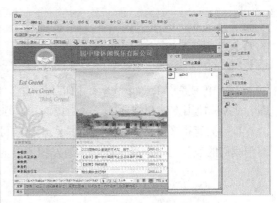

图 9-25　【AP 元素】面板

9.5　课后练习

1. 填空题

（1）在 Dreamweaver CS6 中有两种插入 AP Div 的方法，一种是通过＿＿＿＿，另一种是通过＿＿＿＿。

（2）＿＿＿＿支持一组用标准 HTML、CSS 和 JavaScript 编写的可重用构件。可以方便地插入这些构件（采用最简单的 HTML 和 CSS 代码），然后设置构件的样式。

参考答案：

（1）菜单创建、插入栏创建

（2）Spry 框架

2. 操作题

利用 AP Div 制作网页下拉菜单的效果如图 9-26 和图 9-27 所示。

原始文件	CH09/操作题/index.htm
最终文件	CH09/操作题/index1.htm

图 9-26　原始文件

图 9-27　AP Div 制作网页下拉菜单效果

9.6　本章总结

　　本章中主要了 Dreamweaver 中的另一个工具——Div。通过本章的学习，读者不仅应该掌握 Div 的各种使用方法和技巧，还应当更深层次地对其进行理解。

　　Div 拥有很多表格所不具备的特点，比如可以重叠、便于移动和可设为隐藏等。这些特点有助于我们的设计思维不受局限，从而发挥更多的想象力。

精美的网页离不开 CSS 技术，采用 CSS 技术，可以有效地对页面的布局、字体、颜色、背景和其他效果实现更加精确的控制。使用 CSS 样式可以制作出更加复杂和精巧的网页，网页维护和更新起来也更加容易和方便。本章主要介绍 CSS 样式的基本概念和语法、CSS 样式表的创建、CSS 样式的设置和 CSS 样式的应用实例。

学习目标
- ☐ 了解 CSS 的基本概念
- ☐ 掌握使用 CSS 的方法
- ☐ 熟悉设置 CSS 样式的内容
- ☐ 熟悉设置 CSS 滤镜的方法

10.1 CSS 简介

CSS 是 Cascading Style Sheet 的缩写，有些书上称为【层叠样式表】或【级联样式表】，是一种网页制作新技术，现在已经为大多数的浏览器所支持，成为网页设计必不可少的工具之一。

10.1.1 CSS 的基本概念

所谓样式就是层叠样式表，用来控制一个文档中的某一文本区域外观的一组格式属性。使用 CSS 能够简化网页代码，加快下载显示速度，也减少了需要上传的代码数量，大大减少了重复劳动的工作量。样式表是对 HTML 语法的一次重大革新。如今网页的排版格式越来越复杂，很多效果需要通过 CSS 来实现，Adobe Dreamweaver CS6 在 CSS 功能设计上做了很大的改进。同 HTML 相比，使用 CSS 样式表的好处除了在于它可以同时链接多个文档之外，当 CSS 样式更新或修改后，所有应用了该样式表的文档都会被自动更新。

CSS 样式表的功能一般可以归纳为以下几点。

- ⬤ 可以更加灵活地控制网页中文字的字体、颜色、大小、间距、风格及位置。
- ⬤ 可以灵活地设置一段文本的行高、缩进，并可以为其加入三维效果的边框。
- ⬤ 可以方便地为网页中的任何元素设置不同的背景颜色和背景图像。
- ⬤ 可以精确地控制网页中各元素的位置。
- ⬤ 可以为网页中的元素设置阴影、模糊、透明等效果。
- ⬤ 可以与脚本语言结合，从而产生各种动态效果。
- ⬤ 使用 CSS 格式的网页，打开速度非常快。

10.1.2　CSS 的类型与基本语法

在 CSS 样式里包含了 W3C 规范定义的所有 CSS 属性，这些属性分为：【类型】、【背景】、【区块】、【方框】、【边框】、【列表】、【定位】、【扩展】和【过渡】9 个部分，如图 10-1 所示。

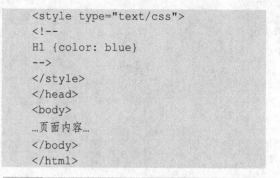

图 10-1　CSS 样式定义

在建立样式表之前，必须要了解一些 HTML 的基础知识。HTML 语言由标志和属性构成，CSS 也是如此。

样式表基本语法：

```
HTML 标志{标志属性: 属性值; 标志属性: 属性值; 标志属性: 属性值; …… }
```

现在首先讨论在 HTML 页面内直接引用样式表的方法。这个方法必须把样式表信息包括在<style>和</style>标记中，为了使样式表在整个页面中产生作用，应把该组标记及其内容放到<head>和</head>中去。

如要设置 HTML 页面中所有 H1 标题字显示为蓝色，其代码如下：

```
<html>
<head>
<title>This is a CSS samples</title>
```

```
<style type="text/css">
<!--
H1 {color: blue}
-->
</style>
</head>
<body>
…页面内容…
</body>
</html>
```

提示　<style>标记中包括了 type="text/css"，这是让浏览器知道是使用 CSS 样式规则。加入<!--和-->这一对注释标记是防止有些老式的浏览器不认识样式表规则，可以把该段代码忽略不计。

在使用样式表过程中，经常会有几个标志用到同一个属性，如规定 HTML 页面中凡是粗体字、斜体字和 1 号标题字显示为红色，按照上面介绍的方法应书写为。

```
B{ color: red}
I{ color: red}
H1{ color: red}
```

显然这样书写十分麻烦，引进分组的概念会使其变得简洁明了，可以写成。

```
B, I, H1{color: red}
```

用逗号分隔各个 HTML 标志，把 3 行代码合并成一行。

此外，同一个 HTML 标志，可能定义到多种属性，如规定把从 H1 到 H6 各级标题定义为红色黑体字，带下划线，则应写为：

```
H1, H2, H3, H4, H5, H6 {
color: red;
text-decoration: underline;
font-family: "黑体"
}
```

10.2　使用 CSS

在 Adobe Dreamweaver CS6 中，选择【窗口】|【CSS 样式】命令，打开【CSS 样式】面板，如图 10-2 所示。

图 10-2 【CSS 样式】面板

在【CSS 样式】面板的底部排列有几个按钮，分别如下。

- 【附加样式表】：可以在 HTML 文档中链接一个外部的 CSS 文件。
- 【新建 CSS 样式】：可以编辑新的 CSS 样式文件。
- 【编辑样式表】：可以编辑原有的 CSS 规则。
- 【删除 CSS 样式】：删除选中已有的 CSS 规则。

10.2.1　建立标签样式

定义新的 CSS 的时候，会看到 Dreamweaver 提供的 4 种选择方式：类样式、标签样式 ID 和复核内容样式。

在【CSS 样式】面板中单击【新建 CSS 规则】按钮，弹出如图 10-3 所示的【新建 CSS 规则】对话框。选择器是标识已设置格式元素的术语（如 p、h1、类名称或 ID），在【选择器类型】选项中选择【标签】，可以对某一具体标签进行重新定义，这种方式是针对 HTML 中的代码设置的，其作用是当创建或修改某个标签的 CSS 后，所有用到该标签进行格式化的文本都将被立即更新。

若要重定义特定 HTML 标签的默认格式，在【选择器类型】选项组中选择【标签】选项，然后在【标签】文本框中输入一个 HTML 标签，或从下拉列表中选择一个标签，如图 10-4 所示。

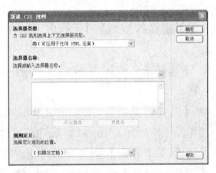

图 10-3 【新建 CSS 规则】对话框

图 10-4 【标签】选项

10.2.2 建立类样式

类定义了一种通用的方式，所有应用了该方式的元素在浏览器中都遵循该类定义的规则。类名称必须以句点开头，可以包含任何字母和数字组合（如.mycss）。如果没有输入开头的句点，Dreamweaver 将自动输入。在【新建CSS规则】对话框的【选择器类型】选项组中选择【类】选项，在【选择器名称】中输入名称，如图 10-5 所示。

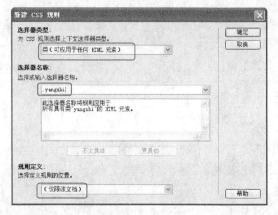

图 10-5 【新建 CSS 规则】对话框

在【新建 CSS 规则】对话框中可以设置以下参数。

● 【选择器名称】：用来设置新建的样式表的名称。

● 【选择器类型】：用来定义样式类型，并将其运用到特定的部分。如果选择【类】选项，需要在【名称】下拉列表中输入自定义样式的名称，其名称可以是字母和数字的组合，如果没有输入符号【.】，Dreamweaver 会自动输入；如果选择【标签】选项，需要在【标签】下拉列表中选择一个 HTML 标签，也可以直接在【标签】下拉列表框中输入这个标签；如果选择【高级】选项，需要在【选择器】下拉列表中选择一个选择器的类型，也可以在【选择器】下拉列表框中输入一个选择器类型。

● 【规则定义】：用来设置新建的 CSS 语句的位置。CSS 样式按照使用方法可以分为内部样式和外部样式。如果想把 CSS 语句新建在网页内部，可以选择【仅限该文档】单选按钮。

10.2.3 建立复合内容样式

复合内容样式重新定义特定元素组合的格式，或其他 CSS 允许的选择器表单的格式（例如，每当 h2 标题出现在表格单元格内时，就会应用选择器 tdh2）。复合内容样式还可以重定义包含特定 id 属性的标签的格式（例如，由#myStyle 定义的样式可以应用于所有包含属性/值对 id="myStyle"的标签），如图 10-6 所示。

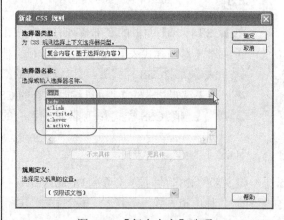

图 10-6 【复合内容】选项

● 【a:active】：定义了链接被激活时的样式，即鼠标已经单击了链接，但页面还没有跳转时的样式。

● 【a:hover】：定义了鼠标停留在链接的文字上时的样式。常见设置有文字颜色改变、下划线出现等。

● 【a:link】：定义了设置有链接的文字的样式。

● 【a:visited】：浏览者已经访问过的链接的样式，一般设置其颜色不同于【a:link】的颜色，以便给浏览者明显的提示。

10.3 设置 CSS 样式

控制网页元素外观的 CSS 样式用来定义字体、颜色、边距和字间距等属性，可以使用 Dreamweaver 来对所有的 CSS 属性进行设置。CSS 属性被分为【类型】、【背景】、【区块】、【方框】、【边框】、【列表】、【定位】、【扩展】和【过渡】9 大类，下面分别进行介绍。

10.3.1 设置文本样式

在 CSS 样式定义对话框左侧的【分类】列表框中选择【类型】选项，在右侧可以设置 CSS 样式的类型参数，如图 10-7 所示。

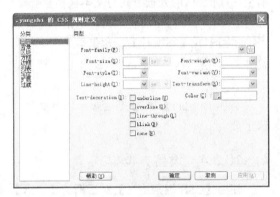

图 10-7 选择【类型】选项

在 CSS 的【类型】选项中的各参数如下。

⚫ 【Font-family】：用于设置当前样式所使用的字体。

⚫ 【Font-size】：定义文本大小。可以通过选择数字和度量单位来选择特定的大小，也可以选择相对大小。

⚫ 【Font-style】：将【正常】、【斜体】或【偏斜体】指定为字体样式。默认设置是【正常】。

⚫ 【Line-height】：设置文本所在行的高度，该设置传统上称为【前导】。选择【正常】自动计算字体大小的行高，或输入一个确切的值并选择一种度量单位。

⚫ 【Text-decoration】：向文本中添加下划线、上划线或删除线，或使文本闪烁。正常文本的默认设置是【无】。【链接】的默认设置是【下划线】。将【链接】设置为无时，可以通过定义一个特殊的类删除链接中的下划线。

⚫ 【Font-weight】：对字体应用特定或相对的粗体量。【正常】等于 400，【粗体】等于 700。

⚫ 【Font-variant】：设置文本的小型大写字母变量，Dreamweaver 不在文档窗口中显示该属性。

⚫ 【Text-transform】：将选定内容中的每个单词的首字母大写或将文本设置为全部大写或小写。

⚫ 【color】：设置文本颜色。

10.3.2 设置背景样式

使用【CSS 规则定义】对话框的【背景】类别可以定义 CSS 样式的背景设置。可以对网页中的任何元素应用背景属性，如图 10-8 所示。

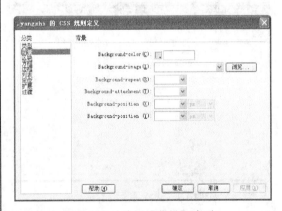

图 10-8 选择【背景】选项

在 CSS 的【背景】选项中可以设置以下参数。

⚫ 【Background-color】：设置元素的背景颜色。

⚫ 【Background-image】：设置元素的背景图像。可以直接输入图像的路径和文件，也可以单击【浏览】按钮选择图像文件。

【Background-repeat】：确定是否以及如何重复背景图像。包含 4 个选项：【不重复】指在元素开始处显示一次图像；【重复】指在元素的后面水平和垂直平铺图像；【横向重复】和【纵向重复】分别显示图像的水平带区和垂直带区。图像被剪辑以适合元素的边界。

【Background-attachment】：确定背景图像是固定在它的原始位置还是随内容一起滚动。

【Background-position (X)】和【Background-position (Y)】：指定背景图像相对于元素的初始位置。这可以用于将背景图像与页面中心垂直和水平对齐，如果附件属性为【固定】，则位置相对于文档窗口而不是元素。

10.3.3　设置区块样式

使用【CSS 规则定义】对话框的【区块】类别可以定义标签和属性的间距和对齐设置，对话框中左侧的【分类】列表中选择【区块】选项，在右侧可以设置相应的 CSS 样式，如图 10-9 所示。

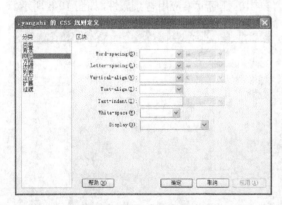

图 10-9　选择【区块】选项

CSS 的【区块】选项中各参数如下。

【Word-spacing】：设置单词的间距，若要设置特定的值，在下拉列表框中选择【值】，然后输入一个数值，在第二个下拉列表框中选择度量单位。

【Letter-spacing】：增加或减小字母或字符的间距。若要减少字符间距，指定一个负值，字母间距设置覆盖对齐的文本设置。

【Vertical-align】：指定应用它的元素的垂直对齐方式。仅当应用于<img>标签时，Dreamweaver 才在文档窗口中显示该属性。

【Text-align】：设置元素中的文本对齐方式。

【Text-indent】：指定第一行文本缩进的程度。可以使用负值创建凸出，但显示取决于浏览器。仅当标签应用于块级元素时，Dreamweaver 才在文档窗口中显示该属性。

【White-space】：确定如何处理元素中的空白。从下面 3 个选项中选择：【正常】指收缩空白；【保留】的处理方式与文本被括在<pre>标签中一样（即保留所有空白，包括空格、制表符和回车）；【不换行】指定仅当遇到
标签时文本才换行。Dreamweaver 不在文档窗口中显示该属性。

【Display】：指定是否显示以及如何显示元素。

10.3.4　设置方框样式

使用【CSS 规则定义】对话框的【方框】类别可以为用于控制元素在页面上的放置方式的标签和属性定义设置。可以在应用填充和边距设置时将设置应用于元素的各个边，也可以使用【全部相同】设置，将相同的设置应用于元素的所有边。

CSS 的【方框】类别可以为控制元素在页面上的放置方式的标签和属性定义设置，如图 10-10 所示。

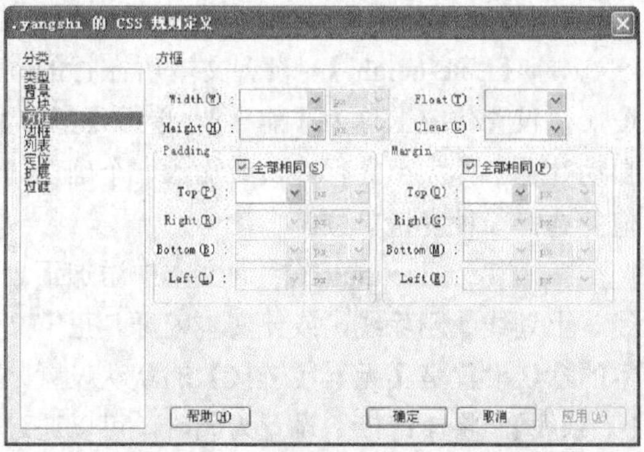

图 10-10　选择【方框】选项

CSS 的【方框】选项中的各参数如下。

● 【Width】和【Height】：设置元素的宽度和高度。

● 【Float】：设置其他元素在哪个边围绕元素浮动。其他元素按通常的方式环绕在浮动元素的周围。

● 【Clear】：定义不允许 AP Div 的边。如果清除边上出现 AP Div，则带清除设置的元素将移到该 AP Div 的下方。

● 【Padding】：指定元素内容与元素边框（如果没有边框，则为边距）之间的间距。取消选择【全部相同】选项可设置元素各个边的填充，【全部相同】则将相同的填充属性设置为它应用于元素的【Top】、【Right】、【Bottom】和【Left】侧。

● 【Margin】：指定一个元素的边框（如果没有边框，则为填充）与另一个元素之间的间距。仅当应用于块级元素（段落、标题和列表等）时，Dreamweaver 才在文档窗口中显示该属性。取消选择【全部相同】可设置元素各个边的边距，【全部相同】则将相同的边距属性设置为它应用于元素的【Top】、【Right】、【Bottom】和【Left】侧。

10.3.5　设置边框样式

CSS 的【边框】类别可以定义元素周围边框的设置，如图 10-11 所示。

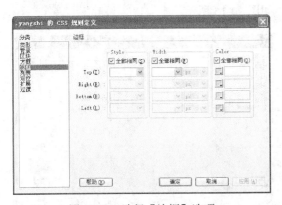

图 10-11　选择【边框】选项

CSS 的【边框】选项中的各参数如下。

● 【Style】：设置边框的样式外观。样式的显示方式取决于浏览器。Dreamweaver 在文档窗口中将所有样式呈现为实线。取消选择【全部相同】可设置元素各个边的边框样式，【全部相同】则将相同的边框样式属性设置为它应用于元素的【Top】、【Right】、【Bottom】和【Left】侧。

● 【Width】：设置元素边框的粗细。取消选择【全部相同】可设置元素各个边的边框宽度，【全部相同】则将相同的边框宽度设置为它应用于元素的【Top】、【Right】、【Bottom】和【Left】侧。

● 【Color】：设置边框的颜色。可以分别设置每个边的颜色。取消选择【全部相同】可设置元素各个边的边框颜色，【全部相同】则将相同的边框颜色设置为它应用于元素的【Top】、【Right】、【Bottom】和【Left】侧。

10.3.6　设置列表样式

CSS 的【列表】类别为列表标签定义列表设置，如图 10-12 所示。

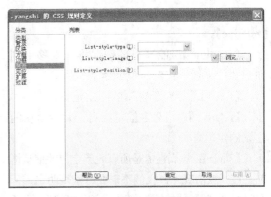

图 10-12　选择【列表】选项

CSS 的【列表】选项中的各参数如下。

● 【List-style-type】：设置项目符号或编号的外观。

● 【List-style-image】：可以为项目符号指定自定义图像。单击【浏览】按钮选择图像，或输入图像的路径。

● 【List-style-Position】：设置列表项文本是否换行和缩进（外部）以及文本是否换行到左边距（内部）。

10.3.7 设置定位样式

CSS 的【定位】样式属性使用【层】首选参数中定义层的默认标签，将标签或所选文本块更改为新层，如图 10-13 所示。

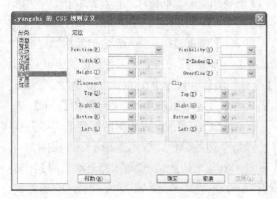

图 10-13 选择【定位】选项

CSS 的【定位】选项中的各参数如下。

● 【Position】：在 CSS 布局中，Position 发挥着非常重要的作用，很多容器的定位是用 Position 来完成。Position 属性有 4 个可选值，它们分别是【static】、【absolute】、【fixed】和【relative】。

● 【absolute】：能够很准确地将元素移动到你想要的位置，绝对定位元素的位置。

● 【fixed】：相对于窗口的固定定位。

● 【relative】：相对定位是相对于元素默认的位置的定位。

● 【static】：该属性值是所有元素定位的默认情况。在一般情况下，我们不需要特别声明它，但有时候遇到继承的情况，我们不愿意见到元素所继承的属性影响本身，从而可以用 position:static 取消继承，即还原元素定位的默认值。

● 【Visibility】：如果不指定可见性属性，则默认情况下大多数浏览器都继承父级的值。

● 【Placement】：指定 AP Div 的位置和大小。

● 【Clip】：定义 AP Div 的可见部分。如果指定了剪辑区域，可以通过脚本语言访问它，并操作属性以创建像擦除这样的特殊效果。通过使用【改变属性】行为可以设置这些擦除效果。

10.3.8 设置扩展样式

【扩展】样式属性包含两部分，如图 10-14 所示。

图 10-14 选择【扩展】选项

● 【Page-break-before】：其中两个属性的作用是为打印的页面设置分页符。

● 【Page-break-after】：检索或设置对象后出现的页分割符。

● 【Cursor】：指针位于样式所控制的对象上时改变指针图像。

● 【Filter】：对样式所控制的对象应用特殊效果。

10.3.9 设置过渡样式

【过渡】样式属性包含所有可动画属性，如图 10-15 所示。

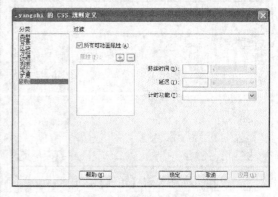

图 10-15 【过渡】属性

10.4　CSS 滤镜设计特效文字

灵活应用 CSS 滤镜的特点并加以组合，能够得到许多意想不到的效果。下面将进入 CSS 的最精彩的部分——滤镜，它将把我们带入绚丽多姿的多媒体世界。正是有了滤镜属性，页面才变得更加漂亮。

10.4.1　滤镜概述

滤镜是对 CSS 的扩展，与 Photoshop 中的滤镜相似，它可以用很简单的方法对页面中的文字进行特效处理。使用 CSS 滤镜属性可以把可视化的滤镜和转换效果添加到一个标准的 HTML 元素上，例如图片、文本容器以及其他一些对象。正是由于这些滤镜特效，在制作网页的时候，即使不用图像处理工具对图像进行加工，也可以使文字、图像和按钮非常生动。

在【分类】列表中选择【扩展】选项，在【过滤器】右侧的下拉列表中选择要应用的滤镜样式，如图 10-16 所示。

图 10-16　选择滤镜的样式

Internet Explorer 4.0 以上浏览器支持的滤镜属性如表 10-1 所示。

表 10-1　　常见的滤镜属性

滤　　镜	描　　述
Alpha	设置透明度
Blur	建立模糊效果
Chroma	把指定的颜色设置为透明
DropShadow	建立一种偏移的影像轮廓，即投射阴影
FlipH	水平反转

续表

滤　　镜	描　　述
FlipV	垂直反转
Glow	为对象的外边界增加光效
Gray	降低图片的彩色度
Invert	将色彩、饱和度以及亮度值完全反转建立底片效果
Light	在一个对象上进行灯光投影
Mask	为一个对象建立透明膜
Shadow	建立一个对象的固体轮廓，即阴影效果
Wave	在 x 轴和 y 轴方向利用正弦波纹打乱图片
Xray	只显示对象的轮廓

10.4.2　光晕（Glow）

光晕属性 Glow 用于设置在对象周围发光的效果。在【分类】列表中选择【扩展】选项，在【过滤器】右侧的下拉列表中选择要应用的滤镜样式 Glow，在 Glow（Color=#CC3300，Strength=15）中设置参数，如图 10-17 所示。创建完样式后并应用该样式，应用 Glow 的效果后如图 10-18 所示。

原始文件	CH10/10.4.2/index.htm
最终文件	CH10/10.4.2/index1.htm

Glow 滤镜的参数如表 10-2 所示。

表 10-2　　glow 滤镜的参数

参　　数	描　　述
color	设置发光的颜色
strength	设置发光的强度，取值范围为 1～255，默认值为 5

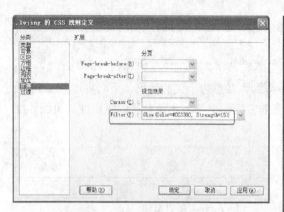

图 10-17　选择滤镜样式 Glow

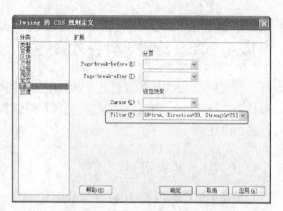

图 10-19　选择镜样式 Blur

图 10-18　应用 Glow 的效果

图 10-20　应用 Blur 后的效果

10.4.3　模糊（Blur）

利用动感模糊属性 Blur 可以设置块级元素的方向和位置上产生动感模糊的效果。

原始文件	CH10/10.4.3/index.htm
最终文件	CH10/10.4.3/index1.htm

在【分类】列表中选择【扩展】选项，在【过滤器】右侧的下拉列表中选择要应用的滤镜样式 Blur，在 Blur(Add=true, Direction=80, Strength=25)中设置参数，如图 10-19 所示。创建完样式后并应用该样式，应用 Blur 后的效果如图 10-20 所示。

Blur 属性中包括的参数如表 10-3 所示。

表 10-3　Blur 属性的参数

参　　数	描　　述
add	布尔值，设置滤镜是否激活，它可以取的值包括 true 和 false
direction	用来设置模糊的参数。按顺时针的方向以 45° 为单位进行累积
strength	只能使用整数来指定，代表有多小像素的宽度将受到影响，默认是 5 个

10.4.4　遮罩（Mask）

Mask 滤镜用于为对象建立一个覆盖于表面的膜，实现一种颜色框架的效果。

在【分类】列表中选择【扩展】选项，在【过滤器】右侧的下拉列表中选择要应用的滤镜样式 Mask，在 Mask(Color=#006600)中设置参

数，如图 10-21 所示。创建完样式后并应用该
样式，应用 Mask 后的效果如图 10-22 所示。

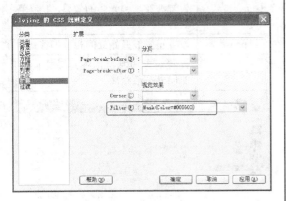

图 10-21　选择镜样式 Mask

图 10-22　应用 Mask 后的效果

10.4.5　透明色（Chroma）

Chroma 滤镜用于将对象中指定的颜色显
示为透明。

在【分类】列表中选择【扩展】选项，在
【过滤器】右侧的下拉列表中选择要应用的滤镜
样式 Chroma，在 Chroma(Color=#663300)中设置
参数，如图 10-23 所示。创建完样式后并应用该
样式，应用 Chroma 后的效果如图 10-24 所示。

10.4.6　阴影（Dropshadow）

利用阴影属性 DropShadow 可以为图像设
置阴影效果。

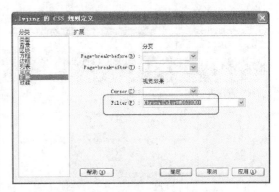

图 10-23　选择滤镜样式 Chroma

图 10-24　应用 Chroma 后的效果

在【分类】列表中选择【扩展】选项，在【过
滤器】右侧的下拉列表中选择要应用的滤镜样式
DropShadow，在 DropShadow(Color=#FF9900,
OffX=3, OffY=0, Positive=1)中设置参数，如图
10-25 所示。创建完样式后并应用该样式，应用
dropShadow 后的效果如图 10-26 所示。

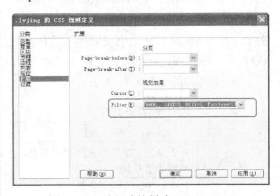

图 10-25　选择滤镜样式 DropShadow

145

图 10-26　应用 DropShadow 后的效果

DropShadow 滤镜的参数如表 10-4 所示。

表 10-4　　DropShadow 滤镜的参数

参　　数	描　　述
color	设置阴影的颜色
offX	用于设置阴影相对图像移动的水平距离
offY	用于设置阴影相对图像移动的垂直距离
positive	是一个布尔值（0 或 1），其中 0 指为透明像素生成阴影 1 指为不透明像素生成阴影

10.4.7　波浪（Wave）

Wave 滤镜属性用于为对象内容建立波浪效果。

在【分类】列表中选择【扩展】选项，在【过滤器】右侧的下拉列表中选择要应用的滤镜样式 Wave，在 Wave(Add=1, Freq=2, LightStrength=60, Phase=75, Strength=5) 中设置参数，如图 10-27 所示。创建完样式后并应用该样式，应用 Wave 后的效果如图 10-28 所示。

Wave 滤镜的参数如表 10-5 所示。

表 10-5　　Wave 滤镜的参数

参　　数	描　　述
add	是否要把对象按照波形样式打乱，其默认值是 true
freq	设置滤镜建立的波浪数目

续表

参　　数	描　　述
lightstrength	设置波纹增强光影的效果，取值范围为 0～100
phase	设置正弦波开始处的相位偏移
strength	设置对象为基准的在运动方向上的向外扩散距离

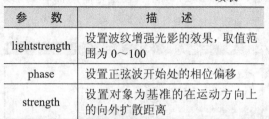

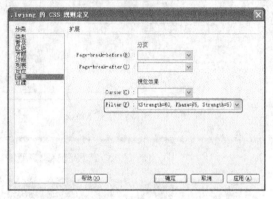

图 10-27　选择镜样式 Wave

图 10-28　应用 Wave 后的效果

10.4.8　X 射线（Xray）

X 射线效果属性 Xray 用于加亮对象的轮廓，呈现所谓的"X"光片。X 光效果滤镜不需要设置参数，是一种很少见的滤镜，它可以像灰色滤镜一样去除对象的所有颜色信息，然后将其反转。

在【分类】列表中选择【扩展】选项，在【过滤器】右侧的下拉列表中选择要应用的滤镜样式

Xray，如图 10-29 所示。创建完样式后并应用该样式，应用 Xray 后的效果如图 10-30 所示。

图 10-29 选择滤镜样式 Xray

图 10-30 应用 Xray 后的效果

10.5 综合案例

前面对 CSS 设置文字的各种效果进行了详细的介绍，下面通过一些实例，讲述文字效果的综合使用。

10.5.1 应用 CSS 固定字体大小

利用 CSS 可以固定字体大小，使网页中的文本始终不随浏览器改变而发生变化，总是保持着原有的大小，CSS 固定字体大小的效果如图 10-31 所示。具体操作步骤如下。

图 10-31 利用 CSS 固定字体大小的效果

原始文件	CH10/10.5.1/index.htm
最终文件	CH10/10.5.1/index1.htm

❶ 打开原始文件，如图 10-32 所示。

图 10-32 打开原始文件

❷ 选择【窗口】|【CSS 样式】命令，打开【CSS 样式】面板，在【CSS 样式】面板中单击鼠标右键，在弹出的菜单中选择【新建】选项，如图 10-33 所示。

❸ 弹出【新建 CSS 规则】对话框，在【选择器名称】中输入.daxiao，在【选择器类型】中选择【类】，在【规则定义】选择【仅限该文档】，如图 10-34 所示。

图 10-33 选择【新建】选项

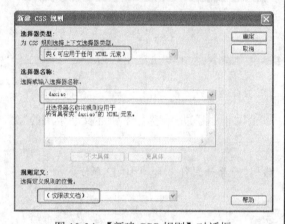

图 10-34 【新建 CSS 规则】对话框

❹ 单击【确定】按钮，弹出【.daxiao 的 CSS 样式定义】对话框，选择【分类】中的【类型】选项，【font-family】选择宋体，【font-size】设置为 12 像素，【color】设置为#505050，如图 10-35 所示。

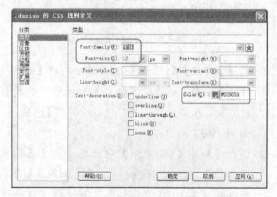

图 10-35 【.daxiao 的 CSS 规则定义】对话框

❺ 单击【确定】按钮，可以看到面板中新建的 CSS 样式，如图 10-36 所示。

图 10-36 新建的样式

❻ 在文档中选中要套用样式的文字，然后在【CSS 样式】面板中选中新建的样式，单击鼠标的右键，在弹出的菜单中选择【应用】选项，如图 10-37 所示。

❼ 保存文档，按 F12 键即可在浏览器中预览效果，如图 10-31 所示。

图 10-37 选择【应用】选项

10.5.2 应用 CSS 改变文本间行距

有时候因为网页编辑的需要，要将行距加大，此时要设置 CSS 中的行高，CSS 改变文本间行距的效果如图 10-38 所示。具体操作步骤如下。

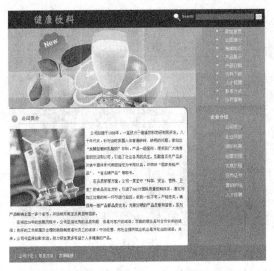

图 10-38 应用 CSS 改变文本间行距效果

原始文件	CH10/10.5.2/index.htm
最终文件	CH10/10.5.2/index1.htm

❶ 打开原始文件，如图 10-39 所示。

❷ 选择【窗口】|【CSS 样式】命令，打开【CSS 样式】面板，在【CSS 样式】面板中单击鼠标右键，在弹出的列表中选择【新建】选项，如图 10-40 所示。

图 10-39 打开原始文件

❸ 弹出【新建 CSS 规则】对话框，在对话框中，在【选择器名称】文本框中输入.hangju，在【选择器类型】中选择【类】，在【规则定义】中选择【仅限该文档】选项，如图 10-41 所示。

图 10-40 选择【新建】选项

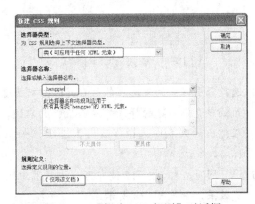

图 10-41 【新建 CSS 规则】对话框

❹ 单击【确定】按钮，弹出【. hangju 的 CSS 样式定义】对话框，选择【分类】中的【类型】选项，在【font-family】中选择宋体，在【font-size】中选择12像素，将【line-height】设置为210%，将【color】设置为#000000，如图 10-42 所示。

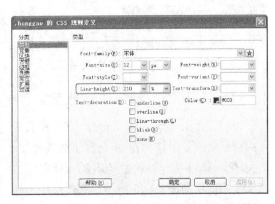

图 10-42 【. hanggao 的 CSS 规则定义】对话框

❺ 单击【确定】按钮，可以看到面板中新建的
CSS 样式，如图 10-43 所示。

图 10-43　新建的 CSS 样式

❻ 选择套用样式的文本，然后在【CSS 样式】
面板中选中新建的样式，单击鼠标的右键，
在弹出的列表中选择【应用】选项，如图
10-44 所示。

❼ 保存网页文档，按 F12 键即可在浏览器中浏
览效果，如图 10-38 所示。

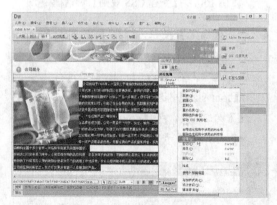

图 10-44　选择【应用】选项

10.5.3　应用 CSS 创建动感光晕文字

滤镜是 CSS 的最精彩的部分，它把我们带
入绚丽多姿的多媒体世界。正是有了滤镜属性，
页面才变得更加漂亮。使用 CSS 的滤镜创建动
感文字的效果如图 10-45 所示。具体操作步骤
如下。

原始文件	CH10/10.5.3/index.htm
最终文件	CH10/10.5.3/index1.htm

图 10-45　用 CSS 创建动感文字效果

❶ 打开原始文件，如图 10-46 所示。

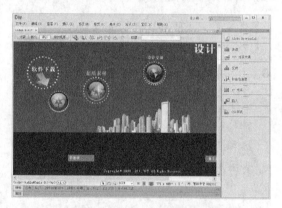

图 10-46　打开原始文件

❷ 将光标置于页面中，插入 1 行 1 列的表格，
将【表格宽度】设置为 70%，将【对齐】设
置为【居中对齐】，单击【确定】按钮，插
入表格，如图 10-47 所示。

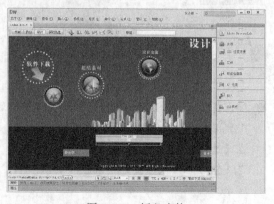

图 10-47　插入表格

❸ 将光标置于表格内，输入文字，如图 10-48 所示。

图 10-48　输入文字

❹ 打开【CSS 样式】面板，在【CSS 样式】面板中单击鼠标右键，在弹出的菜单中选择【新建】选项，如图 10-49 所示。

图 10-49　选择【新建】选项

❺ 在弹出的【新建 CSS 规则】对话框中，在【选择器名称】文本框中输入.guangyun，在

【选择器类型】中选择【类】，在【规则定义】中选择【仅限该文档】选项，如图 10-50 所示。

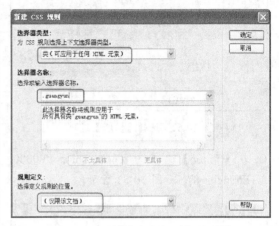

图 10-50　【新建 CSS 规则】对话框

❻ 单击【确定】按钮，弹出【.guangyun 的 CSS 样式定义】对话框，选择【分类】中的【类型】选项，将【font-family】设置为宋体，将【font-size】设置为 24，将【color】设置为#FFFFFF，如图 10-51 所示，单击【应用】按钮。

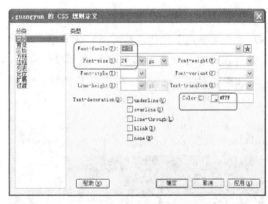

图 10-51　【.guangyun 的 CSS 规则定义】对话框

❼ 再选择【分类】中的【扩展】选项，【Filter】选择为 Glow(Color=, Strength=)，如图 10-52 所示。

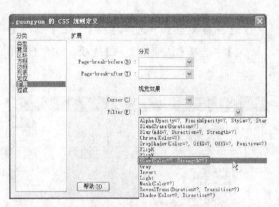

图 10-52　选择【扩展】选项

❽ 在【Filter】选择为 Glow(Color=FF0000, Strength=8)，如图 10-53 所示。

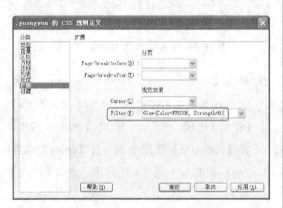

图 10-53　设置过滤

❾ 单击【确定】按钮，在文档中选中表格，然后在【CSS 样式】面板中单击新建的样式，在弹出的菜单中选择【应用】选项，如图 10-54 所示。

图 10-54　选择【应用】选项

提示　Glow 可以使文字产生边缘发光的效果，Glow 滤镜的语法格式为：Glow(Color=?, Strength=?)。Color 决定光晕的颜色，可以用 ffffff 的十六进制代码，或者用 blue、green 等表示；Strength 表示发光强度，范围为 0～225。

❿ 应用样式后，保存网页文档，按 F12 键即可在浏览器中预览动感文字效果，如图 10-45 所示。

10.5.4　应用 CSS 给文字添加边框

利用 CSS 样式可以给文字添加边框，效果如图 10-55 所示。具体操作步骤如下。

图 10-55　应用 CSS 给文字添加边框效果

原始文件	CH10/10.5.4/index.htm
最终文件	CH10/10.5.4/index1.htm

❶ 打开原始文件，如图 10-56 所示。

图 10-56　打开原始文件

❷ 选择【窗口】|【CSS 样式】命令，打开【CSS
样式】面板，在【CSS 样式】面板中单击鼠
标右键，在弹出的菜单中选择【新建】选项，
如图 10-57 所示。

图 10-57 选择【新建】选项

❸ 弹出的【新建 CSS 规则】对话框中，在【选
择器名称】文本框中输入.biankuang，在【选
择器类型】中选择【类】，在【规则定义】中
选择【仅限该文档】选项，如图 10-58 所示。

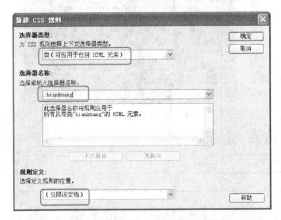

图 10-58 【新建 CSS 规则】对话框

❹ 单击【确定】按钮，弹出【.biankuang 的 CSS
规则定义】对话框，在【分类】中的【类型】
选项中，将【font-size】设置为 12 像素，将
【font-family】设置为宋体，将【line-height】
设置为 200%，将【color】设置为#000000，
如图 10-59 所示。

❺ 选择【分类】中的【边框】选项，【style】

全部设置为【groove】，【width】全部设置为
【thin】，【Color】全部设置为#E92E75，如图
10-60 所示。

图 10-59 【. biankuang 的 CSS 规则定义】对话框

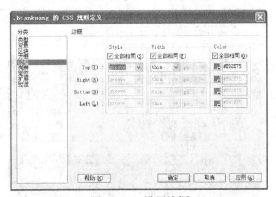

图 10-60 设置边框

❻ 单击【确定】按钮，在文档中选中表格，然
后在【CSS 样式】面板中套用新建的样式，
如图 10-61 所示。

图 10-61 应用 CSS 样式

❼ 保存文档，按 F12 键即可在浏览器中预览效
果，如图 10-55 所示。

10.6 课后练习

1. 填空题

（1）在 CSS 样式里包含了 W3C 规范定义的所有 CSS 属性，这些属性分为：_____、_____、_____、_____、_____、_____、_____、_____、_____ 9 个部分。

（2）灵活应用_____的特点并加以组合，能够得到许多意想不到的效果。它将把我们带入绚丽多姿的多媒体世界。正是有了_____，页面才变得更加漂亮。

参考答案：

（1）【类型】、【背景】、【区块】、【方框】、【边框】、【列表】、【定位】、【扩展】、【过渡】

（2）CSS 滤镜、滤镜属性

2. 操作题

（1）应用 CSS 改变文本间行距的效果如图 10-62 和图 10-63 所示。

原始文件	CH10/操作题 1/index.htm
最终文件	CH10/操作题 1/index1.htm

图 10-62　原始文件　　　　图 10-63　应用 CSS 改变文本间行距

（2）应用 CSS 创建动感光晕文字的效果如图 10-64 和图 10-65 所示。

原始文件	CH10/操作题 2/index.htm
最终文件	CH10/操作题 2/index1.htm

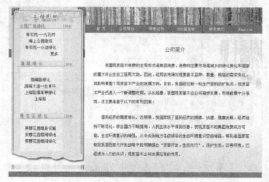
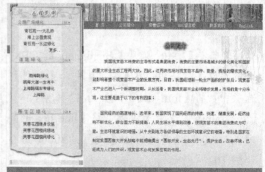

图 10-64　原始文件　　　　图 10-65　动感光晕文字

10.7 本章总结

制作网页时，对文本的格式化是一件很烦琐的工作。利用 CSS 样式（Cascading Style Sheets）不仅可以控制一篇文档中的文本格式，而且可以控制多篇文档的文本格式。因此使用 CSS 样式表定义页面文字，将会使工作量大大减小。

本章主要介绍了 CSS 样式表的基本知识及应用方法，包括如何建立 CSS 样式表、各类样式如何设置。最后，通过一些 CSS 实例美化网页，帮助用户掌握如何使用 CSS 样式表美化网页。通过本章学习，读者将掌握如何使用 CSS 样式表美化网站，以及如何进行后期更新维护的管理工作。

11

■ ■ ■ ■ ■ 第 11 章

CSS+Div 布局方法

CSS + Div 是网站标准中常用的术语之一，CSS 和 Div 的结构被越来越多的人采用，很多人都抛弃了表格而使用 CSS 来布局页面，它的好处很多，可以使结构简洁，定位更灵活，CSS 布局的最终目的是搭建完善的页面架构。通常在 XHTML 网站设计标准中，不再使用表格定位技术，而是采用 CSS+Div 的方式实现各种定位。

学习目标

- ☐ 认识 Div 的基本内容
- ☐ 掌握 CSS 定位的方法
- ☐ 掌握 CSS 布局理念
- ☐ 熟悉常见的布局类型

11.1 初识 Div

在 CSS 布局的网页中，<Div>与<Span>都是常用的标记，利用这两个标记，加上 CSS 对其样式的控制，可以很方便地实现网页的布局。

11.1.1 Div 概述

过去最常用的网页布局工具是<table>标签，它本是用来创建电子数据表的。由于<table>标签本来不是要用于布局的，因此设计师们不得不经常以各种不寻常的方式来使用这个标签——如把一个表格放在另一个表格的单元里面。这种方法的工作量很大，增加了大量额外的 HTML 代码，并使得后期很难修改设计。

而 CSS 的出现使得网页布局有了新的曙光。利用 CSS 属性，可以精确地设定元素的位置，还能将定位的元素叠放在彼此之上。当使用 CSS 布局时，主要把它用在 Div 标签上，<Div>与</Div>之间相当于一个容器，可以放

置段落、表格和图片等各种 HTML 元素。

Div 是用来为 HTML 文档内大块的内容提供结构和背景的元素。Div 的起始标签和结束标签之间的所有内容都是用来构成这个块的，其中所包含元素的特性由 Div 标签的属性，或通过使用 CSS 来控制的。

11.1.2 Div 与 Span 的区别

Div 标记早在 HTML3.0 时代就已经出现，但那时并不常用，直到 CSS 的出现，才逐渐发挥出它的优势。而 Span 标记直到 HTML 4.0 时才被引入，它是专门针对样式表而设计的标记。

Div 简单而言是一个区块容器标记，即<Div>与</Div>之间相当于一个容器，可以容纳段落、标题、表格、图片，乃至章节、摘要

和备注等各种 HTML 元素。因此，可以把<Div>与</Div>中的内容视为一个独立的对象，用于CSS 的控制。声明时只需要对 Div 进行相应的控制，其中的各标记元素都会因此而改变。

Span 是行内元素，Span 的前后是不会换行的，它没有结构的意义，纯粹是应用样式，当其他行内元素都不合适时，可以使用 Span。

下面通过一个实例说明 Div 与 Span 的区别，代码如下。

```
<!DOCTYPE html PUBLIC "-//W3C//DTD
XHTML 1.0 Transitional//EN"
    "http://www.w3.org/TR/xhtml1/DTD/x
html1-transitional.dtd">
    <html
xmlns="http://www.w3.org/1999/xhtml">
    <head>
    <meta        http-equiv="Content-Type"
content="text/html; charset=gb2312" />
    <title>Div 与 Span 的区别</title>
      <style type="text/css">
      .t {
        font-weight: bold;
        font-size: 16px;
    }
      .t {
        font-size: 14px;
        font-weight: bold;
    }
      </style>
    </head>
    <body>
        <p class="t">div 标记不同行：</p>
        <div><img src="tu1.jpg" vspace=
"1" border="0"></div>
        <div><img src="tu2.jpg" vspace="1"
border="0"></div>
        <div><img src="tu3.jpg" vspace="1"
border="0"></div>
        <p class="t">span 标记同一行：</p>
        <span><img src="tu1.jpg" border=
"0"></span>
        <span><img src="tu2.jpg" border=
"0"></span>
        <span><img src="tu3.jpg" border=
"0"></span>
    </body>
    </html>
```

在浏览器中浏览效果如图 11-1 所示。

正是由于两个对象不同的显示模式，因此

在实际使用过程中决定了两个对象的不同用途。Div 对象是一个大的块状内容，如一大段文本、一个导航区域和一个页脚区域等显示为块状的内容。

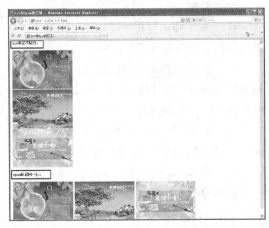

图 11-1　Div 与 Span 的区别

而作为内联对象的 Span，用途是对行内元素进行结构编码以方便样式设计，例如在一大段文本中，需要改变其中一段文本的颜色，可以将这一小部分文本使用 Span 对象，并进行样式设计，这将不会改变这一整段文本的显示方式。

11.1.3　Div 与 CSS 布局优势

掌握基于 CSS 的网页布局方式，是实现Web 标准的基础。在主页制作时采用CSS技术，可以有效地对页面的布局、字体、颜色、背景和其他效果实现更加精确的控制。只要对相应的代码做一些简单的修改，就可以改变网页的外观和格式。采用 CSS 布局有以下优点。

● 大大缩减页面代码，提高页面浏览速度，缩减带宽成本。

● 结构清晰，容易被搜索引擎搜索到。

● 缩短改版时间，只要简单地修改几个CSS 文件就可以重新设计一个拥有成百上千页面的站点。

● 强大的字体控制和排版能力。

● CSS 非常容易编写，可以像写 html

代码一样轻松编写 CSS。

　　● 提高易用性，使用 CSS 可以结构化 HTML，如<p>标记只用来控制段落，heading 标记只用来控制标题，table 标记只用来表现格式化的数据等。

　　● 表现和内容相分离，将设计部分分离出来放在一个独立样式文件中。

　　● 更方便搜索引擎的搜索，用只包含结构化内容的 HTML 代替嵌套的标记，搜索引擎将更有效地搜索到内容。

　　● table 布局灵活性不大，只能遵循 table、tr 和 td 的格式，而 Div 可以有各种格式。

　　● 在 table 布局中，垃圾代码会很多，一些修饰的样式及布局的代码混合在一起，很

不直观。而 Div 更能体现样式和结构相分离，结构的重构性强。

　　● 在几乎所有的浏览器上都可以使用。

　　● 以前一些必须通过图片转换实现的功能，现在只要用 CSS 就可以轻松实现，从而更快地下载页面。

　　● 使页面的字体变得更漂亮，更容易编排，使页面真正赏心悦目。

　　● 可以轻松地控制页面的布局。

　　● 可以将许多网页的风格格式同时更新。不用再一页一页地更新了。可以将站点上所有的网页风格都使用一个 CSS 文件进行控制，只要修改这个 CSS 文件中相应的行，那么整个站点的所有页面都会随之发生变动。

11.2　CSS 定位

　　CSS 对元素的定位包括相对定位和绝对定位，同时，还可以把相对定位和绝对定位结合起来，形成混合定位。

11.2.1　盒子模型的概念

　　如果想熟练掌握 Div 和 CSS 的布局方法，首先要对盒模型有足够的了解。盒子模型是 CSS 布局网页时非常重要的概念，只有很好地掌握了盒子模型以及其中每个元素的使用方法，才能真正的布局网页中各个元素的位置。

　　所有页面中的元素都可以看作一个装了东西的盒子，盒子里面的内容到盒子的边框之间的距离即填充（padding），盒子本身有边框（border），而盒子边框外和其他盒子之间，还有边界（margin）。

　　一个盒子由 4 个独立部分组成，如图 11-2 所示。

　　最外面的是边界（margin）。第二部分是边框（border），边框可以有不同的样式。第三部分是填充（padding），填充用来定义内容区域与边框（border）之间的空白。第四部分是内容区域。

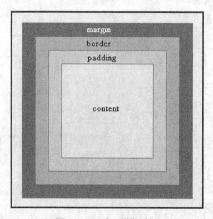

图 11-2　盒子模型图

　　填充、边框和边界都分为"上、右、下、左" 4 个方向，既可以分别定义，也可以统一定义。当使用 CSS 定义盒子的 width 和 height 时，定义的并不是内容区域、填充、边框和边界所占的总区域，实际上定义的是内容区域 content 的 width 和 height。为了计算盒子所占的实际区域必须加上 padding、border 和 margin。

实际宽度=左边界+左边框+左填充+内容宽度（width）+右填充+右边框+右边界。实际高度=上边界+上边框+上填充+内容高度（height）+下填充+下边框+下边界。

11.2.2　float 定位

float 属性定义元素在哪个方向浮动。以往这个属性应用于图像，使文本围绕在图像周围，不过在 CSS 中，任何元素都可以浮动。浮动元素会生成一个块级框，而不论它本身是何种元素。float 是相对定位的，会随着浏览器的大小和分辨率的变化而改变。float 浮动属性是元素定位中非常重要的属性，常常通过对 Div 元素应用 float 浮动来进行定位。

语法：

```
float:none|left|right
```

说明：

none 是默认值，表示对象不浮动；left 表示对象浮在左边；right 表示对象浮在右边。

CSS 允许任何元素浮动 FLOAT，不论是图像、段落还是列表。无论先前元素是什么状态，浮动后都成为块级元素。浮动元素的宽度默认为 auto。

如果 float 取值为 none 或没有设置 float 时，不会发生任何浮动，块元素独占一行，紧随其后的块元素将在新行中显示。其代码如下所示，在浏览器中浏览如图 11-3 所示的网页时，可以看到由于没有设置 Div 的 float 属性，因此每个 Div 都单独占一行，两个 Div 分两行显示。

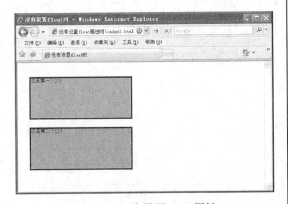

图 11-3　没有设置 float 属性

```html
<html xmlns="http://www.w3.org/1999/xhtml">
    <head>
    <meta http-equiv="Content-Type" content="text/html; charset=gb2312" />
    <title>没有设置 float 时</title>
    <style type="text/css">
        #content_a        {width:250px; height:100px; border:3px solid #000000; margin:20px; background: #F90;}
        #content_b        {width:250px; height:100px; border:3px solid #000000; margin:20px;     background:     #6C6;}
</style>
    </head>
    <body>
        <div id="content_a">这是第一个 DIV</div>
        <div id="content_b">这是第二个 DIV</div>
    </body>
    </html>
```

下面修改一下代码，使用 float:left 对 content_a 应用向左的浮动，而 content_b 不应用任何浮动。其代码如下所示，在浏览器中浏览效果如图 11-4 所示，可以看到对 content_a 应用向左的浮动后，content_a 向左浮动，content_b 在水平方向紧跟着它的后面，两个 Div 占一行，在一行上并列显示。

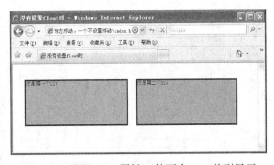

图 11-4　设置 float 属性，使两个 Div 并列显示

11.2.3　position 定位

position 的原意为位置、状态和安置。在 CSS 布局中，position 属性非常重要，很多特殊容器的定位必须用 position 来完成。position 属性有 4 个值，分别是 static、absolute、fixed 和 relative，static 是默认值，代表无定位。

定位（position）允许用户精确定义元素框出现的相对位置、可以相对于它通常出现的位置、相对于其上级元素、相对于另一个元素或者相对于浏览器视窗本身。每个显示元素都可以用定位的方法来描述，而其位置是由此元素的包含块来决定的。

语法：

```
Position: static | absolute | fixed |
relative
```

static 表示默认值，无特殊定位，对象遵循 HTML 定位规则；absolute 表示采用绝对定位，需要同时使用 left、right、top 和 bottom 等属性进行绝对定位。而其层叠通过 z-index 属性定义，此时对象不具有边框，但仍有填充和边框。fixed 表示当页面滚动时，元素保持在浏览器视区内，其行为类似 absolute。relative 表示采用相对定位，对象不可层叠，但将依据 left、right、top 和 bottom 等属性设置在页面中的偏移位置。

11.3　CSS 布局理念

无论使用表格还是 CSS，网页布局都把大块的内容放进网页的不同区域里面。有了 CSS，最常用来组织内容的元素就是 <div> 标签。CSS 排版是一种很新的排版理念，首先要将页面使用 <div> 整体划分为几个板块，然后对各个板块进行 CSS 定位，最后在各个板块中添加相应的内容。

11.3.1　将页面用 Div 分块

在利用 CSS 布局页面时，首先要有一个整体的规划，包括整个页面分成哪些模块，各个模块之间的父子关系等。以最简单的框架为例，页面由 Banner、主体内容（content）、菜单导航（links）和脚注（footer）几个部分组成，各个部分分别用自己的 id 来标识，如图 11-5 所示。

实例中每个板块都是一个 <div>，这里直接使用 CSS 中的 id 来表示各个板块，页面的所有 Div 块都属于 container。一般的 Div 排版都会在最外面加上这个父 Div，便于对页面的整体进行调整，对于每个 Div 块，还可以再加入各种元素或行内元素。

11.3.2　设计各块的位置

当页面的内容已经确定后，则需要根据内容本身考虑整体的页面布局类型，如是单栏、双栏或三栏等，这里采用的布局如图 11-6 所示。

图 11-5　页面内容框架

页面中的 HTML 框架代码如下所示。

```
<div id="container">container
<div id="banner">banner</div>
  <div id="content">content</div>
  <div id="links">links</div>
  <div id="footer">footer</div>
</div>
```

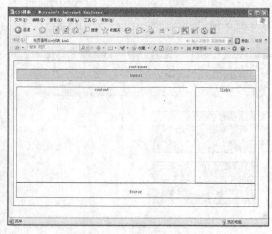

图 11-6　简单的页面框架

由图 11-6 可以看出，在页面外部有一个整体的框架 container。banner 位于页面整体框架中的最上方，content 与 links 位于页面的中部，其中 content 占据着页面的绝大部分，最下面是页面的脚注 footer。

11.3.3　用 CSS 定位

整理好页面的框架后，就可以利用 CSS 对各个板块进行定位，实现对页面的整体规划，然后再往各个板块中添加内容。

下面首先对 body 标记与 container 父块进行设置，CSS 代码如下所示。

```
body {
    margin:10px;
    text-align:center;
}
#container{
    width:900px;
    border:2px solid #000000;
    padding:10px;
}
```

上面代码设置了页面的边界、页面文本的对齐方式，以及将父块的宽度设置为 900px。下面来设置 banner 板块，其 CSS 代码如下所示。

```
#banner{
    margin-bottom:5px;
    padding:10px;
    background-color:#a2d9ff;
    border:2px solid #000000;
    text-align:center;
}
```

这里设置了 banner 板块的边界、填充、背景颜色等。

下面利用 float 方法将 content 移动到左侧，links 移动到页面右侧，这里分别设置了这两个板块的宽度和高度，读者可以根据需要自己调整。

```
#content{
    float:left;
    width:600px;
    height:300px;
    border:2px solid #000000;
    text-align:center;
}
#links{
    float:right;
    width:290px;
    height:300px;
    border:2px solid #000000;
    text-align:center;
}
```

由于 content 和 links 对象都设置了浮动属性，因此 footer 需要设置 clear 属性，使其不受浮动的影响，代码如下所示。

```
#footer{
    clear:both;     /* 不受 float 影响 */
    padding:10px;
    border:2px solid #000000;
    text-align:center;
}
```

这样，页面的整体框架便搭建好了，这里需要指出的是 content 块中不能放置宽度过长的元素，如很长的图片或不换行的英文等，否则 links 将再次被挤到 content 下方。

特别的，如果后期维护时希望 content 的位置与 links 对调，仅仅只需要将 content 和 links 属性中的 left 和 right 改变。这是传统的排版方式所不可能简单实现的，也正是 CSS 排版的魅力之一。

另外，如果 links 的内容比 content 的长，在 Internet Explorer 浏览器上 footer 就会贴在 content 下方而与 links 出现重合。

11.4　常见的布局类型

现在一些比较知名的网页设计全部采用的 Div+CSS 来排版布局，Div+CSS 的好处可以使 HTML 代码更整齐，更容易使人理解，而且在浏览时的速度也比传统的布局方式快，最重要的是它的可控性要比表格强得多。下面介绍常见的布局类型。

11.4.1　一列固定宽度

一列式布局是所有布局的基础，也是最简单的布局形式。一列固定宽度中，宽度的属性值是固定像素。下面举例说明一列固定宽度的布局方法，具体步骤如下。

❶ 在 HTML 文档的<head>与</head>之间相应的位置输入定义的 CSS 样式代码，如下所示。

```
<style>
#Layer{
    background-color:#00cc33;
    border:3px solid #ff3399;
    width:500px;
    height:350px;
}
</style>
```

提示　使用 background-color:#00cc33；将 Div 设定为绿色背景，并使用 border:3 solid #ff3399；将 Div 设置了粉红色的 3px 宽度的边框，使用 width:500px；设置宽度为 500 像素固定宽度，使用 height:350px；设置高度为 350 像素。

❷ 然后在 HTML 文档的<body>与<body>之间的正文中输入以下代码，给 Div 使用了 layer 作为 id 名称。

```
<div id="Layer">1 列固定宽度</div>
```

❸ 在浏览器中浏览，由于是固定宽度，无论怎样改变浏览器窗口大小，Div 的宽度都不改变，如图 11-7 和图 11-8 所示。

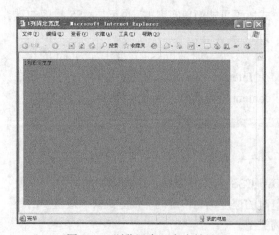

图 11-7　浏览器窗口变小效果

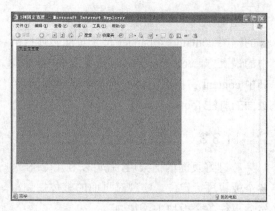

图 11-8　浏览器窗口变大效果

11.4.2　一列自适应

自适应布局是在网页设计中常见的一种布局形式，自适应的布局能够根据浏览器窗口的大小，自动改变其宽度或高度值，是一种非常灵活的布局形式，良好的自适应布局网站对不同分辨率的显示器都能提供最佳的显示效果。自适应布局需要将宽度由固定值改为百分比。下面是一列自适应布局的 CSS 代码。

```
<style>
#Layer{
    background-color:#00cc33;
    border:3px solid #ff3399;
    width:60%;
    height:60%;
}
</style>
<body>
<div id="Layer">1 列自适应</div>
</body>
</html>
```

这里将宽度和高度值都设置为 60%，从浏览效果中可以看到，Div 的宽度已经变为浏览器宽度 60%的值，当扩大或缩小浏览器窗口大小时，其宽度和高度还将维持在与浏览器当前宽度比例的 60%，如图 11-9 所示。

11.4.3　两列固定宽度

两列固定宽度非常简单，两列的布局需要用到两个 Div，分别为两个 Div 的 id 设置为 left

与 right，表示两个 Div 的名称。首先为它们制定宽度，然后让两个 Div 在水平线中并排显示，从而形成两列式布局，具体步骤如下。

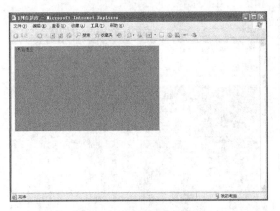

图 11-9　一列自适应布局

❶ 在 HTML 文档的<head>与</head>之间相应的位置输入定义的 CSS 样式代码，如下所示。

```
<style>
#left{
    background-color:#00cc33;
    border:1px solid #ff3399;
    width:250px;
    height:250px;
    float:left;
    }
#right{
    background-color:#ffcc33;
    border:1px solid #ff3399;
    width:250px;
    height:250px;
    float:left;
}
</style>
```

> **提示**　left 与 right 两个 Div 的代码与前面类似，两个 Div 使用相同宽度实现两列式布局。float 属性是 CSS 布局中非常重要的属性，用于控制对象的浮动布局方式，大部分 Div 布局基本上都通过 float 的控制来实现的。

❷ 然后在 HTML 文档的<body>与<body>之间的正文中输入以下代码，给 Div 使用 left 和 right 作为 id 名称。

```
<div id="left">左列</div>
<div id="right">右列</div>
```

❸ 在浏览器中浏览效果，图 11-10 所示的是两列固定宽度布局。

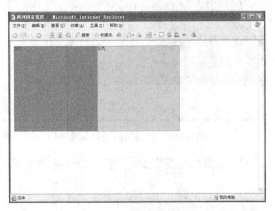

图 11-10　两列固定宽度布局

11.4.4　两列宽度自适应

下面使用两列宽度自适应性，以实现左右列宽度能够做到自动适应，设置自适应主要通过宽度的百分比值设置，CSS 代码修改为如下。

```
<style>
#left{
    background-color:#00cc33;
    border:1px solid #ff3399;
    width:60%;
    height:250px;
    float:left;
    }
#right{
    background-color:#ffcc33;
    border:1px solid #ff3399;
    width:30%;
    height:250px;
    float:left;
}
</style>
```

这里主要修改了左列宽度为 60%，右列宽度为 30%。在浏览器中浏览效果如图 11-11 和图 11-12 所示，无论怎样改变浏览器窗口大小，左右两列的宽度与浏览器窗口的百分比都不改变。

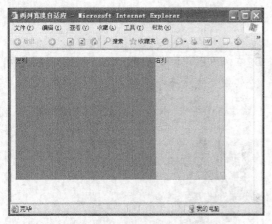

图 11-11　浏览器窗口变小效果

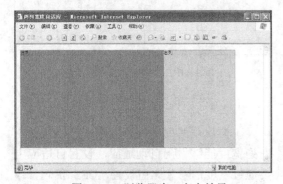

图 11-12　浏览器窗口变大效果

11.4.5　两列右列宽度自适应

在实际应用中，有时候需要右列固定宽度，右列根据浏览器窗口大小自动适应。在 CSS 中只要设置在左列的宽度即可，如上例中左右列都采用了百分比实现了宽度自适应，这里只要将左列宽度设定为固定值，右列不设置任何宽度值，并且右列不浮动，CSS 样式代码如下。

```
<style>
#left{
    background-color:#00cc33;
    border:1px solid #ff3399;
    width:200px;
    height:250px;
    float:left;
    }
#right{
    background-color:#ffcc33;
    border:1px solid #ff3399;
    height:250px;
    }
```

</style>

这样，左列将呈现 200px 的宽度，而右列将根据浏览器窗口大小自动适应，如图 11-13 和图 11-14 所示。

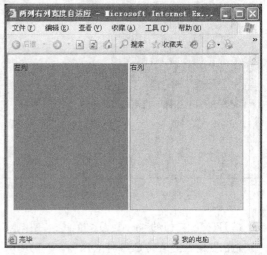

图 11-13　右列宽度

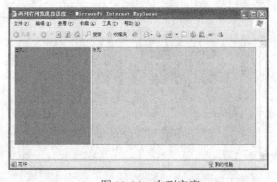

图 11-14　右列宽度

11.4.6　三列浮动中间宽度自适应

使用浮动定位方式，从一列到多列的固定宽度及自适应，基本上可以简单完成，包括三列的固定宽度。而在这里给我们提出了一个新的要求，希望有一个三列式布局，基中左列要求固定宽度，并居左显示，右列要求固定宽度并居右显示，而中间列需要在左列和右列的中间，根据左右列的间距变化自动适应。

在开始这样的三列布局之前，有必要了解一个新的定位方式——绝对定位。前面的浮动定位方式主要由浏览器根据对象的内容自动进行浮动方向的调整，但是当这种方式不能满足定位需求时，就需要新的方法来实现，CSS 提供的除去浮动定位之外的另一种定位方式就是绝对定位，绝对定位使用 position 属性来实现。

下面讲述三列浮动中间宽度自适应布局的创建，具体操作步骤如下。

❶ 在 HTML 文档的<head>与</head>之间相应的位置输入定义的 CSS 样式代码，如下所示。

```
<style>
body{
    margin:0px;
}
#left{
    background-color:#00cc00;
    border:2px solid #333333;
    width:100px;
    height:250px;
    position:absolute;
    top:0px;
    left:0px;
}
#center{
    background-color:#ccffcc;
    border:2px solid #333333;
    height:250px;
    margin-left:100px;
    margin-right:100px;
}
#right{
    background-color:#00cc00;
    border:2px solid #333333;
    width:100px;
    height:250px;
    position:absolute;
```

```
    right:0px;
    top:0px;
}
</style>
```

❷ 然后在 HTML 文档的<body>与<body>之间的正文中输入以下代码，给 Div 使用 left、right 和 center 作为 id 名称。

```
<div id="left">左列</div>
<div id="center">右列</div>
<div id="right">右列</div>
```

❸ 在浏览器中浏览，如图 11-15 和图 11-16 所示，随着浏览器窗口的改变，中间宽度是变化的。

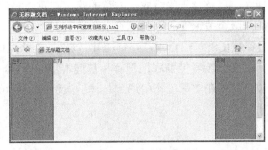

图 11-15　中间宽度自适应

图 11-16　中间宽度自适应

11.5　课后练习

1. 填空题

（1）过去最常用的网页布局工具是_____标签，它本是用来创建电子数据表的。利用 CSS 属性，可以精确地设定元素的位置，还能将定位的元素叠放在彼此之上。当使用 CSS 布局时，主要把它用在_____标签上。

（2）CSS 对元素的定位包括_____定位和_____定位，同时，还可以把相对定位和绝对定位结合起来，形成混合定位。

（3）_____属性定义元素在哪个方向浮动。以往这个属性应用于图像，使文本围绕在图像周围，不过在 CSS 中，任何元素都可以浮动。

参考答案：

（1）<table>、Div

（2）相对、绝对

（3）float

2．简答题

简单概述 Div 与 CSS 布局的优势。

11.6 本章总结

盒子模型是 CSS 控制页面的基础，学习完本章之后，读者应该能够清楚的理解盒子的含义是什么，以及盒子的组成。本章的难点与重点是浮动和定位这两个重要的性质，它们对于复杂的页面排版至关重要。因此尽管本章的案例都很小，但是如果读者不能深刻理解蕴含在其中的道理，复杂的 CSS 与 Div 布局网页案例效果是无法完成的。

希望读者能彻底地理解和掌握本章的内容，就需要反复多实验几次，把本章的实例彻底搞清楚。这样在实际工作中遇到具体的案例时，就可以灵活地选择解决方法。

第 12 章
使用模板和库提高网页
制作效率

如果想让站点保持统一的风格或站点中多个文档包含相同的内容，一一对其进行编辑，未免过于麻烦。为了提高网站的制作效率，Dreamweaver 提供了模板和库，可以使整个网站的页面设计风格一致，使网站维护轻松。只要改变模板，就能自动更改所有基于这个模板创建的网页。

学习目标
- ☐ 掌握创建模板的方法
- ☐ 了解使用模板的方法
- ☐ 掌握管理模板的技巧
- ☐ 掌握创建与应用库项目的内容

12.1 创建模板

在 Dreamweaver 中，可以将现有的 HTML 文档保存为模板，然后根据需要加以修改，或创建一个空白模板，在其中输入需要的文档内容。模板实际上也是文档，它的扩展名为.dwt，并存放在根目录的模板文件夹中。

12.1.1 直接创建模板

直接创建模板的具体操作步骤如下。

❶ 选择【文件】|【新建】命令，弹出【新建文档】对话框，在对话框中选择【空白页】选项卡中的【页面类型】|【HTML 模板】|【无】选项，如图 12-1 所示。

❷ 单击【创建】按钮，即可创建一个模板网页，如图 12-2 所示。

提示 不能将 Templates 文件移到本地根文件夹之外，这样做将在模板中的路径中引起错误。此外，也不要将模板移动到 Templates 文件夹之外或者将任何非模板文件放在 Templates 文件夹中。

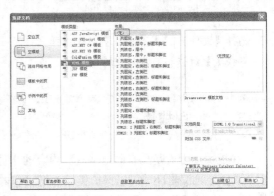

图 12-1 【新建文档】对话框

图 12-2　创建模板网页

12.1.2　从现有文档创建模板

从现有文档创建模板的具体操作步骤如下。

原始文件	CH12/12.1.2/index.htm
最终文件	CH12/12.1.2/Templates/moban.dwt

❶ 打开原始文件，如图 12-3 所示。

图 12-3　打开原始文件

❷ 选择【文件】|【另存模板】命令，弹出【另存模板】对话框，在对话框中的【站点】下

拉列表中选择保存模板的站点，在【另存为】文本框中输入 moban，如图 12-4 所示。

图 12-4　【另存模板】对话框

❸ 单击【保存】按钮，弹出 Dreamweaver 提示框，如图 12-5 所示。

图 12-5　Dreamweaver 提示框

❹ 单击【是】按钮，即可将文档另存为模板，如图 12-6 所示。

图 12-6　另存为模板

12.2　使用模板

模板实际上就是具有固定格式和内容的文件，文件扩展名为.dwt。模板的功能很强大，通过定义和锁定可编辑区域可以保护模板的格式和内容不会被修改，只有在可编辑区域中才能输入新的内容。模板最大的作用就是可以创建统一风格的网页文件，在模板内容发生变化后，可以同时更新站点中所有使用到该模板的网页文件，不需要逐一修改。

12.2.1 定义可编辑区

在模板中，可编辑区域是页面的一部分，对于基于模板的页面，能够改变可编辑区域中的内容。默认情况下，新创建的模板所有区域都处于锁定状态，因此，要使用模板，必须将模板中的某些区域设置为可编辑区域。创建可编辑区域的具体操作步骤如下。

❶ 打开上节创建的模板网页，如图 12-7 所示。

图 12-7　打开模板网页

❷ 将光标放置在要插入可编辑区域的位置，选择【插入】|【模板对象】|【可编辑区域】命令，弹出【新建可编辑区域】对话框，如图 12-8 所示。

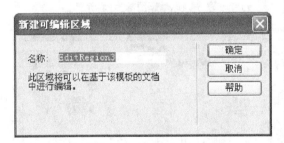

图 12-8　【新建可编辑区域】对话框

❸ 单击【确定】按钮，插入可编辑区域，如图 12-9 所示。

提示　单击【常用】插入栏中的按钮，在弹出的菜单中选择按钮，弹出【新建可编辑区域】对话框，插入可编辑区域。

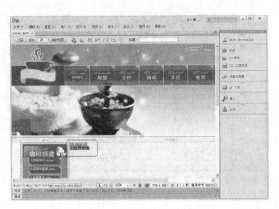

图 12-9　插入可编辑区域

12.2.2 定义新的可选区域

可选区域是设计者在模板中定义为可选的部分，用于保存有可能在基于模板的文档中出现的内容。定义新的可选区域的具体操作步骤如下。

❶ 选择【插入】|【模板对象】|【可选区域】命令，或者单击【常用】插入栏【模板】按钮右边的小三角图标，在弹出的子菜单中单击【可选区域】按钮，弹出【新建可选区域】对话框，如图 12-10 所示。

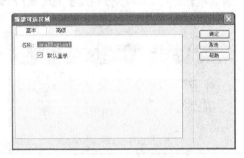

图 12-10　【新建可选区域】对话框

❷ 在【新建可选区域】对话框的【名称】文本框中输入这个可选区域的名称，如果选中【默认显示】复选框，单击【确定】按钮，即可创建一个可选区域。

❸ 单击【高级】选项卡，打开【高级】选项，在其中进行设置，如图 12-11 所示。

提示　可选区域并不是可编辑区域，它仍然是被锁定的。当然也可以将可选区域设置为可编辑区域，两者并不冲突。

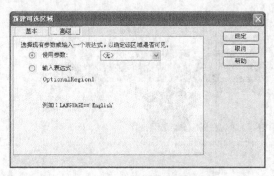

图 12-11 【高级】选项

12.2.3 定义重复区域

重复区域指的是在文档中可能会重复出现的区域,对于经常从事动态页面设置的用户来说,这个概念很熟悉。在静态页面中,重复区域的概念在模板中常被用到,如果不使用模板创建页面,很少在静态页面中用到这一概念。

定义重复区域的具体步骤如下。

❶ 选择【插入】|【模板对象】|【重复区域】命令,或者单击常用插入栏【模板】按钮 右边的小三角图标,在弹出的子菜单中单击【重复区域】 按钮,打开【新建重复区域】对话框,如图 12-12 所示。

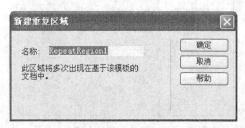

图 12-12 【新建重复区域】对话框

❷ 在对话框中【名称】文本框中输入名称,单击【确定】按钮,即可创建重复区域。

12.2.4 基于模板创建网页

模板最强大的用途之一在于一次更新多个页面。从模板创建的文档与该模板保持连接状态。可以修改模板并立即更新基于该模板的所有文档中的设计。使用模板可以快速创建大量风格一致的网页,利用模板创建新网页的效

果如图 12-13 所示。具体操作步骤如下。

图 12-13 利用模板创建新网页的效果

原始文件	CH12/12.2.4/Templates/moban.dwt
最终文件	CH12/12.2.4/index1.htm

❶ 选择【文件】|【新建】命令,弹出【新建文档】对话框,在对话框中选择【模板中的页】选项卡中的【站点 12.2.4】|【站点"12.2.4":的模板】选项,如图 12-14 所示。

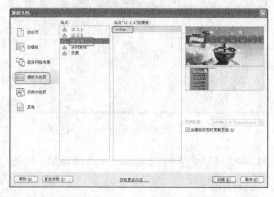

图 12-14 【新建文档】对话框

❷ 单击【创建】按钮,创建一个模板网页,如图 12-15 所示。

图 12-15 创建模板网页

❸ 选择【文件】|【保存】命令，弹出【另存为】对话框，在【文件名】文本框中输入 index1.htm，如图 12-16 所示。

图 12-16 【另存为】对话框

❹ 单击【保存】按钮，保存文档，将光标放置在可编辑区域中，选择【插入】|【表格】命令，插入 2 行 1 列的表格，此表格记为表格 1，如图 12-17 所示。

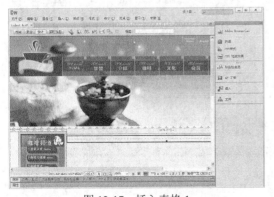

图 12-17 插入表格 1

❺ 将光标置于表格 1 的第 1 行单元格，选择【插

入】|【图像】命令，插入图像 kf3.gif，如图 12-18 所示。

图 12-18 插入图像

❻ 将光标放置在表格 1 的第 2 行单元格中，插入 3 行 3 列的表格，将【表格宽度】设置为 98%，此表格记为表格 2，如图 12-19 所示。

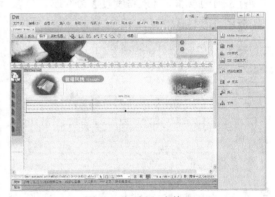

图 12-19 插入表格 2

❼ 将光标放置在表格 2 的第 1 行第 1 列单元格中，合并第 1 行单元格，选择【插入】|【图像】命令，插入图像 riht1.jpg，如图 12-20 所示。

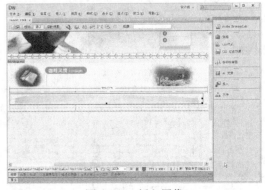

图 12-20 插入图像

❽ 将光标置于表格2的第2行第1列单元格中，打开代码视图，在代码视图中输入背景图像 background=kuan_04.gif，如图12-21所示。

图12-21　输入背景图像

❾ 将光标置于表格2的第2行第2列单元格中，选择【插入】|【表格】命令，插入1行1列的表格，【表格宽度】为95%，此表格记为表格3，如图12-22所示。

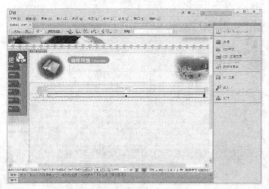

图12-22　插入表格3

❿ 将光标置于刚插入的表格中，输入相应的文本，如图12-23所示。

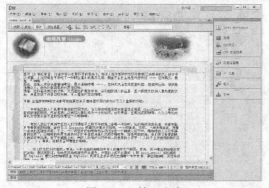

图12-23　输入文本

⓫ 将光标置于表格2的第2行第3列单元格中，在代码视图中输入背景图像kuan_06.gif，如图12-24所示。

图12-24　输入背景图像

⓬ 将光标置于表格2的第3行第1列单元格中，插入图像kuan_07.gif，如图12-25所示。

图12-25　插入图像

⓭ 将光标置于表格2的第3行第2列单元格中，插入图像kuan_08.gif，如图12-26所示。

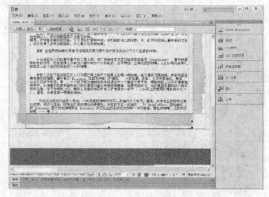

图12-26　插入图像

⓮ 将光标置于表格2的第3行第3列单元格中，插入图像kuan_09.gif，如图12-27所示。

图 12-27　插入图像

⓯ 选择【文件】|【保存】命令，保存文档，按 F12 键即可在浏览器中预览效果，如图 12-13 所示。

12.3　管理模板

在 Dreamweaver 中，可以对模板文件进行各种管理操作，如重命名、删除等。

12.3.1　更新模板

在通过模板创建文档后，文档就同模板密不可分了。以后每次修改模板后，都可以利用 Dreamweaver 的站点管理特性，自动对这些文档进行更新，从而改变文档的风格。

最终文件	CH12/12.3.1/indexl.htm

❶ 打开模板文档，选中图像，在【属性】面板中【链接】选择矩形热点工具，如图 12-28 所示。

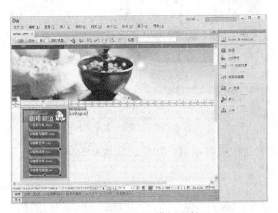

图 12-28　打开模板文档

❷ 在图像上绘制矩形热点，并输入相应的链接，如图 12-29 所示。

图 12-29　绘制热点

❸ 选择【文件】|【保存】命令，弹出【更新模板文件】对话框，在该对话框中显示要更新的网页文档，如图 12-30 所示。

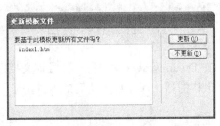

图 12-30　【更新模板文件】对话框

❹ 单击【更新】按钮，弹出【更新页面】对话框，如图 12-31 所示。

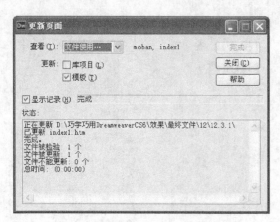

图 12-31 【更新页面】对话框

❺ 打开利用模板创建的文档，可以看到文档已经更新的效果，如图 12-32 所示。

图 12-32 更新文档

12.3.2 从模板中脱离

若要更改基于模板的文档的锁定区域，必须将该文档从模板中分离。将文档分离之后，整个文档都将变为可编辑的。

原始文件	CH12/12.3.2/index.htm
最终文件	CH12/12.3.2/index1.htm

❶ 打开模板网页文档，选择【修改】|【模板】|【从模板中分离】命令，如图 12-33 所示。

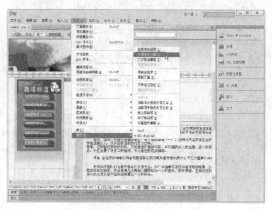

图 12-33 选择【从模板中分离】命令

❷ 选择命令后，即可从模板中分离出来，如图 12-34 所示。

图 12-34 从模板中分离出来

12.4 创建与应用库项目

在 Dreamweaver 中，另一种维护文档风格的方法是使用库项目。如果说模板从整体上控制了文档风格的话，库项目则从局部上维护了文档的风格。

12.4.1 关于库项目

库是一种用来存储想要在整个网站上经常重复使用或更新的页面元素（如图像、文本和其他对象）的方法，这些元素称为库项目。

使用库的意义：使用 Dreamweaver 的库，就可以通过改动库更新所有采用库的网页，不用一个一个的修改网页元素或者重新制作网页。使用库比使用模板具有更大的灵活性。

12.4.2 创建库项目

可以先创建新的库项目，然后再编辑其中的内容，也可以将文档中选中的内容作为库项目保存。创建库项目的具体操作步骤如下。

最终文件	CH12/12.4.2/top.lbi

❶ 选择【文件】|【新建】命令，弹出【新建文档】对话框，在对话框中选择【空白页】中的【库项目】选项，如图 12-35 所示。

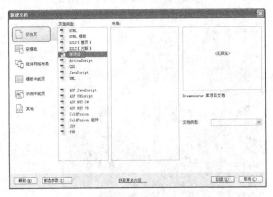

图 12-35 【新建文档】对话框

❷ 单击【创建】按钮，创建一个库文档，如图 12-36 所示。

图 12-36 创建库文档

❸ 选择【文件】|【保存】命令，弹出【另存为】对话框，在【文件名】文本框中输入 top.lbi，在【保存类型】中选择【库文件*.lbi】，如图 12-37 所示。

❹ 将光标置于文档中，选择【插入】|【表格】

命令，插入 3 行 1 列的表格，将【表格宽度】设置为 1008 像素，如图 12-38 所示。

图 12-37 【另存为】对话框

图 12-38 插入表格

❺ 将光标置于表格的第 1 行单元格中，打开代码视图，在代码中输入背景图像 background= images/top_02.gif，如图 12-39 所示。

图 12-39 输入背景图像

❻ 将光标置于表格的第 2 行单元格中，选择
【插入】|【图像】命令，插入图像 top.jpg，
如图 12-40 所示。

图 12-40　插入图像

❼ 将光标置于表格的第 3 行单元格中，选择
【插入】|【表格】命令，插入 1 行 11 列的
单元格，如图 12-41 所示。

图 12-41　插入表格

❽ 将光标置于刚插入的于表格中，分别插入相
应的导航图像，如图 12-42 所示。

图 12-42　插入图像

❾ 选择【文件】|【保存】命令，保存库文件。

12.4.3　应用库项目

将库项目应用到文档，实际内容以及对项
目的引用就会被插入到文档中。在文档中应用
库项目的具体操作步骤如下。

原始文件	CH12/12.4.3/index.htm
最终文件	CH12/12.4.3/index1.htm

❶ 打开原始文件，如图 12-43 所示。

图 12-43　打开原始文件

❷ 打开【资源】面板，在该面板中选择创建好
的库文件，单击　插入　按钮，如图 12-44
所示。

图 12-44　插入库文件

❸ 将库文件插入到文档中，如图 12-45 所示。

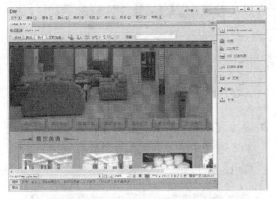

图 12-45　插入库文件

> **提示**
> 如果希望仅仅添加库项目内容对应的代码，而不希望它作为库项目出现，则可以按住 Ctrl 键，再将相应的库项目从【资源】面板中拖到文档窗口。这样插入的内容就以普通文档的形式出现。

12.4.4　修改库项目

和模板一样，通过修改某个库项目来修改整个站点中所有应用该库项目的文档，实现统一更新文档风格。

❶ 打开库文件，在新闻中心上绘制矩形热区，在【属性】面板中【链接】文本框中输入 xinwenzhongxin.html，如图 12-46 所示。

图 12-46　输入链接

❷ 选择【修改】|【库】|【更新页面】命令，打开【更新页面】对话框，如图 12-47 所示。

图 12-47　【更新页面】对话框

❸ 单击【开始】按钮，即可按照指示更新文件，如图 12-48 所示。

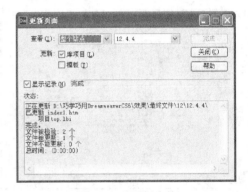

图 12-48　更新文件

❹ 打开应用库项目的文件，可以看到文件已经被更新，如图 12-49 所示。

图 12-49　更新应用库项目的文档

12.5　综合案例

本章主要讲述了模板和库的创建、管理和应用，通过本章的学习，读者基本可以学会创建模板和库。下面通过两个实例来具体讲述创建完整的模板网页。

12.5.1 创建网站模板

下面利用实例讲述模板的创建，具体操作步骤如下。

最终文件	CH12/12.5.1/Templates/moban.dwt

❶ 选择【文件】|【新建】命令，弹出【新建文档】对话框，在对话框中选择【空模板】选项，选择【模板类型】选项中的【HTML模板】，在【布局】中选择【无】选项，如图 12-50 所示。

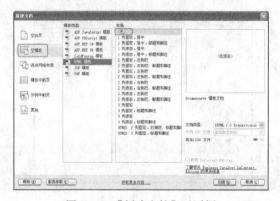

图 12-50 【新建文档】对话框

❷ 单击【创建】按钮，创建一个网页文档，如图 12-51 所示。

图 12-51 创建文档

❸ 选择【文件】|【保存】命令，弹出提示对话框，如图 12-52 所示。

图 12-52 【Dreamweaver】提示对话框

❹ 单击【确定】按钮，弹出【另存模板】对话框，在【文件名】文本框中输入 moban，如图 12-53 所示。

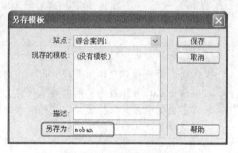

图 12-53 【另存模板】对话框

❺ 单击【保存】按钮，将文件保存为模板，将光标置于文档中，选择【修改】|【页面属性】命令，弹出【页面属性】对话框，在对话框中将【左边距】、【上边距】、【下边距】、【右边距】分别设置为 0，如图 12-54 所示。单击【确定】按钮，修改页面属性。

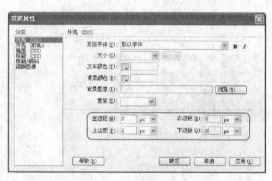

图 12-54 【页面属性】对话框

❻ 选择【插入】|【表格】命令，弹出【表格】对话框，在对话框中将【行数】设置为 3，【列数】设置为 1，【表格宽度】设置为 983 像素，如图 12-55 所示。

图 12-55 【表格】对话框

❼ 单击【确定】按钮，插入表格，此表格记为
表格 1 ，如图 12-56 所示。

图 12-56 插入表格 1

❽ 将光标置于表格 1 的第 1 行单元格中，选择
【插入】|【图像】命令，弹出【选择图像源
文件】对话框，选择图像/images/top.jpg，
如图 12-57 所示。

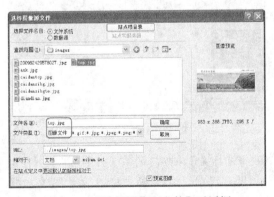

图 12-57 【选择图像源文件】对话框

❾ 单击【确定】按钮，插入图像/images/top.jpg，

如图 12-58 所示。

图 12-58 插入图像

❿ 将光标置于表格 1 的第 2 行单元格中，插入
1 行 2 列的表格 2，如图 12-59 所示。

图 12-59 插入表格 2

⓫ 将光标置于表格 2 的第 1 列单元格中，选择
【插入】|【表格】命令，插入 3 行 1 列的表
格，此表格记为表格 3，如图 12-60 所示。

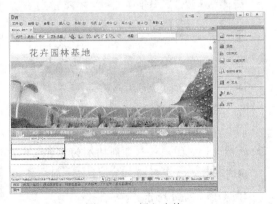

图 12-60 插入表格 3

179

⑫ 将光标置于表格 3 的第 1 行单元格中，打开代码视图，在代码中输入背景图像代码 background=../images/caidantop.jpg，如图 12-61 所示。

图 12-61　输入代码

⑬ 返回设计视图，可以看到插入的背景图像，将光标置于背景图像上输入文字，如图 12-62 所示。

图 12-62　输入文字

⑭ 将光标置于表格 3 的第 2 行单元格中，打开代码视图，在代码中输入背景图像代码 background=../images/caidanzibg.jpg，如图 12-63 所示。

⑮ 返回设计视图，可以看到插入的背景图像，将光标置于背景图像，插入 4 行 1 列的表格 4，如图 12-64 所示。

图 12-63　输入代码

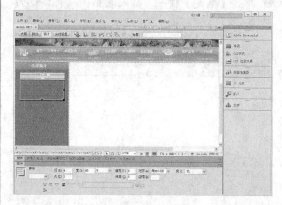

图 12-64　插入表格 4

⑯ 在表格 4 的单元格中分别输入相应的文字，字体颜色设置为#cdf200，如图 12-65 所示。

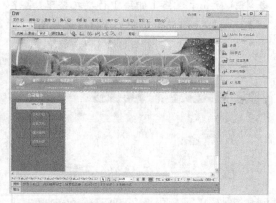

图 12-65　输入文字

⑰ 将光标置于表格 3 的第 3 行单元格中，打开代码视图，在代码中输入背景图像代码 background=../images/caidanzibgto.jpg，如图 12-66 所示。

图 12-66 输入代码

⓲ 返回设计视图可以看到插入的背景图像，如图 12-67 所示。

图 12-67 插入背景图像

⓳ 将光标置于表格 2 的第 2 列单元格中，选择【插入】|【模板对象】|【可编辑区域】命令，弹出【新建可编辑区域】对话框，如图 12-68 所示。

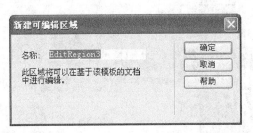

图 12-68 【新建可编辑区域】对话框

⓴ 单击【确定】按钮，创建可编辑区域，如图 12-69 所示。

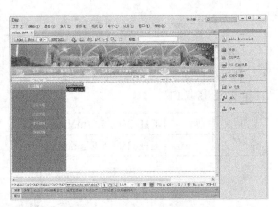

图 12-69 创建可编辑区域

㉑ 将光标置于表格 1 的第 3 行单元格中，将单元格的背景颜色设置为#8DBE02，【高】设置为 80，如图 12-70 所示。

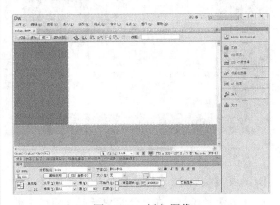

图 12-70 插入图像

㉒ 在表格 1 的第 3 行单元格中分别输入相应的文字，字体颜色设置为#333，如图 12-71 所示。

图 12-71 输入文字

㉓ 选择【文件】|【保存】命令，保存模板。

12.5.2 利用模板创建网页

模板创建好以后，就可以将其应用到网页中，利用模板创建网页的效果如图 12-72 所示。具体操作步骤如下。

原始文件	CH12/12.5.2/moban.dwt
最终文件	CH12/12.5.2/index1.htm

图 12-72　利用模板创建网页的效果

❶ 选择【文件】|【新建】命令，弹出【新建文档】对话框，在对话框中选择【模板中的页】选项，选择【12.5.2】选项中的 moban，如图 12-73 所示。

图 12-73　【新建文档】对话框

❷ 单击【创建】按钮，创建一个网页文档。如图 12-74 所示。

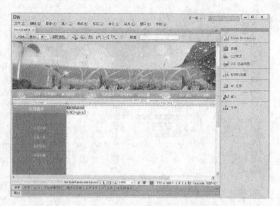

图 12-74　利用模板创建网页文档

❸ 选择【文件】|【保存】命令，弹出【另存为】对话框，将文件保存为 index1，如图 12-75 所示。

图 12-75　【另存为】对话框

❹ 单击【确定】按钮，保存文档，将光标置于可编辑区中，插入 2 行 1 列的表格，如图 12-76 所示。

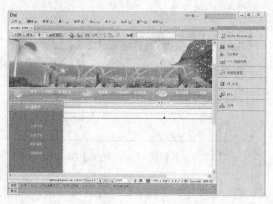

图 12-76　插入表格

⑤ 将光标置于表格的第 1 行单元格中，输入文字，字体颜色设置为#638701，如图 12-77 所示。

图 12-77　输入文字

⑥ 将光标置于表格的第 2 行单元格中，插入 1 行 1 列的表格，如图 12-78 所示。

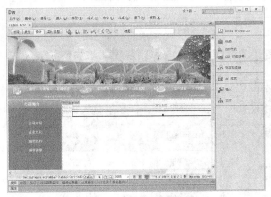

图 12-78　插入表格

⑦ 将光标置于刚插入的表格中，输入文字，将字体颜色设置为#638700，如图 12-79 所示。

图 12-79　输入文字

⑧ 将光标置于文字中，选择【插入】|【图像】命令，插入图像，如图 12-80 所示。

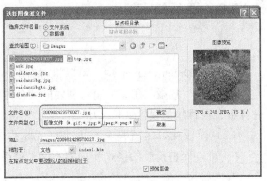

图 12-80　【选择图像源文件】对话框

⑨ 单击【确定】按钮，插入图像，如图 12-81 所示。

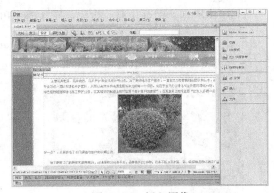

图 12-81　插入图像

⑩ 选中插入的图像，单击鼠标右键在弹出的菜单中选择【对齐】|【右对齐】命令，如图 12-82 所示。

图 12-82　设置图像的对齐方式

⑪ 保存模板文档，按 F12 键即可在浏览器中预览效果，如图 12-72 所示。

12.6　课后练习

1．填空题

（1）在 Dreamweaver 中，可以将现有的_____保存为模板，然后根据需要加以修改，或创建一个_____模板，在其中输入需要的文档内容。模板实际上也是文档，它的扩展名为_____，并存放在根目录的模板文件夹中。

（2）模板实际上就是具有固定格式和内容的文件，模板的功能很强大，通过定义和锁定_____可以保护模板的格式和内容不会被修改，只有在_____中才能输入新的内容。

参考答案：

（1）HTML 文档、空白、dwt

（2）可编辑区域、可编辑区域

2．操作题

利用模板创建网页文档的效果如图 12-83 和图 12-84 所示。

原始文件	CH12/操作题 1/ Templates/moban.dwt
最终文件	CH12/操作题 1/ index1.htm

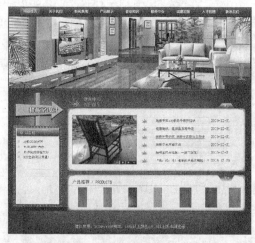

图 12-83　原始文件　　　　　　　　图 12-84　利用模板创建文档

12.7　本章总结

在实际的工作中时，有时有很多的页面（如不同的栏目）都会有相同的布局，在制作时为了避免这种重复操作，设计者就可以使用 Dreamweaver 提供的"模板"和"库"功能，将具有相同的整体布局结构的页面制作成模板，将相同的局部的对象（如导航栏、注册信息等）制作成库文件。这样，当设计者再次制作拥有模板和库内容的网页时，就不需要进行重复的操作，只需在"资源"浮动面板中直接使用它们就可以了。无论如何，这部分内容读者一定要熟练掌握，因为在实际的工作中它们将会发挥很大的作用。

行为是 Dreamweaver 中制作绚丽网页的利器，它功能强大，颇受网页设计者的喜爱。行为是一系列使用 JavaScript 程序预定义的页面特效工具，是 JavaScript 在 Dreamweaver 中内置的程序库。在 Dreamweaver 中，利用行为可以为页面制作出各种各样的特殊效果，如打开浏览器窗口、弹出信息和交换图像等网页特殊效果。

学习目标

- ☐ 了解行为的概念
- ☐ 掌握行为中常见的动作和事件的内容
- ☐ 学习使用 Dreamweaver 内置行为的方法
- ☐ 熟悉使用 Java Script 的方法

13.1 行为的概念

有许多优秀的网页，它们不只包含文本和图像，还有许多其他交互式的效果，例如当鼠标移动到某个图像或按钮上，特定位置便会显示出相关信息，又或者一个网页打开的同时，响起了优美的背景音乐等。其实它们使用的就是本章中将要介绍的内容，Dreamweaver 的另一大功能——行为，使用它，网页中将会实现许多精彩的交互效果。

行为是用来动态响应用户操作、改变当前页面效果或是执行特定任务的一种方法。行为是由对象、事件和动作构成。

对象是产生行为的主体。网页中的很多元素都可以成为对象，如整个 HTML 文档、插入的图片和文字等。

事件是触发动态效果的条件。网页事件分为不同的种类。有的与鼠标有关，有的与键盘有关，如鼠标单击、按下键盘上的某个键。有的事件还和网页相关，如网页下载完毕，网页切换等。对于同一个对象，不同版本的浏览器支持的事件种类和多少也是不一样的。

实际上，事件是浏览器生成的消息，指示该页的浏览者执行了某种操作。例如，当浏览者将鼠标指针移动到某个链接上时，浏览器为该链接生成一个 onMouseOver 事件，然后浏览器查看是否存在当为该链接生成该事件时浏览器应该调用的 JavaScript 代码（这些代码是在被查看的页中指定的）。不同的页元素定义了不同的事件，例如，在大多数浏览器中 onMouseOver（鼠标上滚）和 onClick（鼠标单击）是与链接关联的事件，而 onLoad（网页载入）是与图像和文档的 body 部分关联的事件。

动作是由预先编写的 JavaScript 代码组成的，这些代码执行特定的任务，例如，打开浏览器窗口、显示或隐藏层、播放声音或停止 Macromedia Shockwave 影片、图片的交换、链接的改变和弹出信息等。随 Dreamweaver 提供的动作是由 Dreamweaver 工程师精心编写的，提供了最大的跨浏览器兼容性。

Dreamweaver 提供大约二十多个行为动作，如果读者需要更多的行为，可以到 Adobe Exchange 官方网页（http://www.adobe.com/cn/exchange/）以及第三方开发人员站点上进行搜索并且下载。

13.2　行为的动作和事件

在 Dreamweaver 中，行为是事件和动作的组合。事件是特定的时间或是用户在某时所发出的指令后紧接着发生的，而动作是事件发生后网页所要做出的反应。

13.2.1　常见动作类型

所谓的动作就是设置交换图像、弹出信息等特殊的 JavaScript 效果。在设定的事件发生时运行动作。表 13-1 列出了 Dreamweaver 中默认提供的动作种类。

表 13-1　Dreamweaver 中常见的动作

动 作 种 类	说　　明
弹出消息	设置的事件发生之后，显示警告信息
交换图像	发生设置的事件后，用其他图片来取代选定的图片
恢复交换图像	在运用交换图像动作之后，显示原来的图片
打开浏览器窗口	在新窗口中打开
拖动 AP 元素	允许在浏览器中自由拖动 AP 元素
转到 URL	可以转到特定的站点或者网页文档上
检查表单	检查表单文档有效性的时候使用
调用 JavaScript	调用 JavaScript 特定函数
改变属性	改变选定客体的属性
跳转菜单	可以建立若干个链接的跳转菜单
跳转菜单开始	在跳转菜单中选定要移动的站点之后，只有单击按钮才可以移动到链接的站点上
预先载入图像	为了在浏览器中快速显示图片，事先下载图片之后显示出来
设置框架文本	在选定的框架上显示指定的内容

续表

动 作 种 类	说　　明
设置文本域文字	在文本字段区域显示指定的内容
设置容器中的文本	在选定的容器上显示指定的内容
设置状态栏文本	在状态栏中显示指定的内容
显示-隐藏 AP 元素	显示或隐藏特定的 AP 元素

13.2.2　常见事件

事件就是选择在特定情况下发生选定行为动作的功能。例如，如果运用了单击图片之后转移到特定站点上的行为，这是因为事件被指定了 onClick，所以执行了在单击图片的一瞬间转移到其他站点的这一动作。表 13-2 所示的是 Dreamweaver 中常见的事件。

表 13-2　Dreamweaver 中常见的事件

事　　件	说　　明
onAbort	在浏览器窗口中停止加载网页文档的操作时发生的事件
onMove	移动窗口或者框架时发生的事件
onLoad	选定的对象出现在浏览器上时发生的事件
onResize	访问者改变窗口或帧的大小时发生的事件
onUnLoad	访问者退出网页文档时发生的事件
onClick	用鼠标单击选定元素的一瞬间发生的事件
onBlur	鼠标指针移动到窗口或帧外部，即在这种非激活状态下发生的事件

续表

事　件	说　明
onDragDrop	拖动并放置选定元素的那一瞬间发生的事件
onDragStart	拖动选定元素的那一瞬间发生的事件
onFocus	鼠标指针移动到窗口或帧上，即激活之后发生的事件
onMouseDown	单击鼠标右键一瞬间发生的事件
onMouseMove	鼠标指针指向字段并在字段内移动
onMouseOut	鼠标指针经过选定元素之外时发生的事件
onMouseOver	鼠标指针经过选定元素上方时发生的事件
onMouseUp	单击鼠标右键，然后释放时发生的事件
onScroll	访问者在浏览器上移动滚动条的时候发生的事件
onKeyDown	当访问者按下任意键时产生
onKeyPress	当访问者按下和释放任意键时产生

续表

事　件	说　明
onKeyUp	在键盘上按下特定键并释放时发生的事件
onAfterUpdate	更新表单文档内容时发生的事件
onBeforeUpdate	改变表单文档项目时发生的事件
onChange	访问者修改表单文档的初始值时发生的事件
onReset	将表单文档重设置为初始值时发生的事件
onSubmit	访问者传送表单文档时发生的事件
onSelect	访问者选定文本字段中的内容时发生的事件
onError	在加载文档的过程中，发生错误时发生的事件
onFilterChange	运用于选定元素的字段发生变化时发生的事件
Onfinish Marquee	用功能来显示的内容结束时发生的事件
Onstart Marquee	开始应用功能时发生的事件

13.3　使用 Dreamweaver 内置行为

　　使用行为提高了网站的交互性。在 Dreamweaver 中插入行为，实际上是给网页添加了一些 JavaScript 代码，这些代码能实现动感网页效果。

13.3.1　交换图像

　　交换图像就是当鼠标指针经过图像时，原图像会变成另外一幅图像。一个交换图像其实是由两幅图像组成的：原始图像（当页面显示时候的图像）和交换图像（当鼠标指针经过原始图像时显示的图像）。组成图像交换的两幅图像必须有相同的尺寸；如果两幅图像的尺寸不同，Dreamweaver 会自动将第二幅图像尺寸调整成第一幅同样大小。本例创建的交换图像的效果如图 13-1 和图 13-2 所示。具体操作步骤如下。

图 13-1　交换图像前的效果

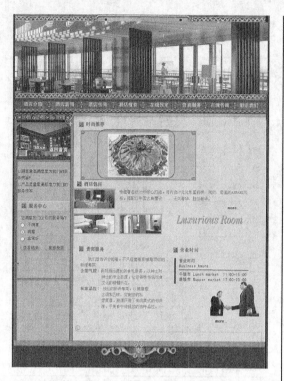

图 13-2　交换图像后的效果

原始文件	CH13/13.3.1/index.htm
最终文件	CH13/13.3.1/index1.htm

❶ 打开原始文件，如图 13-3 所示。

图 13-3　打开原始文件

❷ 选择【窗口】|【行为】命令，打开【行为】面板，在面板中单击【添加行为】 ➕ 按钮，在弹出的菜单中选择【交换图像】选项，如图 13-4 所示。

图 13-4　选择【交换图像】选项

❸ 选择后，弹出【交换图像】对话框，在对话框中单击【设定原始档为】文本框右边的【浏览】按钮，弹出【选择图像源文件】对话框，在中选择相应的图像文件，如图 13-5 所示。

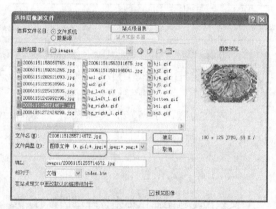

图 13-5　【选择图像源文件】对话框

❹ 单击【确定】按钮，输入新图像的路径和文件名，如图 13-6 所示。

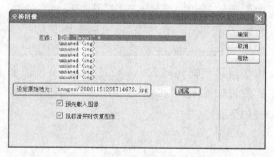

图 13-6　【交换图像】对话框

在【交换图像】对话框中可以进行如下设置。

● 【图像】：在列表中选择要更改其来源的图像。

● 【设定原始档为】：单击【浏览】按钮选择新图像文件，文本框中显示新图像的路径和文件名。

● 【预先载入图像】：勾选该复选框，这样在载入网页时，新图像将载入到浏览器的缓冲中，防止当该图像出现由于下载而导致的延迟。

● 【鼠标滑开时恢复图像】：选择该选项，则鼠标离开设定行为的图像对象时，恢复显示原始图像。

❺ 单击【确定】按钮，添加行为，如图 13-7 所示。

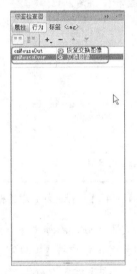

图 13-7　添加行为

❻ 保存文档，在浏览器中浏览效果。

13.3.2　弹出提示信息

弹出信息显示一个带有指定信息的警告窗口，因为该警告窗口只有一个【确定】按钮，所以使用此动作可以提供信息，而不能为用户提供选择。创建弹出提示信息网页的效果如图 13-8 所示。具体操作步骤如下。

原始文件	CH13/13.3.2/index.htm
最终文件	CH13/13.3.2/index1.htm

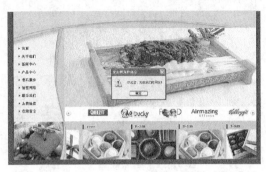

图 13-8　创建弹出提示信息网页的效果

❶ 打开原始文件，如图 13-9 所示。

图 13-9　打开原始文件

❷ 单击文档窗口中的<body>标签，选择【窗口】|【行为】命令，打开【行为】面板，单击【行为】面板中的＋图标。在弹出菜单中选择【弹出信息】选项，弹出【弹出信息】对话框，在对话框中输入文本"欢迎您，光临我们的网站"，如图 13-10 所示。

图 13-10　【弹出信息】对话框

❸ 单击【确定】按钮，添加行为，如图 13-11 所示。

图 13-11　添加行为

❹ 保存文档，按 F12 键即可在浏览器中看到弹出提示信息，网页效果如图 13-8 所示。

> **提示**　信息一定要简短，如果超出状态栏的大小，浏览器将自动截短该信息。

13.3.3　打开浏览器窗口

使用【打开浏览器窗口】动作在打开当前网页的同时，还可以再打开一个新的窗口。同时还可以编辑浏览窗口的大小、名称和状态栏菜单栏等属性，打开浏览器窗口网页的效果如图 13-12 所示。具体操作步骤如下。

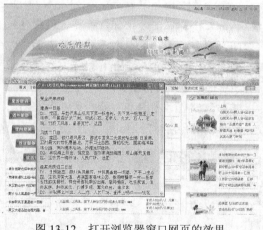

图 13-12　打开浏览器窗口网页的效果

原始文件	CH13/13.3.3/index.htm
最终文件	CH13/13.3.3/index1.htm

❶ 打开原始文件，如图 13-13 所示。

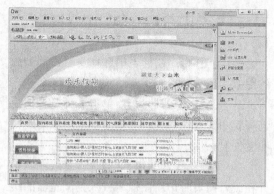

图 13-13　打开原始文件

❷ 打开【行为】面板，单击【行为】面板中的 ➕ 图标，在弹出菜单中选择【打开浏览器窗口】命令，在对话框中单击【要显示的 URL】文本框右边的【浏览】按钮，在对话框中选择文件，如图 13-14 所示。

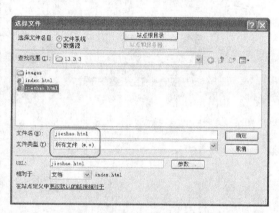

图 13-14　【选择文件】对话框

❸ 单击【确定】按钮，添加文件，在【打开浏览器窗口】对话框中将【窗口宽度】设置为 500，【窗口高度】设置为 400，勾选【需要时使用滚动条】复选框，如图 13-15 所示。

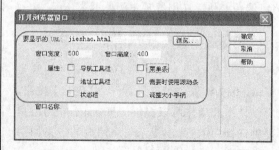

图 13-15　【打开浏览器窗口】对话框

在【打开浏览器窗口】对话框中可以设置以下参数。

- 【要显示的 URL】：要打开的新窗口名称。

- 【窗口宽度】：指定以像素为单位的窗口宽度。

- 【窗口高度】：指定以像素为单位的窗口高度。

- 【导航工具栏】：浏览器按钮包括前进、后退、主页和刷新。

- 【地址工具栏】：浏览器地址。

- 【状态栏】：浏览器窗口底部的区域，用于显示信息。

- 【菜单条】：浏览器窗口菜单。

- 【需要时使用滚动条】：指定如果内容超过可见区域时滚动条自动出现。

- 【调整大小手柄】：指定用户是否可以调整窗口大小。

- 【窗口名称】：新窗口的名称。

❹ 单击【确定】按钮，添加行为，如图 13-16所示。

图 13-16　添加行为

❺ 单击【确定】按钮，按 F12 键即可浏览效果，如图 13-12 所示。

> **提示**　如果不指定该窗口的任何属性，在打开时，它的大小和属性与打开它的窗口相同。

13.3.4　转到 URL

【转到 URL】动作在当前窗口或指定的框

架中打开一个新页。此操作适用于通过一次单击更改两个或多个框架的内容。跳转前效果如图 13-17 所示，跳转后效果如图 13-18 所示。具体操作步骤如下。

图 13-17　跳转前的效果

图 13-18　跳转后的效果

191

原始文件	CH13/13.3.4/index.htm
最终文件	CH13/13.3.4/index1.htm

❶ 打开原始文件，如图 13-19 所示。

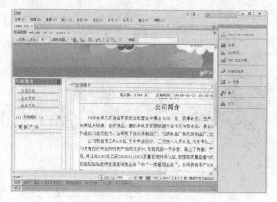

图 13-19　打开原始文件

❷ 单击窗口左下角的<body>标签，选择【窗口】|【行为】命令，打开【行为】面板，在面板中单击 ➕ 按钮，在弹出的菜单中选择【转到 URL】选项，弹出【转到 URL】对话框，在对话框中单击【浏览】按钮，弹出【选择文件】对话框，如图 13-20 所示。

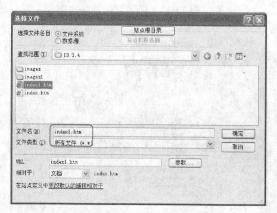

图 13-20　【选择文件】对话框

❸ 单击【确定】按钮，添加文件，如图 13-21 所示。

❹ 此时在 CSS 面板中可以看到添加的行为，如图 13-22 所示。

在【转到 URL】对话框中有如下参数。

- 【打开在】：选择要打开的网页。
- 【URL】：在文本框中输入网页的路径

或者单击【浏览】按钮，在弹出【选择文件】对话框中选择要打开的网页。

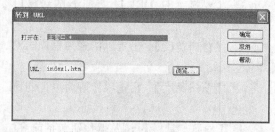

图 13-21　【转到 URL】对话框

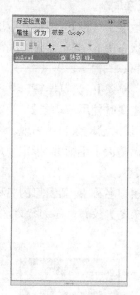

图 13-22　添加行为

❺ 保存文档，按 F12 键即可在浏览器中预览效果，跳转前和跳转后的页面分别如图 13-17 和图 13-18 所示。

13.3.5　预先载入图像

当一个网页包含很多图像，但有些图像在下载时不能被同时下载，并且需要显示这些图像时，浏览器会再次向服务器请求指令继续下载图像，这样会给网页的浏览造成一定程度的延迟。而使用【预先载入图像】动作就可以把那些不显示出来的图像预先载入浏览器的缓冲区内，这样就避免了在下载时出现的延迟。预先载入图像的效果如图 13-23 所示。具体操作步骤如下。

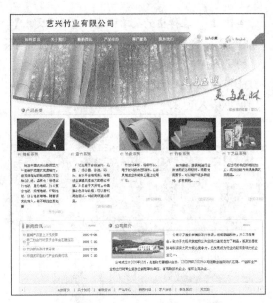

图 13-23　预先载入图像的效果

原始文件	CH13/13.3.5/index.htm
最终文件	CH13/13.3.5/index1.htm

❶ 打开原始文件，选择图像，如图 13-24 所示。

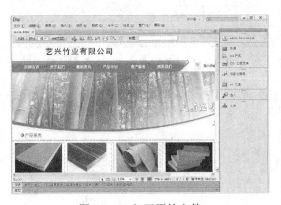

图 13-24　打开原始文件

❷ 打开【行为】面板。单击【行为】面板上的 ➕ 按钮，从弹出菜单中选择【预先载入图像】，弹出【预先载入图像】对话框，在对话框中单击【浏览】按钮，弹出【选择图像源文件】对话框，在对话框中选择文件，如图 13-25 所示。

❸ 单击【确定】按钮，输入图像的名称和文件名。然后单击添加 ➕ 按钮，将图像加载到【预先载入图像】列表中，如图 13-26 所示。

图 13-25　【选择图像源文件】对话框

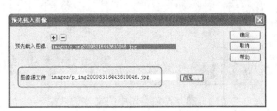

图 13-26　【预先载入图像】对话框

❹ 添加完毕后，单击【确定】按钮，添加行为，如图 13-27 所示。

图 13-27　添加行为

提示　　如果通过 Dreamweaver 向文档中添加交换图像，可以在添加时指定是否要对图像进行预载，因此不必使用这里的方法再次对图像进行预载。

❺ 保存网页，在浏览器中浏览网页，效果如图 13-23 所示。

13.3.6　设置容器中的文本

使用【设置容器中的文本】动作可以将指定的内容替换网页上现有 AP 元素中的内容和格式设置，【设置容器中的文本】动作的效果如图 13-28 所示。具体操作步骤如下。

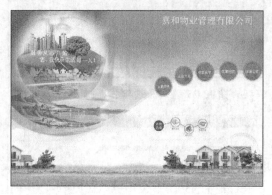

图 13-28　设置容器中的文本的效果

原始文件	CH13/13.3.6/index.htm
最终文件	CH13/13.3.6/index1.htm

❶ 打开原始文件，选择【插入】|【布局对象】|【AP Div】命令，在网页中插入 AP 元素，如图 13-29 所示。

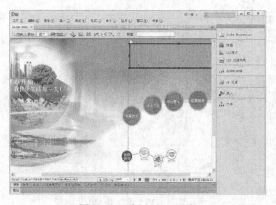

图 13-29　插入 AP 元素

❷ 在【属性】面板中输入 AP 元素的名字，并将【溢出】选项设置为【visible】，如图 13-30 所示。

❸ 选择【窗口】|【行为】命令，打开【行为】面板，在【行为】面板中单击【添加行为】按钮，在弹出的菜单中选择【设置文本】|【设置容器的文本】命令，弹出【设置容器的文本】对话框，在【容器】下拉列表框中选择目标 AP 元素，在【新建 HTML】文本框中输入文本，如图 13-31 所示。

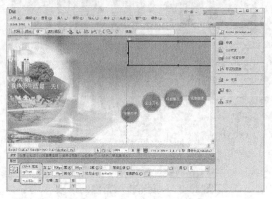

图 13-30　APDiv 属性面板

图 13-31　【设置容器的文本】对话框

❹ 单击【确定】按钮，添加行为，如图 13-32 所示。

图 13-32　添加行为

提示 该动作在这里仅仅是临时替换了 AP 元素中的内容，实际的 AP 元素内容并没有变化。

❺ 保存文档，在浏览器中浏览网页，效果如图 13-28 所示。

13.3.7 显示 – 隐藏元素

顾名思义，【显示-隐藏元素】动作就是改变一个或多个 AP 元素的可见性状态。【显示-隐藏元素】动作显示、隐藏或恢复一个或多个 AP 元素的默认可见性。下面讲述【显示-隐藏元素】动作的使用，效果如图 13-33 所示。具体操作步骤如下。

图 13-33 显示-隐藏元素的效果

原始文件	CH13/13.3.7/index.htm
最终文件	CH13/13.3.7/index1.htm

❶ 打开原始文件，选择【插入】|【布局对象】|【AP Div】命令，插入 AP 元素，如图 13-34 所示。

图 13-34 插入 AP 元素

❷ 选择 AP 元素，在【属性】面板中调整 AP 元素的位置，将【背景颜色】设置为 #B2E69E，插入 4 行 1 列的表格，并输入相应的文本，如图 13-35 所示。

图 13-35 设置 AP 元素

❸ 选中文本"生产研发"，然后单击【行为】面板中的 + 按钮，在弹出菜单中选择【显示-隐藏元素】，弹出【显示-隐藏元素】对话框，在【元素】中选择元素编号，并单击【显示】按钮，如图 13-36 所示。

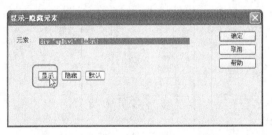

图 13-36 【显示-隐藏元素】对话框

❹ 单击【确定】按钮，添加行为，将【显示-隐藏元素】行为的事件更改为 onMouseOver，如图 13-37 所示。

图 13-37 添加行为

❺ 单击【行为】面板中的 ■ 按钮，在弹出菜单中选择【显示-隐藏层】，弹出【显示-隐藏元素】对话框，在该对话框中单击【隐藏】按钮，如图 13-38 所示。

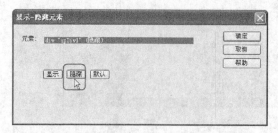

图 13-38 【显示-隐藏元素】对话框

❻ 单击【确定】按钮，返回到【行为】面板，将【显示-隐藏元素】行为的事件更改为 onMouseOut，如图 13-39 所示。保存文档，按 F12 键即可在浏览器中浏览效果，如图 13-33 所示。

图 13-39 添加行为

13.3.8 检查插件

【检查插件】动作用来检查访问者的计算机中是否安装了特定的插件，从而决定将访问者带到不同的页面，【检查插件】动作具体使用方法如下。

❶ 打开【行为】面板，单击【行为】面板中的 ■ 按钮，在弹出菜单中选择【检查插件】，

弹出【检查插件】对话框，如图 13-40 所示。

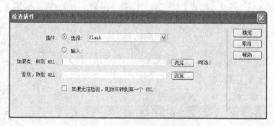

图 13-40 【检查插件】对话框

在【检查插件】对话框中可以设置以下参数。

● 【插件】：在下拉列表中选择一个插件，或单击【输入】左边的单选按钮并在右边的文本框中输入插件的名称。

● 【如果有，转到 URL】：为具有该插件的访问者指定一个 URL。

● 【否则，转到 URL】：为不具有该插件的访问者指定一个替代 URL。

❷ 设置完成后，单击【确定】按钮。

提示　如果指定一个远程的 URL，则必须在地址中包括 http://前缀；若要让具有该插件的访问者留在同一页上，此文本框不必填写任何内容。

13.3.9 检查表单

【检查表单】动作检查指定文本域的内容以确保用户输入了正确的数据类型。使用 onBlur 事件将此动作分别附加到各文本域，在用户填写表单时对文本域进行检查；或使用 onSubmit 事件将其附加到表单，在用户单击【提交】按钮时同时对多个文本域进行检查。将此动作附加到表单防止表单提交到服务器后任何指定的文本域包含无效的数据。

下面通过实例讲述【检查表单】动作的使用，效果如图 13-41 所示。具体操作步骤如下。

原始文件	CH13/13.3.9/index.htm
最终文件	CH13/13.3.9/index1.htm

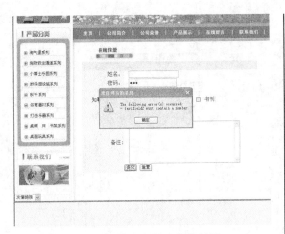

图 13-41　检查表单动作的效果

❶ 打开原始文件，如图 13-42 所示。

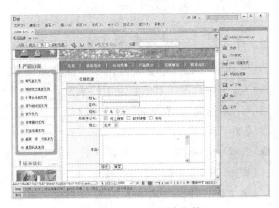

图 13-42　打开原始文件

❷ 打开【行为】面板。单击【行为】面板中的【添加行为】 ┿ 按钮，从弹出的菜单中选择【检查表单】选项，弹出【检查表单】对话框，如图 13-43 所示。

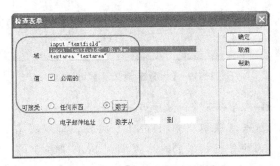

图 13-43　【检查表单】对话框

在【检查表单】对话框中可以设置以下参数。

在【域】中选择要检查的文本域对象。

在对话框中将【值】右边的【必需的】复选框选中。

【可接受】选区中有以下单选按钮设置。

● 【任何东西】：如果并不指定任何特定数据类型（前提是【必需的】复选框没有被勾选）该单选按钮就没有意义了，也就是说等于表单没有应用【检查表单】动作。

● 【电子邮件地址】：检查文本域是否含有带@符号的电子邮件地址。

● 【数字】：检查文本域是否仅包含数字。

● 【数字从】：检查文本域是否仅包含特定数列的数字。

❸ 单击【确定】按钮，添加行为，如图 13-44 所示。

图 13-44　添加行为

❹ 保存文档，按 F12 键即可在浏览器浏览效果，如图 13-41 所示。

13.3.10　设置状态栏文本

【设置状态栏文本】动作在浏览器窗口底部左侧的状态栏中显示消息。可以使用此动作在状态栏中说明链接的目标而不是显示与之关联的 URL。设置状态栏文本的效果如图 13-45 所示。具体操作步骤如下。

原始文件	CH13/13.3.10/index.htm
最终文件	CH13/13.3.10/index1.htm

图 13-45　设置状态栏文本的效果

❶ 打开原始文件，如图 13-46 所示。

图 13-46　打开原始文件

❷ 单击文档窗口左下角的<body>标签，打开
【行为】面板，在面板中单击 ➕ 按钮，在弹
出的菜单中选择【设置文本】|【设置状态
栏文本】选项，选择选项后，弹出【设置状
态栏文本】对话框，在对话框中的【消息】
文本框中输入"欢迎您，加盟我们的公司！"，
如图 13-47 所示。

图 13-47　【设置状态栏文本】对话框

❸ 单击【确定】按钮，添加行为，将事件设置
为 onMouseOver，如图 13-48 所示。

❹ 保存文档，按 F12 键即可在浏览器中预览效
果，如图 13-45 所示。

图 13-48　添加行为

13.3.11　设置框架文本

　　【设置框架文本】动作用于设置框架内容
的动态变化，在适当的触发事件触发后在该框
架显示新的内容，【设置框架文本】的具体操作
步骤如下。

❶ 选择一个框架对象。打开【行为】面板，
单击【行为】面板上的 ➕ 按钮，从弹出菜
单中选择【设置文本】|【设置框架文本】，
弹出【设置框架文本】对话框，如图 13-49
所示。

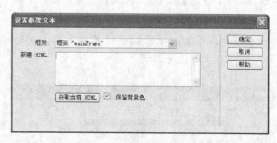

图 13-49　【设置框架文本】对话框

❷ 在【框架】弹出菜单中选择目标框架，单
击【获取当前 HTML】按钮，可以将当
前目标框架的内容复制到 body 部分。在
【新建 HTML】文本框中输入消息，单击
【确定】按钮，将行为添加到【行为】面
板中。

13.4　使用 JavaScript

JavaScript 是 Internet 上最流行的脚本语言。它存在于全世界所有 Web 浏览器中，能够增强用户与网站之间的交互。可以使用自己编写 JavaScript 代码，或使用网络上免费的 JavaScript 库中提供的代码。

13.4.1　利用 JavaScript 函数实现打印功能

下面制作调用 JavaScript 打印当前页面，制作时先定义一个打印当前页函数 printPage()，然后在<body>中添加代码 OnLoad="printPage()"，当打开网页时调用打印当前页函数 printPage()。利用 JavaScript 函数实现打印功能，如图 13-50 所示。具体操作步骤如下。

图 13-50　利用 JavaScript 实现打印功能的效果

原始文件	CH13/13.4.1/index.htm
最终文件	CH13/13.4.1/index1.htm

❶ 打开原始文件，如图 13-51 所示。

图 13-51　打开原始文件

❷ 切换到代码视图，在<body>和</body>之间输入相应的代码，如图 13-52 所示。

图 13-52　输入代码

```
<SCRIPT LANGUAGE="JavaScript">
<!-- Begin
function printPage() {
if (window.print) {
agree = confirm('本页将被自动打印．\n\n
是否打印?');
    if (agree) window.print();
    }
}
// End -->
</script>
```

❸ 切换到拆分视图，在<body>语句中输入代码 OnLoad="printPage()"，如图 13-53 所示。

图 13-53　输入代码

❹ 保存文档，按 F12 键在浏览器中预览效果，如图 13-50 所示。

13.4.2 利用 JavaScript 函数实现关闭窗口功能

【调用 JavaScript】动作允许使用【行为】面板指定一个自定义功能，或当发生某个事件时应该执行的一段 JavaScript 代码。可以自己编写或者使用各种免费获取的 JavaScript 代码。下面利用【调用 JavaScript】动作制作的自动关闭网页的效果，如图 13-54 所示。具体操作步骤如下。

图 13-54 【调用 JavaScript】自动关闭网页的效果

原始文件	CH13/13.4.2/index.htm
最终文件	CH13/13.4.2/index1.htm

❶ 打开原始文件，如图 13-55 所示。

图 13-55 打开文件

❷ 选择【窗口】|【行为】命令，打开【行为】面板，单击【行为】面板上的 按钮，在弹出菜单中选择【调用 JavaScript】，弹出【调用 JavaScript】对话框，在弹出的【调用 JavaScript】对话框中输入 window.close（），如图 13-56 所示。

图 13-56 【调用 JavaScript】对话框

❸ 单击【确定】按钮，添加行为，如图 13-57 所示。

图 13-57 添加行为

❹ 保存文档，按 F12 键在浏览器中预览效果，如图 13-54 所示。

13.4.3 利用 JavaScript 创建自动滚屏网页效果

整个网页自动滚动适合用户浏览一篇长达数十页的网页，免去了用户手动翻页的麻烦，创建自动滚屏网页的效果如图 13-58 所示。具体制作步骤如下。

原始文件	CH13/13.4.3/index.htm
最终文件	CH13/13.4.3/index1.htm

图 13-58　创建自动滚屏网页的效果

❶ 打开原始文件，如图 13-59 所示。

图 13-59　打开原始文件

❷ 在代码视图状态下，在<head></head>之间
输入以下代码，如图 13-60 所示。

```
<script language="JavaScript">
<!-- locate = 0;
// 定义滚动函数 scroller()
function scroller() {
// 控制显示页面的长度，这里是 460 像素，可
以自由修改
if (locate !=460 ) {
locate++;
scroll(0,locate);
clearTimeout(timer);
```

```
// 设置自动滚屏时间间隔，5 为滚动速度，单
位为毫秒，可以自由修改
var timer = setTimeout("scroller()",5);
timer;
}
}
// -->
</script>
```

图 13-60　输入代码

❸ 打开拆分视图，修改<body>语句为<body
OnLoad="Scroller()">，当打开网页时调用
OnLoad 事件，执行 Scroller()函数实现自动
滚屏，如图 13-61 所示。

❹ 保存文档，按 F12 键即可在浏览器中预览效
果，如图 13-58 所示。

图 13-61　拆分视图

13.5　课后练习

1．填空题

（1）在 Dreamweaver 中，行为是＿＿＿＿和＿＿＿＿的组合。＿＿＿＿是特定的时间或是用户

在某时所发出的指令后紧接着发生的，而_____是事件发生后网页所要做出的反应。

（2）使用_____动作在打开当前网页的同时，还可以再打开一个新的窗口。同时还可以编辑浏览窗口的大小、名称、状态栏菜单栏等属性。

参考答案：

（1）事件、动作、事件动作

（2）打开浏览器窗口

2．操作题

（1）弹出提示信息的效果如图 13-62 和图 13-63 所示。

原始文件	CH13/操作题 1/index.htm
最终文件	CH13/操作题 1/index1.htm

图 13-62　原始文件　　　　　　　　图 13-63　弹出提示信息效果

（2）利用 JavaScript 函数实现关闭窗口功能的效果如图 13-64 和图 13-65 所示。

原始文件	CH13/操作题 2/index.htm
最终文件	CH13/操作题 2/index1.htm

图 13-64　原始文件　　　　　图 13-65 利用 JavaScript 函数实现关闭窗口功能效果

13.6 本章总结

　　本章中主要讲解了"行为"的基本概念以及 Dreamweaver 内置的所有"行为"的操作方法。对于"行为"本身，读者在使用时一定要注意确保合理和恰当，并且一个网页中不要使用过多的"行为"。只有这样，设计才能够得到事半功倍的效果。

14

■■■■■■ 第 14 章
网站页面布局设计与
色彩搭配

设计网页的第一步是设计版面布局。好的网页布局会令访问者耳目一新，同样也可以使访问者比较容易在站点上找到他们所需要的信息，所以网页制作初学者应该对网页布局的相关知识有所了解。一个网站设计成功与否，在某种程度上取决于设计者对色彩的运用和搭配。网页的色彩处理得好，可以锦上添花，达到事半功倍的效果。

学习目标

▣ 熟悉网页版面布局设计的规则
▣ 掌握常见的版面布局形式
▣ 学习网页配色基础
▣ 掌握网页色彩搭配知识

14.1 网页版面布局设计

网页设计要讲究编排和布局，虽然网页设计不同于平面设计，但它们有许多相近之处，应加以利用和借鉴。为了达到最佳的视觉表现效果，应讲究整体布局的合理性，使浏览者有一个流畅的视觉体验。

14.1.1 网页版面布局原则

网页在设计上有许多共同之处，也要遵循一些设计的基本原则。熟悉一些设计原则，再对网页的特殊性作一些考虑，便不难设计出美观大方的页面来。网页页面设计有以下基本原则，熟悉这些原则将对页面的设计有所帮助。

1. 主次分明，中心突出

在一个页面上，必须考虑视觉的中心，这个中心一般在屏幕的中央，或者在中间偏上的部位。因此，一些重要的文章和图像一般可以安排在这个部位，在视觉中心以外的地方就可以安排那些稍微次要的内容，这样在页面上就

突出了重点，做到了主次有别。

2. 大小搭配，相互呼应

较长的文章或标题，不要编辑在一起，要有一定的距离；同样，较短的文章，也不能编排在一起。对待图像的安排也是这样，要互相错开，使大小图像之间有一定的间隔，这样可以使页面错落有致，避免重心的偏离。

3. 图文并茂，相得益彰

文字和图像具有一种相互补充的视觉关系，页面上文字过多，就显得沉闷，缺乏生气。页面上图像过多，缺少文字，必然会减少页面的信息容量。因此，最理想的效果是文字与图

像的密切配合，相互衬托，既能活跃页面，又使主页有丰富的内容。

4．简洁一致性

保持简洁的常用做法是使用醒目的标题，这个标题常常采用图形表示，但图形同样要求简洁。另一种保持简洁的做法是限制所用的字体和颜色的数目。

要保持一致性，可以从页面的排版下手，各个页面使用相同的页边距、文本和图形之间保持相同的间距，主要图形、标题或符号旁边留下相同的空白。

5．网页布局时的一些元素

好的网页布局需要格式美观的正文、和谐的色彩搭配、生动的背景图案、页面元素大小适中、布局匀称、不同元素之间有足够空白、各元素之间保持平衡、文字准确无误、无错别字和无拼写错误等元素。

6．文本和背景的色彩

考虑到大多数人使用 256 色显示模式，因此一个页面显示的颜色不宜过多，应当控制在 256 色以内。主题颜色通常只需要 2～3 种，并采用一种标准色。

14.1.2　点、线和面的构成

在网页的视觉构成中，点、线和面既是最基本的造型元素，又是最重要的表现手段。在布局网页时，点、线和面是需要最先考虑的因素。只有合理地安排好点线面的互相关系，才能设计出具有最佳视觉效果的页面，充分的表达出网页最终目的。网页设计实际上就是如何处理好三者的关系，因为不管是任何视觉形象或者版式构成，都可以归纳为点、线和面。

1．点的视觉构成

在网页中，一个单独而细小的形象可以称之为点，如汉字可以称为一个点。点也可以是

一个网页中相对微小单纯的视觉形象，如按钮、Logo 等，图 14-1 所示的是点的视觉构成。

图 14-1　点的视觉构成

点是构成网页的最基本单位，点在页面中起到活泼生动的作用，使用得当，甚至可以起到画龙点睛的作用。

一个网页往往需要有数量不等、形状各异的点来构成。点的形状、方向、大小、位置、聚集和发散，能够给人带来不同的心理感受。

2．线的视觉构成

点的延伸形成线，线在页面中的作用在于表示方向、位置、长短、宽度、形状、质量和情绪。线是分割页面的主要元素之一，是决定页面现象的基本要素。线分为直线和曲线两种，线的总体形状有垂直、水平、倾斜、几何曲线、自由线这几种。

线是具有情感的。如水平线给人开阔、安宁、平静的感觉；斜线具有动力、不安、速度和现代意识；垂直线具有庄严、挺拔、力量、向上的感觉；曲线给人柔软流畅的女性特征；自由曲线是最好的情感抒发手段。将不同的线运用到页面设计中，会获得不同的效果。

水平线的重复排列形成一种强烈的形式感和视觉冲击力，能够在第一眼就产生兴趣，达到了吸引访问者注意力的目的。

自由曲线的运用，打破了水平线组成的庄严和单调，给网页增加了丰富、流畅和活泼的气氛。

水平线和自由曲线的组合运用，形成新颖的形式和不同情感的对比，从而将视觉中心有力地衬托出来。图 14-2 所示的是使用线条布局

的网页。

图 14-2   使用线条布局的网页

3．面的视觉构成

面是无数点和线的组合。面具有一定的面积和质量，占据空间的位置更多，因而相比点和线来说视觉冲击力更大更强烈。

面的形状可以大概的分为以下几种。

几何型的面：方形、圆形、三角形和多边形的面在页面中经常出现，如图 14-3 所示的是使用圆角矩形的网页。

图 14-3   使用圆角矩形的网页

有机切面：可以用弧形相交或者相切得到。

不规则形的面和意外因素形成的随意形面。

面具有自己鲜明的个性和情感特征，只有合理地安排好面的关系，才能设计出充满美感、艺术而实用的网页。

14.2   常见的版面布局形式

常见的网页布局形式大致有"国"字型、"厂"字型、框架型、封面型和 Flash 型布局。

14.2.1   "国"字型布局

"国"字型布局如图 14-4 所示。最上面是网站的标志、广告以及导航栏，接下来是网站的主要内容，左右分别列出一些栏目，中间是主要部分，最下部是网站的一些基本信息，这种结构是国内一些大中型网站常见的布局方式。优点是充分利用版面、信息量大，缺点是页面显得拥挤、不够灵活。

图 14-4   "国"字型布局

14.2.2　拐角型布局

拐角型结构布局是指页面顶部为标志+广告条，下方左面为主菜单，右面显示正文信息，如图 14-5 所示。这是网页设计中使用广泛的一种布局方式，一般应用于企业网站中的二级页面。这种布局的优点是页面结构清晰、主次分明，是初学者最容易上手的布局方法。在这种类型中，一种很常见的类型是最上面是标题及广告，左侧是导航链接。

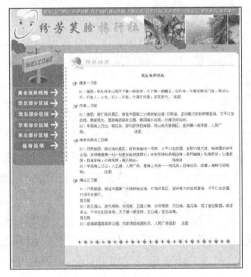

图 14-5　拐角型布局

14.2.3　框架型布局

框架型布局一般分成上下或左右布局，一栏是导航栏目，一栏是正文信息。复杂的框架结构可以将页面分成许多部分，常见的是三栏布局，如图 14-6 所示。上边一栏放置图像广告，左边一栏显示导航栏，右边显示正文信息。

14.2.4　封面型布局

封面型布局一般应用在网站的主页或广告宣传页上，为精美的图像加上简单的文字链接，指向网页中的主要栏目，或通过"进入"链接到下一个页面，如图 14-7 所示的是封面型布局的网页。

图 14-6　框架型布局

图 14-7　封面型布局的网页

14.2.5　Flash 型布局

这种布局与封面型的布局结构类似，不同的是页面采用了 Flash 技术，动感十足，可以大大增强页面的视觉效果，如图 14-8 所示是 Flash 型网页布局。

图 14-8　Flash 型网页布局

14.2.6 标题正文型

这种类型即最上面是标题或类似的一些东西，下面是正文，如一些文章页面或注册页面等就是这种类，如图 14-9 所示是标题正文型网页布局。

提示

如果网页内容非常多，就要考虑用"国"字型或拐角型，而如果内容不算太多而一些说明性的内容比较多，则可以考虑标题正文型。框架结构的一个共同特点就是浏览方便，速度快，但结构变化不灵活。如果是一个企业网站想展示企业形象或个人主页想展示个人风采，封面性是首选，Flash 型更灵活一些，好的 Flash 大大丰富了网页，但是它不能表达过多的文字信息。

图 14-9 标题正文型网页布局

14.3 网页配色基础

打开一个网站，给用户留下第一印象的既不是网站丰富的内容，也不是网站合理的版面布局，而是网站的色彩。一个网站设计成功与否，在某种程度上取决于设计者对色彩的运用和搭配。因此，在设计网页时，必须要高度重视色彩的搭配。

为了能更好地应用色彩来设计网页，先来了解一下色彩的一些基本概念。自然界中色彩五颜六色、千变万化，但是最基本的有 3 种（红、黄、蓝），其他的色彩都可以由这 3 种色彩混和而成，这 3 种色彩称为"三原色"。平时所看到的白色光，经过分析在色带上可以看到，它包括红、橙、黄、绿、青、蓝、紫 7 种颜色，各颜色间自然过渡。

现实生活中的色彩可以分为彩色和非彩色。其中黑、白、灰属于非彩色系列，其他的色彩则属于彩色。任何一种彩色具备 3 个特征：色相，明度和纯度，其中非彩色只有明度属性。

基本色相有红、橙、黄、绿、蓝和紫。在各色中间加插一两个中间色，其头尾色相，按光谱顺序为：红、橙红、黄橙、黄、黄绿、绿、绿蓝、蓝绿、蓝、蓝紫、紫、红紫——十二色相，如图 14-10 所示。

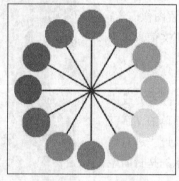

图 14-10 十二色相

14.3.1　红色

红色的色感温暖，性格刚烈而外向，是一种对人刺激性很强的颜色。红色容易引起人的注意，也容易使人兴奋、激动、紧张和冲动，它还是一种容易造成人视觉疲劳的颜色。在众多颜色里，红色是最鲜明生动的、最热烈的颜色。因此红色也是代表热情的情感之色。

在网页颜色的应用中，根据网页主题内容的需求，纯粹使用红色为主色调的网站相对较少，多用于辅助色、点睛色，达到陪衬、醒目的效果。这类颜色的组合比较容易使人提升兴奋度，红色特性明显这一醒目的特殊属性，被广泛地应用于食品、时尚休闲、化妆品和服装等类型的网站，容易营造出娇媚、诱惑和艳丽等气氛。如图 14-11 所示的是以红色为主的网页。

图 14-11　以红色为主的网页

14.3.2　黑色

黑色也有很强大的感染力，它能够表现出特有的高贵，且黑色还经常用于表现神秘。在商业设计中，黑色是许多科技产品的用色，如电视、跑车、摄影机、音响和仪器的色彩大多采用黑色。在其他方面，黑色庄严的意象也常用在一些特殊场合的空间设计，生活用品和服饰设计大多利用黑色来塑造高贵的形象。黑色也是一种永远流行的主要颜色，适合与多种色彩搭配，如图 14-12 所示的是以黑色为主的网页。

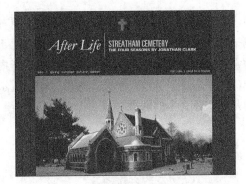

图 14-12　以黑色为主的网页

14.3.3　橙色

橙色具有轻快、欢欣、收获、温馨和时尚的效果，是快乐、喜悦和能量的色彩。在整个色谱里，橙色具有兴奋度，是最耀眼的色彩，给人以华贵而温暖，兴奋而热烈的感觉，也是令人振奋的颜色。橙色具有健康、富有活力和勇敢自由等象征意义，能给人以庄严、尊贵以及神秘等感觉。橙色在空气中的穿透力仅次于红色，也是容易造成视觉疲劳的颜色。

在网页颜色里，橙色适用于视觉要求较高的时尚网站，属于注目、芳香的颜色，也常被用于味觉较高的食品网站，是容易引起食欲的颜色。如图 14-13 所示的是橙色的网页。

图 14-13　橙色的网页

14.3.4　灰色

在商业设计中，灰色具有柔和、高雅的意象，而且属于中间性格，男女皆能接受，所以灰色也是永远流行的主要颜色。许多高科技产品，尤其是和金属材料有关的，几乎都采用灰色来传达高级、高科技的形象。使用灰色时，常常利用不同层次的变化组合和与其他色彩搭配，才不会过于平淡、呆板。如图 14-14 所示的是以灰色为主的网页。

图 14-14　以灰色为主的网页

14.3.5　紫色

由于具有强烈的女性化性格，在商业设计用色中，紫色受到了一定程度的限制，除了和女性有关的商品或企业形象外，其他类作品的设计不常采用紫色作为主色。如图 14-15 所示的是使用紫色为主的女鞋网页。

图 14-15　以紫色为主的女鞋网页

14.3.6　黄色

黄色具有活泼与轻快的特点，给人以十分年轻的感觉。象征光明、希望、高贵和愉快。它的亮度最高，与其他颜色搭配显得很活泼，具有快乐、希望、智慧和轻快的个性，带有希望与财富等象征意义。黄色也代表着土地、象征着权力。如图 14-16 所示的是以黄色为主的网页。

图 14-16　以黄色为主的网页

浅黄色系明朗、愉快、希望、发展，它的雅致清爽的属性，较适合用于女性及化妆品类网站。中黄色有崇高、尊贵、辉煌和提示的心理感受。深黄色给人高贵、温和和稳重的心理感受。

14.3.7　绿色

在商业设计中，绿色所传达的是清爽、理想、希望和生长的感觉，符合服务业、卫生保健业、教育行业、农业和餐饮酒店的要求。在工厂中，为了避免操作时眼睛疲劳，许多机械也是采用绿色，一般的医疗机构场所，也常采用绿色来做空间色彩规划。如图 14-17 所示的是以绿色为主的网页。

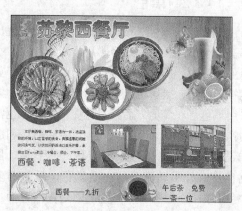

图 14-17　以绿色为主的网页

14.3.8　蓝色

由于蓝色给人以沉稳的感觉，且具有智慧、准确的印象，所以在商业设计中强调高科技、高效率的商品或企业形象，大多选用蓝色作为标准色、企业色，如电脑、汽车、影印机和摄影器材等。另外，蓝色也代表忧郁和浪漫，这个意象也常运用在文学作品或感性诉求的商业设计中。如图 14-18 所示的是以蓝色为主的网页。

图 14-18　以蓝色为主的网页

14.4　网页色彩搭配知识

色彩搭配既是一项技术性工作，同时也是一项艺术性很强的工作，因此在设计网页时除了考虑网站本身的特点外，还要遵循一定的艺术规律，从而设计出色彩鲜明、性格独特的网站。

14.4.1　网页色彩搭配的技巧

到底用什么色彩搭配好看呢？下面是网页色彩搭配的一些常见技巧。

1．运用相同色系色彩

所谓相同色系，是指几种色彩在 360° 色相环上位置十分相近，大约在 45° 左右或同一色彩不同明度的几种色彩。这种搭配的优点是易于使网页色彩趋于一致，对于网页设计新手有很好的借鉴作用。这种用色方式容易塑造网页和谐统一的氛围，缺点是容易造成页面的单调，因此往往利用局部加入对比色来增加变化，如加入局部对比色彩的图片等。如图 14-19 所示的是用相同色系色彩的网页。

图 14-19　用相同色系色彩的网页

2．使用邻近色

所谓邻近色，就是在色带上相邻近的颜色，如绿色和蓝色，红色和黄色就互为邻近色。采用邻近色可以使网页避免色彩杂乱，易于达到页面的和谐统一。邻近色能够将几种不协调的色彩统一起来，在网页中合理地使用邻近色能够使你的色彩搭配技术更上一层楼。

3．使用对比色

各种纯色的对比会产生鲜明的色彩效果，很容易给人带来视觉与心理的满足。红、黄、蓝三种颜色是最极端的色彩，它们之间对比，哪一种颜色也无法影响对方。色彩对比范畴不局限于红、黄、蓝三种颜色，而是指各种色彩的界面构成中的面积、形状、位置以及色相、明度、纯度之间的差别，使网页色彩配合增添了许多变化、页面更加丰富多彩。

对比色可以突出重点，产生强烈的视觉效果，通过合理使用对比色能够使网站特色鲜明、重点突出。在设计时一般以一种颜色为主色调，对比色作为点缀，可以起到画龙点睛的作用，如图 14-20 所示的是运用对比色的网页。

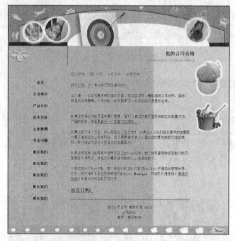

图 14-20   运用对比色的网页

4. 背景色的使用

背景色一般采用素淡清雅的色彩，避免采用花纹复杂的图片和纯度很高的色彩作为背景色，同时背景要与文字的颜色对比强烈一些。如图 14-21 所示的的是使用背景色的网页。

图 14-21   使用背景色的网页

5. 色彩的数量

一般初学者在设计网页时往往使用多种颜色，使网页变得很"花"，缺乏统一和协调，

缺乏内在的美感。事实上，网站用色并不是越多越好，一般控制在 3 种色彩以内，通过调整色彩的各种属性来产生变化。

14.4.2   网页要素色彩的搭配

1. 确定网站的主题色

一个网站不可能单一地运用一种颜色，让人感觉单调、乏味；但是也不可能将所有的颜色都运用到网站中，让人感觉杂乱、花俏。一个网站必须有一种或两种主题色，不至于让客户迷失方向，也不至于单调、乏味，所以确定网站的主题色也是设计者必须考虑的问题之一。

一个页面尽量不要超过 4 种色彩，用太多的色彩会让人觉得没有方向，没有侧重。当主题色确定好以后，考虑其他配色时，一定要考虑其他配色与主题色的关系，要体现什么样的效果。另外哪种因素占主要地位，是明度、纯度，还是色相。

2. 定义网页导航色彩

网页导航是网站的指路灯，浏览者要在网页间跳转，要了解网站的结构、网站的内容，都必须通过导航或页面中的一些小标题。所以可以使用稍微具有跳跃性的色彩，吸引浏览者的视线，让他们感觉到网站层次分明，想往哪里走都不会迷失方向。如图 14-22 所示的是色彩鲜明的网页导航色彩。

图 14-22   色彩鲜明的网页导航色彩

3．定义网页文字色彩

如果一个网站使用了背景颜色，必须要考虑到背景颜色的用色与前景文字的搭配等问题。一般的网站侧重的是文字，所以背景可以选择纯度或明度较低的色彩，文字用较为突出的亮色，让人一目了然。当然，有些网站为了让浏览者对网站留有深刻的印象，在背景上作了特别设计。例如，一个空白页的某一个部分用了很亮的一个大色块，给人以豁然开朗的感觉。此时设计者为了吸引浏览者的视线，突出的是背景，所以文字就要显得暗一些，这样文字才能跟背景分离开来，便于浏览者阅读文字。

4．定义网页标志和 Banner 颜色

网页标志是宣传网站最重要的部分之一，可以将 Logo 和 Banner 做得鲜亮一些，也就是色彩方面要和网页的主体色分离开来。有时候为了更突出，也可以使用与主题色相反的颜色。

5．定义网页链接色彩

一个网站不可能只是单一的一页，所以文字与图片的链接是网站中不可缺少的一部分。需要强调的是，如果是文字链接，链接的颜色不能跟其他文字的颜色一样。现代人的生活节奏相当快，不可能在寻找网站的链接上浪费太多的时间。设置了独特的链接颜色，让人感觉它的独特性，自然而然，好奇心会驱使用户移动鼠标单击链接。如图 14-23 所示的是定义网页链接颜色。

图 14-23　定义网页链接颜色

14.5　课后练习

填空题

（1）在网页的视觉构成中，_____、_____、_____既是最基本的造型元素，又是最重要的表现手段。

（2）常见的网页布局形式大致有_____、_____、_____、_____、_____。

（3）自然界中色彩五颜六色、千变万化，但是最基本的有_____、_____、_____3 种，其他的色彩都可以由这 3 种色彩调和而成，这 3 种色彩称为"三原色"。

（4）现实生活中的色彩可以分为_____和_____。其中_____、_____、_____属于非彩色系列。其他的色彩都属于彩色。

参考答案：

（1）点、线、面

（2）"国"字型、"厂"字型、框架型、封面型、Flash 型布局

（3）红、黄、蓝

（4）彩色、非彩色、黑、白、灰

14.6　本章总结

　　色彩的运用在网页中的作用真是太重要了，有些网页看上去十分典雅、有品位，令人赏心悦目，但是页面结构却很简单，图像也不复杂，这主要是色彩运用得当。色彩的魅力让人难以抵挡，人常常感受到色彩对自己心理的影响，这些影响总是在不知不觉中发挥作用，左右我们的情绪。作为网页设计师来说，做到有针对性的用色是相当重要的，因为网站往往是各种各样的，如企业网站、政府组织网站、民间团体网站、新闻网站和个人主页等。不同内容的网页用色应是有较大的区别，所以要合理的使用色彩来体现出网站的特色，这是高明的做法。在 Web 站点设计中，对网页进行配色通常是设计师的直觉感受或者多次反复实验。

第3部分
动态数据库网站
开发篇

第 15 章
用表单创建交互式网页
第 16 章
创建动态网页
第 17 章
设计开发留言系统
第 18 章
设计开发会员注册登录系统
第 19 章
设计开发调查投票系统
第 20 章
设计开发博客系统

■■■■■■ 第 15 章
用表单创建交互式网页

在网站中，表单是实现网页上数据传输的基础，其作用就是实现访问者与网站之间的交互功能。利用表单，可以根据访问者输入的信息，自动生成页面反馈给访问者，还可以为网站收集访问者输入的信息。表单可以包含允许进行交互的各种对象，包括文本域、列表框、复选框、单选按钮、图像域、按钮以及其他表单对象。本章就来讲述表单对象的使用和表单网页的常见技巧。

学习目标
- ☐ 了解表单的基本概念
- ☐ 掌握创建表单域的方法
- ☐ 掌握插入文本域的方法
- ☐ 掌握插入复选框和单选按钮的方法
- ☐ 掌握插入列表和菜单的方法
- ☐ 掌握插入跳转菜单的方法
- ☐ 掌握使用按钮激活表单的方法
- ☐ 掌握使用隐藏域和文件域的方法

15.1　表单概述

一个完整的表单设计应该很明确地分为表单对象部分和应用程序部分，它们分别由网页设计师和程序设计师来设计完成。其过程是这样的：首先由网页设计师制作出一个可以让浏览者输入各项资料的表单页面，这部分属于在显示器上可以看得到的内容，此时的表单只是一个外壳而已，不具有真正工作的能力，需要后台程序的支持；接着由程序设计师通过 ASP 或者 CGI 程序，来编写处理各项表单资料和反馈信息等操作所需的程序，这部分浏览者虽然看不见，但却是表单处理的核心。

Dreamweaver 是一款可视化的网页设计软件，学习它的表单只需学习到表单在页面中的界面设计这部分即可，至于后续的程序处理部分，还是交给专门的程序设计师吧。下面我们就开始介绍各个表单对象的使用方法，而后台的程序编写部分则不在讨论范围之内。

表单用<form></form>标记来创建，在<form></form>标记之间的部分都属于表单的内容。<form>标记具有 action、method 和 target 属性。

● action 的值是处理程序的程序名，如<form action="URL ">，如果这个属性是空值（""），则当前文档的 URL 将被使用，当用户提交表单时，服务器将执行这个程序。

● method 属性用来定义处理程序从表单中获得信息的方式，可取 GET 或 POST 中的一个。GET 方式是处理程序从当前 html 文档中获取数据，这种方式传送的数据量是有所限制的，一般限制在 1KB（255 个字节）以下。POST 方式传送的数据比较大，它是当前的 html 文档把数据传送给处理程序，传送的数据量要比使用 GET 方式的大得多。

● target 属性用来指定目标窗口或目标帧，可选当前窗口 _self、父级窗口 _parent、顶层窗口 _top 和空白窗口 _blank。

从下一节开始，我们将一个一个详细地讲解表单对象的使用和设置方法，其中会穿插一些案例，供读者参考。并且在这些表单对象全部讲完之后，我们还会带着读者制作一个完整的表单网页案例，再次巩固一下本章中学到的内容。

15.2 创建表单域

使用表单必须具备的条件有两个：一个是含有表单元素的网页文档，另一个是具备服务器端的表单处理应用程序或客户端脚本程序，它能够处理用户输入到表单的信息。下面创建一个基本的表单，具体操作步骤如下。

原始文件	CH15/15.2/index.htm
最终文件	CH15/15.2/index1.htm

❶ 打开原始文件，如图 15-1 所示。

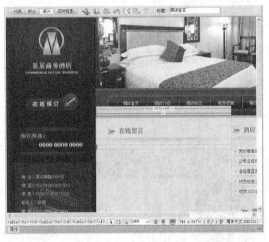

图 15-1 打开原始文件

❷ 将光标置于文档中要插入表单的位置，选择【插入】|【表单】|【表单】命令，页面中就会出现红色的虚线，这虚线就是表单，如图 15-2 所示。

> **提示**　选择命令后，如果看不到红色虚线表单，可以选择【查看】|【可视化助理】|【不可见元素】命令，可以看到插入的表单。

图 15-2 插入表单

❸ 选中表单，在【属性】面板中，将【表单名称】设置为 form1，如图 15-3 所示。

图 15-3 表单的【属性】面板

在表单的【属性】面板中可以设置以下参数。

● 【表单 ID】：输入标识该表单的唯一名称。

● 【动作】：指定处理该表单的动态页或脚本的路径。可以在【动作】文本框中输入完整的路径，也可以单击文件夹图标浏览应用程序。如果读者并没有相关程序支持的话，也可以使用 E-Mail 的方式来传输表单信息，这种方式需要在"动作"文本框中键入"mailto:电子邮件地址"的内容，比如"mailto:jsxson@sohu.com"表示提交的信息将会发送到作者的邮箱中。

● 【方法】：在【方法】下拉列表中，选择将表单数据传输到服务器的传送方式，包括 3 个选项。读者可以选择速度快但携带数据量小的 GET 方法，或者数据量大的 POST 方法。一般情况下应该使用 POST 方法，这在数据保密方面也有好处。

【POST】：用标准输入方式将表单内的数据传送给服务器，服务器用读取标准输入的方式读取表单内的数据。

【GET】：将表单内的数据附加到 URL 后面传送给服务器，服务器用读取环境变量的方式读取表单内的数据。

【默认】：用浏览器默认的方式，一般默认为 GET。

● 【编码类型】：用来设置发送数据的 MIME 编码类型，一般情况下应选择 application/x-www-form-urlencoded。

● 【目标】：使用【目标】下拉列表指定一个窗口，这个窗口中显示应用程序或者脚本程序，将表单处理完成后所显示的结果。

【_blank】：反馈网页将在新开窗口里打开。

【_parent】：反馈网页将在副窗口里打开。

【_self】：反馈网页将在原窗口里打开。

【_top】：反馈网页将在顶层窗口里打开。

● 【类】：在【类】下拉列表中选择要定义的表单样式。

15.3 插入文本域

文本域接受任何类型的字母数字输入内容。文本域可以是单行或多行显示，也可以是密码域的方式显示，在这种情况下，输入文本将被替换为星号或项目符号，以避免旁观者看到。

15.3.1 单行文本域

常见的表单域就是单行文本域，当浏览者浏览网页需要输入文字资料时，像姓名、地址和 E-mail 等，就可以使用文本域，它在浏览其中将显示为一个文本框。插入单行文本域具体操作步骤如下。

❶ 将光标置于表单域内，在弹出的【表格】对话框中将【行数】设置为 12，将【列数】设置为 2，单击【确定】按钮，插入 12 行 2 列的表格，如图 15-4 所示。

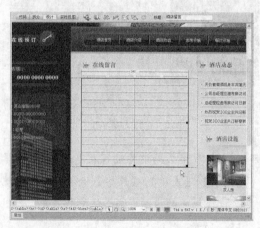

图 15-4　插入表格

② 将光标置于第 1 行第 1 列中，输入文字 "客人姓名"，如图 15-5 所示。

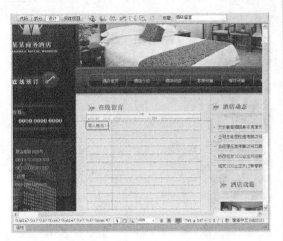

图 15-5　输入文字

③ 将光标置于表格的第 1 行第 2 列中，选择【插入】|【表单】|【文本域】命令，插入文本域，如图 15-6 所示。

图 15-6　插入单行文本域

④ 打开【属性】面板，在【属性】面板中将【字符宽度】设置为 20，将【最多字符数】设置为 10，在【类型】中选择单行，如图 15-7 所示。

图 15-7　文本域【属性】面板

在文本域【属性】面板中可以设置以下参数。

○ 【文本域】：在【文本域】文本框中，为该文本域指定一个名称。每个文本域都必须有一个唯一名称，文本域名称不能包含空格或特殊字符，可以使用字母、数字、字符和下划线（_）的任意组合，所选名称最好与用户输入的信息要有所联系。注意，为文本域指定名称最好便于理解和记忆，它将为后台程序对这个栏目内容进行整理与辨识提供方便，如 "姓名" 文本框可以命名为 username。系统默认名称为 textfield。

○ 【字符宽度】：设置文本域一次最多可显示的字符数，它可以小于【最多字符数】。

○ 【最多字符数】：设置单行文本域中最多可输入的字符数，使用【最多字符数】将邮政编码限制为 6 位数，将密码限制为 10 个字符等。如果将【最多字符数】文本框保留为空白，则用户可以输入任意数量的文本，如果文本超过域的字符宽度，文本将滚动显示，如果用户输入超过最大字符数，则表单产生警告声。

○ 【类型】：文本域的类型，包括【单行】、【多行】和【密码】3 个选项。

选择【单行】将产生一个 type 属性设置为 text 的 input 标签。【字符宽度】设置映射为 size 属性，【最多字符数】设置映射为 maxlength 属性。

选择【密码】将产生一个 type 属性设置为 password 的 input 标签。【字符宽度】和【最多字符数】设置映射的属性与在单行文本域中的属性相同。当用户在密码文本域中输入时，输入内容显示为项目符号或星号，以保护它不被其他人看到。

选择【多行】将产生一个 textarea 标签。

○ 【初始值】：指定在首次载入表单时文本域中显示的值，例如，通过包含说明或示例值，可以指示用户在域中输入信息。

提示　在【表单】插入栏中单击【文本字段】按钮，可以插入文本域。

❺ 将光标置于表格的第 3 行单元格中,输入文本,并插入文本域,如图 15-8 所示。

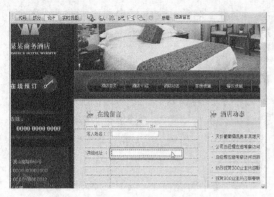

图 15-8　插入文本域

15.3.2　多行文本域

插入多行文本域同单行文本域类似,只不过多行文本域允许输入更多的文本,插入多行文本域的具体操作步骤如下。

❶ 将光标置于表格的第 10 行第 1 列中,输入文字 "特别要求:",如图 15-9 所示。

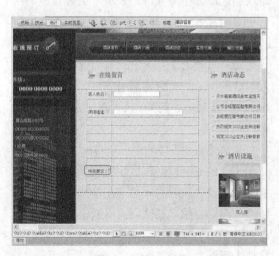

图 15-9　输入文字

❷ 将光标置于表格的第 2 列单元格中,选择【插入】|【表单】|【文本区域】命令,插入文本域,如图 15-10 所示。

❸ 选中文本域,在【属性】面板中【类型】选择【多行】,将【字符宽度】设置为 30,将【行数】设置为 8,如图 15-11 所示。

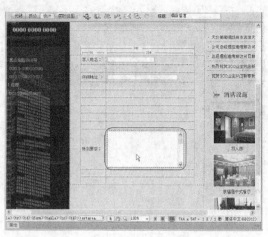

图 15-10　插入文本区域

图 15-11　文本域【属性】面板

15.3.3　密码域

插入密码域同文本域类似,插入密码域只不过是在【类型】中选择【密码】。插入密码域的具体操作步骤如下。

❶ 将光标置于表格的第 4 行第 1 列单元格中,输入文本 "密码:",如图 15-12 所示。

图 15-12　输入文本

❷ 将光标置于表格的第 4 行第 2 列单元格中,选择【插入】|【表单】|【文本域】命令,插入文本域,如图 15-13 所示。

图 15-13　插入文本域

提示　【类型】如果设置为【密码】，该文本域则变成密码域。当在密码域中输入内容时，所输入的内容被替换为星号或项目符号，以隐藏该文本。

❸ 选中插入的文本域，在【类型】中选择密码，将【字符宽度】设置为 15，将【最多字符数】设置为 10，如图 15-14 所示。

图 15-14　【属性】面板

15.4　复选框和单选按钮

使用表单时经常遇到有多项选择的问题，这就需要复选框和单选按钮。其中复选框允许用户从一组选项中选择多个选项，在单选按钮组中，一次只能选择一个。

15.4.1　复选框

复选框可以是一个单独的选项，也可以是一组选项中的一个。可以一次选中一个或多个复选框，这就是复选框的最大特点。插入复选框的具体操作步骤如下。

❶ 将光标置于第 5 行第 1 列中，输入文字"电话:"，如图 15-15 所示。

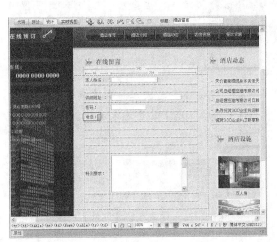

图 15-15　输入文本

❷ 将光标置于第 5 行第 2 列中，选择【插入】|

【表单】|【复选框】命令，插入复选框，并在复选框的右边输入文字，如图 15-16 所示。

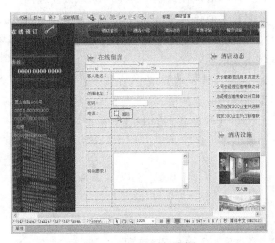

图 15-16　插入复选框

❸ 选择插入的复选框，在【属性】面板中将【初始状态】设置为未选中，如图 15-17 所示。

图 15-17　复选框的【属性】面板

❹ 将光标置于文字的右边插入的其他复选框，并输入相应的文字，如图 15-18 所示。

图 15-18　插入其他的复选框

在复选框【属性】面板中可以设置以下参数。

◉ 【复选框名称】：为该对象指定一个名称。名称必须在该表单内唯一标识该复选框，此名称不能包含空格或特殊字符。输入的名称最好能体现出复选框对应的选项，这样在表单脚本中便于处理。

◉ 【选定值】：设置在该复选框被选中时发送给服务器的值。

◉ 【初始状态】：设置复选框的初始状态，包括两个选项。

提示　在【表单】插入栏中单击【复选框】☑ 按钮，可以插入复选框。

15.4.2　单选按钮

单选按钮的作用在于只能选中一个列出的选项。单选按钮通常成组使用。一个组中的所有单选按钮必须具有相同的名称，而且必须包含不同的选定值。具体操作步骤如下。

❶ 将光标置于表格的第 2 行第 1 列中，输入文字"性别"，如图 15-19 所示。

图 15-19　输入文本

❷ 将光标置于表格的第 2 列单元格中，选择【插入】|【表单】|【单选按钮】命令，插入单选按钮，并在单选按钮的右边输入文字，如图 15-20 所示。

图 15-20　插入单选按钮

❸ 选中插入的单选按钮，在【属性】面板中将【初始状态】设置为未选中，如图 15-21 所示。

图 15-21　单选按钮【属性】面板

❹ 将光标置于文字右边插入的其他单选按钮，并输入相应的文字，如图 15-22 所示。

图 15-22　插入其他的单选按钮

在单选按钮【属性】面板中可以设置以下参数。

● 【单选按钮】：用来定义单选按钮的名字，所有同一组的单选按钮必须有相同的名字。

● 【选定值】：用来判断单选按钮被选定与否。在提交表单时，单选按钮传送给服务端表单处理程序的值，同一组单选按钮应设置不同的值。

● 【初始状态】：用来设置单选按钮的初始状态是【已勾选】还是【未选中】，同一组内的单选按钮只能有一个初始状态是【已勾选】的。

提示　在【表单】插入栏中单击【单选按钮】按钮，可以插入单选按钮。

15.4.3　单选按钮组

插入单选按钮组的具体操作步骤如下。

❶ 将光标置于表格的第 6 行第 1 列中，输入文字 "房间名称："，如图 15-23 所示。

❷ 将光标置于表格的第 6 行第 2 列中，选择【插入】|【表单】|【单选按钮组】命令，弹出【单选按钮组】对话框，在对话框中添加标签，如图 15-24 所示。

图 15-23　输入文字

图 15-24　插入单选按钮组

❸ 单击【确定】按钮，插入单选按钮组，如图 15-25 所示。

图 15-25　插入单选按钮组

提示　在【表单】插入栏中单击【单选按钮】按钮，插入单选按钮组。

15.5 列表和菜单

表单中有两种类型的菜单：一种是单击时下拉的菜单，称为下拉菜单；另一种则显示为一个列有项目的可滚动列表，可从该列表中选择项目，称为列表。一个列表可以包括一个或多个项目，当页面空间有限但又需要显示许多菜单项时，该表单对象非常有用。

15.5.1 下拉菜单

创建下拉菜单的具体操作步骤如下。

❶ 将光标置于第 7 行第 1 列中，输入文字"住店日期"，如图 15-26 所示。

图 15-26 输入文本

❷ 将光标置于表格的第 2 列单元格中，选择【插入】|【表单】|【选择（列表/菜单）】命令，插入列表/菜单，如图 15-27 所示。

图 15-27 插入列表/菜单

提示 在【表单】插入栏中单击【（列表/菜单）】按钮，可以插入列表/菜单。

❸ 选中插入的列表/菜单，在【属性】面板中单击 列表值... 按钮，弹出【列表值】对话框，在对话框中单击 ➕ 按钮，添加内容，如图 15-28 所示。

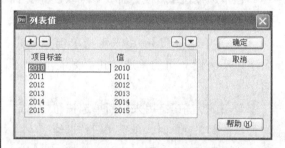

图 15-28 插入列表/菜单

❹ 单击【确定】按钮，添加列表/菜单，【类型】设置为菜单，如图 15-29 所示。

图 15-29 设置列表/菜单属性

提示 列表/菜单在菜单中出现的顺序与在【列表值】对话框中出现的顺序相同。在浏览器中载入页面时，列表中的第一个项是选中的项。

在列表/菜单【属性】面板中可以设置以下参数。

● 【列表】和【菜单】：设置列表/菜单的名称，这个名称是必需的，必须是唯一的。

● 【类型】：指的是将当前对象设置为下拉菜单还是滚动列表。

● 单击 列表值... 按钮，弹出【列表值】

对话框，在对话框中可以增减和修改列表/菜单。当列表或者菜单中的某项内容被选中，提交表单时它对应的值就会被传送到服务器端的表单处理程序；若没有对应的值，则传送标签本身。

● 【初始化时选定】：此文本框首先显示【列表/菜单】对话框内的列表菜单内容，然后可在其中设置列表/菜单的初始选择，方法是单击要作为初始选择的选项。若【类型】选项为【列表】，则可初始选择多个选项，若【类型】选项为【菜单】，则只能选择一个选项。

> **提示**　将列表/菜单设置为不同的类型，在用浏览器浏览时，也会有所差别。列表为列表框，支持复选，而菜单是下拉菜单，不支持复选。

❺ 将光标置于列表/菜单的右边，输入文本，并插入其他的列表/菜单，如图 15-30 所示。

图 15-30　插入其他的列表/菜单

15.5.2　滚动列表

创建滚动列表的具体操作步骤如下。

❶ 将光标置于表格的第 9 行第 1 列单元格中，

输入文本"离店日期:"。

❷ 将光标置于表格的第 9 行第 2 列单元格中，选择【插入】|【表单】|【选择（列表/菜单）】命令，插入列表/菜单。

❸ 选中插入的列表/菜单，单在【属性】面板中单击 列表值... 按钮，弹出【列表值】对话框，在对话框中单击 ⊞ 按钮，添加内容。

❹ 单击【确定】按钮，添加列表/菜单，将【类型】设置为列表，如图 15-31 所示。

图 15-31　将【类型】设置为【列表】

【高度】文本框：设置列表的高度，如输入 5，则列表框在浏览器中显示为 5 个选项的高度。如果实际的项目数目多余【高度】中的项目数，那么列表菜单中的右侧将显示滚动条，通过滚动显示。

【选定范围】复选框：如果选中【选定范围】后边的复选框，则这个列表允许被多选，选择时要使用 Shift+Ctrl 组合键进行操作，如果取消对【选定范围】后边复选框的选择，则这个列表只允许单选。

15.6　跳转菜单的使用

跳转菜单可建立URL与弹出菜单列表中选项之间的关联。通过在列表中选择一项，浏览器将跳转到指定的 URL。创建跳转菜单的具体操作步骤如下。

❶ 将光标置于表格的第 8 行第 1 列单元格中，输入文本"相关页面:"，如图 15-32 所示。

图 15-32　输入文本

❷ 将光标置于表格的第 8 行第 1 列单元格中，选择【插入】|【表单】|【跳转菜单】命令，弹出【插入跳转菜单】对话框，在对话框中单击 ➕ 按钮，添加内容，如图 15-33 所示。

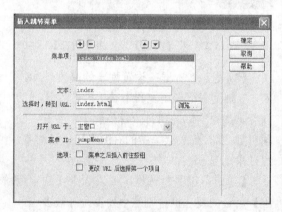

图 15-33　【插入跳转菜单】对话框

在【插入跳转菜单】对话框中可以设置以下参数。

● 【菜单项】：列出所设置的跳转菜单的各项，单击【添加项】➕按钮增加一个项目，单击【移除项】➖按钮删除列表中一个项目。使用▲和▼按钮可以重新排列列表中的选项。

● 【文本】：设置跳转菜单所显示的文本。

● 【选择时，转到 URL】：设置跳转菜单各项链接的 URL。

● 【打开 URL 于】：选择文件的打开位置。

● 【菜单 ID】：设置跳转菜单的名称。

● 勾选【选项】后的【菜单之后插入前往按钮】复选框，可以添加一个【前往】按钮，单击【前往】按钮可以跳转菜单中当前项的 URL。

● 如果选择了跳转菜单中某个选项后，仍选中跳转菜单中的第一项，则勾选【选项】后的【更改 URL 后选择第一个项目】复选框。

❸ 单击【确定】按钮，插入跳转菜单，如图 15-34 所示。

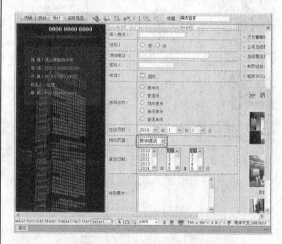

图 15-34　插入跳转菜单

15.7　使用按钮激活表单

表单按钮控制表单操作，使用表单按钮将输入表单的数据提交到服务器，或者重置该表单，还可以将其他已经在脚本中定义的处理任务分配给按钮。

15.7.1 插入按钮

插入按钮的具体操作步骤如下。

❶ 将光标置于表格的第 12 行第 2 列单元格中，选择【插入】|【表单】|【按钮】命令，插入按钮，如图 15-35 所示。

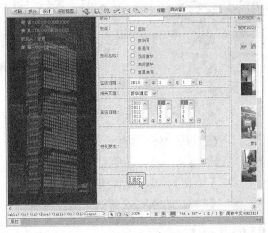

图 15-35 插入按钮

❷ 选中按钮，在【属性】面板中的【值】文本框中输入"预定"，将【动作】设置为【提交表单】，如图 15-36 所示。

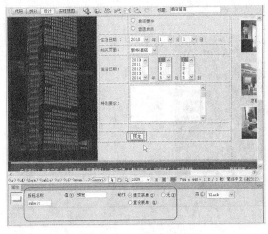

图 15-36 设置按钮属性

提示 在【表单】插入栏中单击【按钮】，可以插入按钮。

在按钮【属性】面板中可以进行以下设置。

● 【按钮名称】：在文本框中设置按钮的名称，如果想对按钮添加功能效果，则必须命名然后采用脚本语言来控制执行。

● 【值】：在【值】文本框中输入文本，为在按钮上显示的文本内容。

● 【动作】：有 3 个选项，分别是【提交表单】、【重设表单】和【无】。

❸ 将光标放置在按钮的右边，插入按钮，在【属性】面板中的【值】文本框中输入"重置"，将【动作】设置为【重设表单】，如图 15-37 所示。

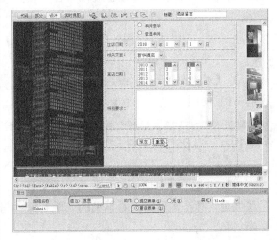

图 15-37 插入按钮

15.7.2 图像按钮

图像域控件一般用于表单中，用于触发表单相关的操作，其功能与类型为"按钮"的按钮类似，只是用一张图片显示。一般来说，单独使用的图像域是没有意义的，我们都会将图像域控件放置在一个表单对象内部。插入图像域的具体操作步骤如下。

❶ 将光标置于按钮的右边，选择【插入】|【表单】|【图像域】命令，弹出【选择图像源文件】对话框，在对话框中选择相应的图像文件，如图 15-38 所示。

提示 单击【表单】插入栏中的图像域按钮，也可以插入图像域。

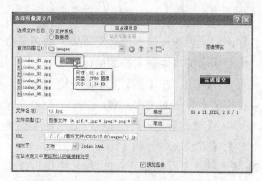

图 15-38 【选择图像源文件】对话框

❷ 单击【确定】按钮，插入图像域，选中插入的图像域，打开属性面板，如图 15-39 所示。

图像域的【属性】面板各项参数设置如下。

● 【图像区域】：输入图像域的名称。

● 【源文件】：显示或选择图像源文件所在的 URL 的地址。

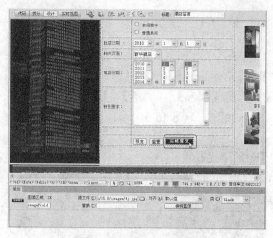

图 15-39 插入图像域

● 【替换】：输入要替代图像显示的文本，当浏览器不支持图形显示将显示该文本。

● 【对齐】：设置图像的对齐方式。

● 【类】：选择 CSS 样式定义图像域。

15.8 使用隐藏域和文件域

在网络上上传图像、照片或相关的文件时，需要用到文件域，将文件上传到相应的服务器。隐藏域是一种在浏览器上看不见的表单对象，利用隐藏域可以实现浏览器和服务器在后台隐藏地交换信息。

15.8.1 隐藏域

隐藏域在网页中不显示，只是将一些必要的信息提供给服务器。隐藏域存储用户输入的信息，如姓名、电子邮件地址，并在该用户下次访问时使用这些数据。

将光标置于要插入隐藏域的位置，选择【插入】|【表单】|【隐藏域】命令，插入隐藏域。选中插入的隐藏域，打开隐藏域的【属性】面板，如图 15-40 所示。

提示
在【表单】插入栏中单击【隐藏域】按钮，插入隐藏域。如果未看到标记，可以选择菜单中的【查看】|【可视化助理】|【不可见元素】命令，在文档中就会出现标记。

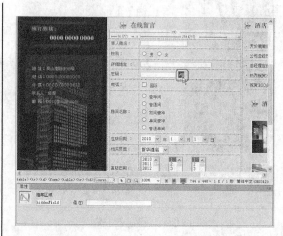

图 15-40 隐藏域【属性】面板

在隐藏域【属性】面板中可以设置以下参数。

● 【隐藏区域】：设置隐藏区域的名称，

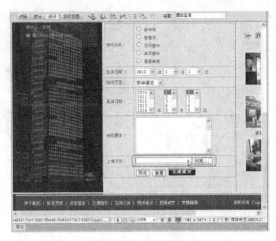

默认为 hiddenField。

- 【值】：设置隐藏区域的值，该值将在提交表单时传递给服务器。

15.8.2 文件域

使用文件域可以选择其计算机上的文件，并将该文件上传到服务器。可以手动输入要上传的文件的路径，也可以单击后面的【浏览】按钮进行选择。创建文件域的具体操作步骤如下。

❶ 将光标置于表格的第 11 行第 1 列单元格中，输入文本"上传文件:"，如图 15-41 所示。

图 15-41 输入文本

❷ 将光标置于表格的第 11 行第 2 列单元格中，选择【插入】|【表单】|【文件域】命令，插入文件域，如图 15-42 所示。

❸ 选中文件域，打开【属性】面板，如图 15-43 所示。

图 15-42 插入文件域

图 15-43 文件域的【属性】面板

在文件域【属性】面板中可以设置以下参数。

- 【文件域名称】：设置选定文件域的命名。
- 【字符宽度】：设置文件域里面文本框的宽度。
- 【最多字符数】：设置文件域里面文本框可输入的最多字符数量。

> **提示**
>
> 在【表单】插入栏中单击【文件域】按钮，插入文件域。文件域要求使用 POST 方法将文件从浏览器传输到服务器。在使用文件域之前，需要与服务器管理员联系，确认允许使用匿名文件上传。选中表单，在【方法】下拉列表中选择 POST 选项，在【MIME】下拉列表中选择 multipart/form-data 选项。

15.9 综合案例——创建电子邮件表单

前面学习了表单的创建和相应表单的应用。为了使读者有个系统的了解，并提高实际的应用能力,下面以创建电子邮件表单实例介绍完整的表单。创建电子邮件表单的效果如图 15-44 所示。具体操作步骤如下。

图 15-44　创建电子邮件表单的效果

原始文件	CH15/15.9/index.htm
最终文件	CH15/15.9/index1.htm

❶ 打开原始文件，如图 15-45 所示。

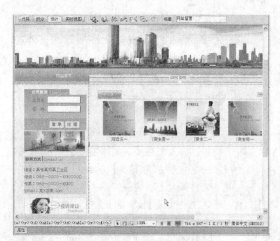

图 15-45　打开原始文件

❷ 将光标置于页面中，选择【插入】|【表单】|【表单】命令，插入表单，如图 15-46 所示。

❸ 将光标置于表单中，插入 6 行 2 列的表格，如图 15-47 所示。

❹ 将光标置于表格的第 1 行第 1 列单元格中，输入"姓名:"，如图 15-48 所示。

图 15-46　插入表单

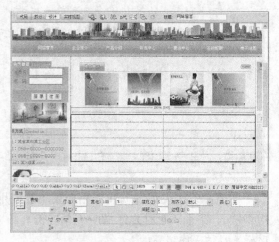

图 15-47　插入表格

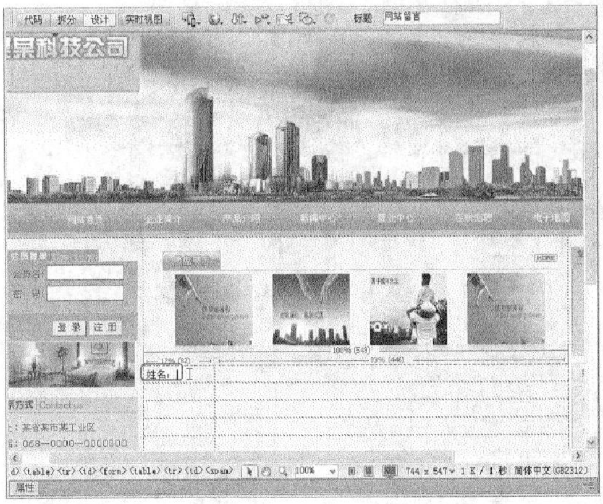

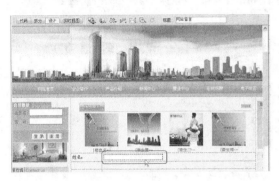

图 15-48　输入文字

❺ 将光标置于表格的第 1 行第 2 列中，插入文本域，如图 15-49 所示。

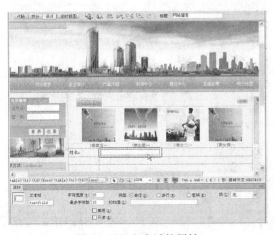

图 15-49　插入文本域

❻ 选中插入的文本域，在【属性】面板中，将【字符宽度】设置为 25，【类型】设置为单行，【最多字符数】设置为 10，如图 15-50 所示。

图 15-50　文本域的属性

❼ 重复以上操作，在其他的单元格中，插入文本域，如图 15-51 所示。

图 15-51　插入文本域

❽ 将光标置于表格的第 2 行第 1 列中，输入文本 "性别:"，如图 15-52 所示。

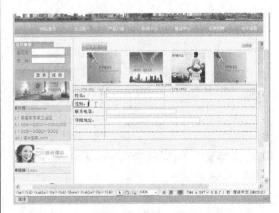

图 15-52　输入文本

❾ 将光标置于表格的第 2 行第 2 列单元格中，插入单选按钮，如图 15-53 所示。

图 15-53　插入单选按钮

⑩ 选中插入的单选按钮，在【属性】面板中的【初始状态】中选择【未选中】选项，如图 15-54 所示。

图 15-54　设置单选按钮

提示

一个实际的栏目中会拥有多个单选按钮，它们被称之为"单选按钮组"，组中的所有单选按钮必须具有相同的名称，并且名称中不能包含空格或特殊字符。系统默认名称为 radiobutton。

⑪ 将光标置于单选按钮的右边，输入文本，如图 15-55 所示。

图 15-55　输入文本

⑫ 将光标置于文本的右边，再插入单选按钮，并输入文本，如图 15-56 所示。

⑬ 将光标置于表格的第 5 行第 1 列单元格中，输入文字"留言内容:"，如图 15-57 所示。

图 15-56　插入单选按钮

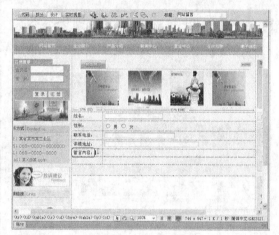

图 15-57　插入单选按钮

⑭ 将光标置于表格的第 5 行第 2 列单元格中，选择【插入】|【表单】|【文本区域】命令，插入文本区域，如图 15-58 所示。

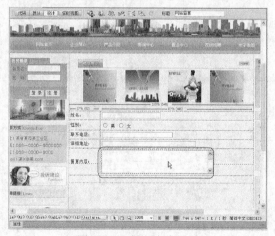

图 15-58　插入文本区域

⑮ 选中插入的文本区域，在属性面板将【字符宽度】设置为 45，【最多字符数】设置为 8，将【类型】设置为多行，如图 15-59 所示。

图 15-59　插入文本区域

⑯ 将光标置于表格的第 6 行第 2 列单元格中，选择【插入】|【表单】|【按钮】命令，插入按钮，如图 15-60 所示。

图 15-60　插入按钮

⑰ 选中插入的按钮，在【属性】面板中将【值】设置为【提交】，将【动作】设置为【提交表单】，如图 15-61 所示。

图 15-61　设置按钮

提示　对表单而言，按钮是非常重要的，它能够控制对表单内容的操作，如"提交"或"重置"。要将表单内容发送到远端服务器上，请使用"提交"按钮；要清除现有的表单内容，请使用"重置"按钮。

⑱ 将光标置于按钮的右边，选择【插入】|【表单】|【按钮】命令，插入按钮，在属性面板中将【值】设置为【重置】，将【动作】设置为【重设表单】，如图 15-62 所示。

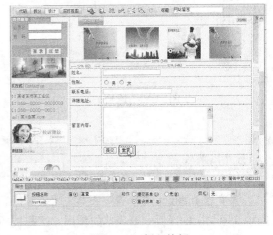

图 15-62　插入按钮

⑲ 选择【文件】|【保存】命令，保存文档，按 F12 键即可在浏览器中预览效果，如图 15-44 所示。

15.10　课后练习

1. 填空题

（1）一个完整的表单设计应该很明确地分为两个部分：_____部分和_____部分，它们分别由网页设计师和程序设计师来设计完成。

（2）表单用_____标记来创建，在<form></form>标记之间的部分都属于表单的内容。<form>标记具有_____、_____、_____属性。

参考答案：

（1）表单对象部分、应用程序

（2）<form></form>、action、method、target

2. 操作题

制作一个表单网页的效果如图 15-63 和图 15-64 所示。

原始文件	CH15/操作题/index.htm
最终文件	CH15/操作题/index1.htm

图 15-63　原始文件

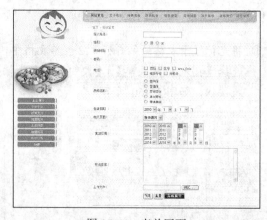

图 15-64　表单网页

15.11　本章总结

表单是 Internet 用户和服务器之间进行信息交流的一种重要工具。本章中主要介绍了网页中实现交互功能的工具——表单的使用方法和技巧，并且还给出了一个完整的表单网页案例，使读者能够更深刻的了解到它在实际中的应用。我们有理由相信，随着互联网人性化交流发展方向的确立，表单必定会发挥出更大的作用。

第 16 章
创建动态网页

随着信息时代的到来，通过网页获取信息已是一个重要的途径之一。在浏览网页时，经常会看到一个个动态的画面，如 **Flash 和 gif 图片**，那么这些网页是不是动态网页呢?那么究竟什么是动态网页，它是如何制作的呢?本章将从动态网页的概念、IIS 的配置、数据库的建立、数据库的连接、定义记录集的定义、动态数据的绑定、添加服务器行为等方面进行细致的阐述。

学习目标

- ☐ 掌握创建动态网页开发环境的方法
- ☐ 掌握设计和建立数据库的方法
- ☐ 掌握定义记录集的技巧
- ☐ 掌握绑定动态数据的方法
- ☐ 学习添加服务器行为的方法

16.1 创建动态网页开发环境

对于静态网页，直接用浏览器打开就可以完成测试，但是对于动态网页，无法直接用浏览器打开，因为它属于应用程序，必须有一个执行 Web 应用程序的开发环境才能进行测试。

16.1.1 安装因特网信息服务器

IIS 是网页服务组件，包括 Web 服务器、FTP 服务器、NNTP 服务器和 SMTP 服务器，分别用于网页浏览、文件传输、新闻服务和邮件发送等。安装 IIS 的具体操作步骤如下。

❶ 选择【开始】|【控制面板】|【添加/删除程序】命令，弹出【添加或删除程序】对话框，如图 16-1 所示。

❷ 在对话框中单击【添加/删除 Windows 组件】选项，弹出【Windows 组件向导】对话框，如图 16-2 所示。

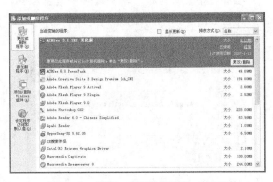

图 16-1 【添加或删除程序】对话框

❸ 在每个组件之前都有一个复选框☐，若该复选框显示为☑，则代表该组件内还含有子组件存在可以选择。双击【Internet 信息服

务（IIS）】选项，弹出如图 16-3 所示的【Internet 信息服务（IIS）】对话框。

图 16-2　弹出【Windows 组件向导】对话框

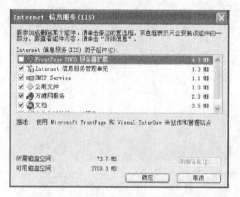

图 16-3　【Internet 信息服务（IIS）】

❹ 当选择完成所有希望使用的组件及子组件后，单击【确定】按钮，返回到【Windows 组件向导】对话框，单击【下一步】按钮，弹出如图 16-4 所示的复制文件的窗口。

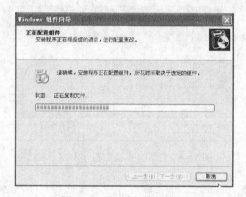

图 16-4　复制文件的窗口

❺ 复制文件完成后，安装完成，如图 16-5 所示。

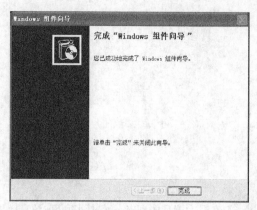

图 16-5　安装完成

16.1.2　设置因特网信息服务器（IIS）

设置 IIS 是为了发布和测试动态网页，设置 IIS 的具体操作步骤如下。

❶ 选择【开始】|【控制面板】|【性能和维护】|【管理工具】|【Internet 信息服务】命令，弹出【Internet 信息服务】对话框，如图 16-6 所示。

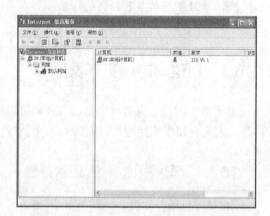

图 16-6　【Internet 信息服务】对话框

❷ 在对话框中右键单击【默认网站】选项，在弹出的菜单中选择【属性】选项，如图 16-7 所示。

❸ 弹出【默认网站属性】对话框，在对话框中切换到【网站】选项卡，在【IP 地址】文本框中输入 IP 地址，如图 16-8 所示。

❹ 在对话框中切换到【主目录】选项卡，单击【本地路径】文本框右边的【浏览】按钮，选择路径，如图 16-9 所示。

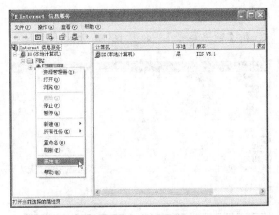

图 16-7 选择【属性】选项

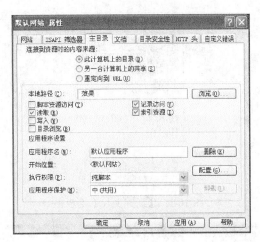

图 16-9 【主目录】选项卡

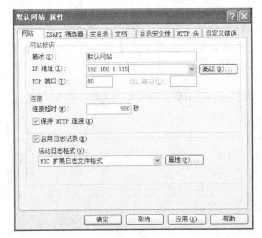

图 16-8 【网站】选项卡

❺ 在对话框中切换到【文档】选项卡，可以修改浏览器默认主页及调用顺序，如图 16-10 所示。单击【确定】按钮，即可完成 IIS 的设置。

图 16-10 【文档】选项卡

提示 如果【Internet 信息服务】对话框上方的【启动项目】是灰色的，表示当前不可用，从而意味着当前网站服务是开通的。单击【Internet 信息服务】对话框上方的【停止项目】按钮，可以停止本地计算机的网站服务。单击【Internet 信息服务】对话框上方的【暂停项目】按钮，可以暂停本地计算机的网站服务。

16.2 设计数据库

创建数据库时，应该根据数据的类型和特性，将它们分别保存在各自独立的存储空间中，这些空间称为表，表是数据库的核心。一个数据库可包含多个表，每个表具有唯一的名称，这些表可以是相关的，也可以是彼此独立的。创建数据库的具体操作步骤如下。

❶ 启动 Microsoft Access 2003，选择【文件】|【新建】命令，打开【新建文件】面板，如图 16-11 所示。

❷ 在面板中单击【空数据库】选项，弹出【文件新建数据库】对话框，选择保存数据的位置，在对话框中的【文件名】文本框中输入数据库名称，如图 16-12 所示。

图 16-11 【新建文件】面板

图 16-12 【文件新建数据库】对话框

❸ 单击【创建】按钮，弹出如图 16-13 所示的对话框，在对话框中双击【使用设计器创建表】选项。

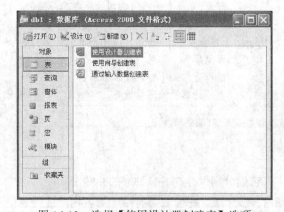

图 16-13 选择【使用设计器创建表】选项

❹ 弹出【表】窗口，在窗口中设置【字段名称】和【数据类型】，如图 16-14 所示。

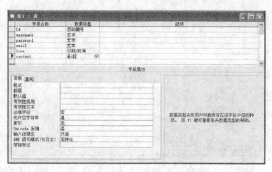

图 16-14 【表】窗口

❺ 将光标放置在字段 ID 中，单击右键，在弹出的菜单中选择【主键】选项，如图 16-15所示，即可设置为主键。

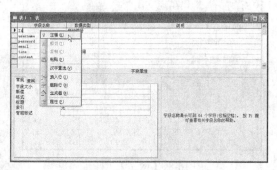

图 16-15 选择【主键】选项

❻ 选择【文件】|【保存】命令，弹出【另存为】对话框，在对话框中的【表名称】文本框中输入表的名称，如图 16-16 所示。单击【确定】按钮，即可完成数据库的创建。

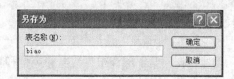

图 16-16 【另存为】对话框

16.3 建立数据库连接

数据库的连接就是对需要连接的数据库的一些参数进行设置，否则应用程序将不知道数据库在哪里和如何与数据库建立连接。

16.3.1 了解 DSN

DSN（Data Source Name，数据源名称），表示将应用程序和数据库建立链接的信息集合。ODBC 数据源管理器使用该信息来创建指向数据库的连接，通常 DSN 可以保存在文件或注册表中。创建 ODBC 连接实际上就是创建同数据源的连接，也就是定义 DSN。一旦创建了一个指向数据库的 ODBC 连接，与该数据库连接的有关信息被保存在 DSN 中，而在程序中如果要操作数据库，也必须要通过 DSN 来进行。

在 DSN 中主要包含下列信息。

　● 数据库名称，在 ODBC 数据源管理器中，DSN 的名称不能出现重名。

　● 关于数据库驱动程序的信息。

　● 数据库的存放位置。对于文件型数据库（如 Access）来说，数据库存放的位置是数据库文件的路径；但对于非文件型的数据库（如 SQL Sever）来说，数据库的存放位置是服务器的名称。

　● 用户 DSN：是用户使用的 DSN，这种类型的 DSN 只能被特定的用户使用。

　● 系统 DSN：是系统进程所使用的 DSN，系统 DSN 信息同用户 DSN 一样储存在注册表的位置，Dreamweaver 只能使用系统 DSN。

　● 文件 DSN：同系统 DSN 的区别是它保存在文件夹中，而不是注册表中。

16.3.2 定义系统 DSN

在使用数据库绑定将动态内容添加到网页之前，必须建立一个数据库连接，否则 Dreamweaver CS6 将无法使用数据库作为动态页面的数据源，而在建立数据库连接之前必须定义系统 DSN，具体操作步骤如下。

❶ 选择【开始】|【控制面板】|【性能和维护】|【管理工具】|【数据源（ODBC）】命令，弹出【ODBC 数据源管理器】对话框，在对话框中切换到【系统 DSN】选项卡，如图 16-17 所示。

❷ 单击右侧的【添加】按钮，弹出【创建新数据源】对话框，在对话框中的【名称】列表

中选择 Driver do Microsoft Access（*mbd）选项，如图 16-18 所示。

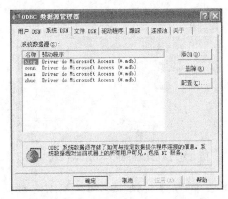

图 16-17 【系统 DSN】选项卡

图 16-18 【创建新数据源】对话框

提示　这里使用的是 Microsoft Access 创建的数据库，所以选择 Driver do Microsoft Access（*mbd）选项。

❸ 单击【完成】按钮，弹出【ODBC Microsoft Access 安装】对话框，在对话框中的【数据源名】文本框中输入数据源名称，单击【选择】按钮，弹出【选择数据库】对话框，如图 16-19 所示。

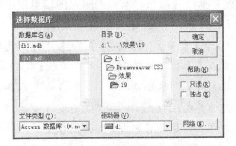

图 16-19 【选择数据库】对话框

❹ 在对话框中选择数据库的路径，单击【确定】按钮，如图 16-20 所示。

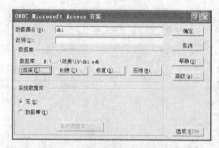

图 16-20 【ODBC Microsoft Access 安装】

❺ 单击【确定】按钮，返回到【ODBC 数据源管理器】对话框，在对话框中显示创建的数据源，如图 16-21 所示。

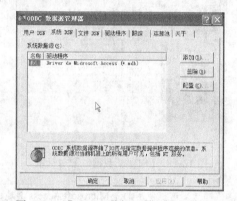

图 16-21 【ODBC 数据源管理器】对话框

❻ 单击【确定】按钮，即可创建数据源（ODBC）。

16.3.3 建立系统 DSN 连接

数据源建立以后，接下来要定义这个网站使用的数据库连接。只有如此，这个网站才能通过数据库连接来存取数据库里的信息。下面就来建立系统 DSN 连接，具体操作步骤如下。

❶ 选择【窗口】|【数据库】命令，打开【数据库】面板，如图 16-22 所示。在【数据库】面板中，列出了 4 步操作，前 3 步是准备工作，都已经打上了对勾，说明这 3 步已经完成了。如果没有完成，则必须在完成后才能连接数据库。

图 16-22 【数据库】面板

❷ 在面板中单击 ➕ 按钮，在弹出的菜单中选择【数据源名称（DSN）】选项，如图 16-23 所示。

图 16-23 选择【数据源名称（DSN）】选项

❸ 弹出【数据源名称（DSN）】对话框，在对话框中的【连接名称】文本框中输入 conn，在【数据源名称（DSN）】下拉列表中选择 db，如图 16-24 所示。

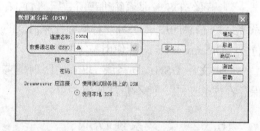

图 16-24 【数据源名称（DSN）】对话框

❹ 单击【确定】按钮，即可成功链接，此时的【数据库】面板如图 16-25 所示。

图 16-25 【数据库】面板

16.4　定义记录集（查询）

对于创建基于数据库的 Web 应用程序，最关键的而又最重要的一环就是定义记录集，对数据库的操作几乎都是从创建记录集开始的。

16.4.1　简单记录集（查询）的定义

记录集是通过数据库查询得到的数据库中记录的子集。记录集由查询来定义，查询则由搜索条件组成，这些条件决定记录集中应该包含的内容，定义记录集（查询）的具体操作步骤如下。

❶ 选择【窗口】|【绑定】命令，打开【绑定】面板，如图 16-26 所示。

图 16-26　【绑定】面板

❷ 在面板中单击 ➕ 按钮，在弹出的菜单中选择【记录集（查询）】选项，如图 16-27 所示。

图 16-27　选择【记录集（查询）】选项

❸ 弹出【记录集】对话框，在对话框中的【名称】文本框中输入 Recordset1，在【连接】下拉列表中选择 conn，在【表格】下拉列表中选择 liuyan，在【列】单选项中选择全

部，【筛选】和【排序】选择无，如图 16-28 所示。

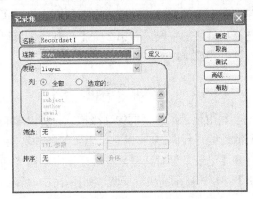

图 16-28　【记录集】对话框

❹ 单击【确定】按钮，即可创建记录集，如图 16-29 所示。

图 16-29　创建记录集

在【记录集】对话框中可以设置以下参数。

● 【名称】：创建的记录集的名称。

● 【连接】：用来指定一个已经建立好的数据库连接，如果在【连接】下拉列表中没有可用的连接出现，则可单击其右边的【定义】按钮建立一个连接。

● 【表格】：选取已选连接数据库中的所有表。

【列】：若要使用所有字段作为一条记录中的列项，则勾选【全部】单选按钮，否则应勾选【选定的】单选按钮。

【筛选】：设置记录集仅包括数据表中的符合筛选条件的记录。它包括 4 个下拉列表，这 4 个下拉列表分别可以完成过滤记录条件字段、条件表达式、条件参数以及条件参数的对应值。

【排序】：设置记录集的显示顺序。它包括 2 个下拉列表，在第 1 个下拉列表中可以选择要排序的字段，在第 2 个下拉列表中可以设置升序或降序。

16.4.2　高级记录集的定义

利用记录集对话框的高级模式，可以随心所欲地编写代码，来实现自己想要的各种功能。打开【记录集】对话框，在对话框中单击【高级】按钮，显示高级记录集，如图 16-30 所示。

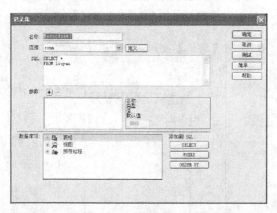

图 16-30　【记录集】对话框中的【高级】选项

在【记录集】对话框的【高级】选项中可以设置以下参数。

【名称】：设置记录集的名称。

【连接】：选择要使用的数据库连接。如果没有，则可单击其右侧的【定义】按钮定义一个数据库连接。

【SQL】：在下面的文本区域中输入 SQL 语句。

【参数】：如果在 SQL 语句中使用了变量，则可单击 + 按钮，可在这里设置变量，即

输入变量的【名称】、【默认值】和【运行值】。

【数据库项】：数据库项目列表，Dreamweaver CS6 把所有的数据库项目都列在了这个表中，用可视化的形式和自动生成 SQL 语句的方法让用户在做动态网页时会感到方便和轻松。

16.4.3　调用存储过程

在 Dreamweaver CS6 中可以使用存储过程来定义记录集。存储过程包含一个或者多个存放在数据库中的 SQL 语句，可以返回一个或多个记录集。调用存储过程的具体操作步骤如下。

❶ 打开需要调用存储过程的网页。

❷ 单击【绑定】面板中的 + 按钮，在弹出的菜单中选择【记录集（查询）】选项，弹出【记录集】对话框，单击【高级】按钮切换到高级【记录集】对话框，如图 16-31 所示。

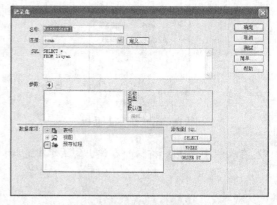

图 16-31　【记录集】对话框

❸ 在【数据库项】列表框中单击【预存过程】左侧的【+】号，展开该数据库，选择想要存储的过程，单击【过程】按钮。

提示　　如果存储过程中含有参数，在【变量】列表中需要定义它们的默认值和运行值。

---

❹ 单击【确定】按钮，即可完成操作。

16.4.4　简单的 SQL 查询语句

如果用户精通 SQL 语言，可以使用

Dreamweaver CS6 的高级【记录集】对话框来定义记录集。要使用 SQL 语言定义记录具体操作步骤如下。

❶ 打开需要绑定数据的页面,选择【窗口】|【绑定】命令,打开【绑定】面板。

❷ 在面板中单击⊞按钮,在弹出的菜单中选择【记录集(查询)】选项,弹出【记录集】对话框,单击【高级】按钮切换到高级【记录集】对话框。

❸ 在【名称】文本框中输入记录集名称,系统默认名称是 Recordset+序号的形式。

❹ 在【连接】下拉列表中选择要连接的数据源。

❺ 在 SQL 文本区中输入 SQL 语句,可以在对话框底部的【数据库项】列表框中选择适当的项目,如图 16-32 所示。

❻ 如果需要在 SQL 语句中输入变量,可在【参数】选项区单击⊞按钮,则下面【名称】列对应的区域被激活,可以使用默认的变量值来定义它们的值,也可以设置运行时的值,一般情况下服务器对象持有浏览器发送的值。

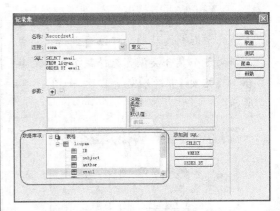

图 16-32　添加变量

❼ 设置完成后,可以单击【测试】按钮连接到数据库进行测试。如果测试成功,则会打开一个【测试 SQL 指令】对话框,该对话框中显示了记录集中所有符号查询条件的数据。单击【确定】按钮,关闭该对话框,返回到【记录集】对话框。

❽ 单击【确定】按钮,Dreamweaver CS6 会自动把记录添加到【绑定】面板的有效数据源列表中,可以为网页使用这个记录集中的任意一个记录。

16.5　其他数据源的定义

在 Dreamweaver 中不仅可以定义从数据库中提取数据的记录集作为数据源,还可以定义服务器对象类型的数据源,这些类型的数据源主要是以 Request 对象、Session 变量和 Application 变量的形式出现。

16.5.1　请求变量

Request 对象是 ASP 技术中用于传递数据的最常见的对象,它主要用于检索客户端的浏览器递交给服务器的各项信息。使用 Request 对象可以访问任何基于 HTTP 请求传递的所有信息,包括从 HTML 表单中用 POST 方法或 GET 方法传递的信息,Cookie 和用户认证信息等。

❶ 单击【绑定】面板中的⊞按钮,在弹出的菜单中选择【请求变量】选项,如图 16-33 所示。

图 16-33　选择【请求变量】选项

❷ 弹出【请求变量】对话框，单击【类型】右边的下拉列表按钮，可以看到请求对象包括的 5 个集合类型，选择某个类型的集合，在【名称】中输入变量名称，如图 16-34 所示。

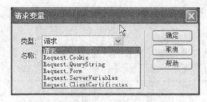

图 16-34 【请求变量】对话框

在集合类型中各选项的意义如下。

● 【Request.Cookie】：该集合用于取得保存在客户端的 Cookie 数据。

● 【Request.QueryString】：该集合用于读取链接地址后所附带的变量参数，即 URL 参数。如果客户端的表单以 GET 方法向服务器递交数据，由于这种传递方法是以 URL 参数的形式传递的，所以也可以用 QueryString 集合来接收。

● 【Request.Form】：用于读取浏览器以 POST 方法递交给服务器的数据。

● 【Request.ServerVariables】：该集合用于取得 Web 服务器上的环境变量信息。

● 【Request.ClientCertificates】：该集合用于取得客户端的身份权限数据。

❸ 单击【确定】按钮，创建的变量将显示在【绑定】面板中，如图 16-35 所示。

图 16-35 定义请求变量

16.5.2 阶段变量

当用浏览器浏览某个 ASP 网页，开始执行 Web 应用程序时，在 Web 站点上将会产生代表该联机的阶段变量。每个阶段变量都对应着一个标志符，供 Web 应用程序识别该变量。这个标志符在 Session 对象产生时，将会写到客户端计算机的 Cookies 中。

❶ 单击【绑定】面板中的 ⊞ 按钮，在弹出的菜单中选择【阶段变量】选项，如图 16-36 所示。

图 16-36 选择【阶段变量】选项

❷ 弹出【阶段变量】对话框，如图 16-37 所示。在【名称】文本框中输入阶段变量的名称，单击【确定】按钮即可。

图 16-37 【阶段变量】对话框

16.5.3 应用程序变量

这里所说的应用程序变量就是利用 Application 对象构建的应用程序作用域变量，应用程序变量可以被所有访问站点的人使用。利用 Application 对象创建的变量可以计算访问站点的人数、追踪用户操作或为所有用户提供特定的信息。

❶ 单击【绑定】面板中的 ⊞ 按钮，在弹出的菜单中选择【应用程序变量】选项，如图 16-38 所示。

图 16-38　选择【应用程序变量】选项

❷ 弹出【应用程序变量】对话框，如图 16-39
所示，在【名称】文本框中输入应用程序变
量的名称，单击【确定】按钮即可。

图 16-39　【应用程序变量】对话框

16.6　绑定动态数据

定义数据源之后，就要根据需要向页面指定位置添加动态数据，在 Dreamweaver 中通常把添加动态数据称为动态数据的绑定。动态数据可以添加到页面上任意位置，可以像普通文本一样添加到文档的正文中，还可以把它绑定到 HTML 的属性中。

16.6.1　绑定动态文本

在 Dreamweaver CS6 中，向页面绑定动态文本的具体操作步骤如下。

❶ 选择【窗口】|【绑定】命令，打开【绑定】面板。

❷ 在【绑定】面板中选择要显示的数据源。如果是记录集类型的数据源，则选择其中的字段，如果是服务器对象类型的数据源，则选择数据源本身。

❸ 将选中的数据源项拖动到文档中需要的位置上，或者将插入点放入文档中需要的位置，单击【绑定】面板上的【插入】按钮，如图 16-40 所示。即可绑定动态文本。

图 16-40　绑定动态文本

 提示　对于记录集类型的数据源，需要选择想要插入的字段，并指定记录集中需要的域。

16.6.2　设置动态文本数据格式

绑定到页面上的动态数据，默认情况下，运行后采用其本身固有的默认格式显示。在 Dreamweaver CS6 中，还可以根据需要指定或改变动态内容的显示格式。

1．动态文本格式的一般设置方法

设置动态数据的显示格式的具体操作步骤如下。

❶ 在文档中选中要设置其格式的动态数据，这时【绑定】面板中相应的数据源也被选中。

❷ 在【绑定】面板中可以看到，被选中的数据源右边的【格式】栏处，出现了一个▼按钮，单击该按钮将弹出一个下拉菜单，如图 16-41 所示。

❸ 在弹出的菜单中可以选择相应的选项。

在弹出的下拉菜单中的各项参数如下。

● 【日期/时间】：设置时间/日期类型的动态内容的显示格式。

图 16-41 设置动态内容下拉菜单

● 【货币】：设置货币类型的动态内容的显示格式。

● 【数字】：设置数字类型的动态内容的显示格式。

● 【百分比】：设置百分比类型的动态内容的显示格式。

● 【AlphaCase】：设置字符类型的动态内容的大小写格式。

● 【修整】：设置如何删除动态内容中的空格，包括动态内容左方的空格、右方的空格和左右方两端的空格。

● 【绝对值】：设置动态内容以绝对值形式显示。

● 【舍入整数】：将数据类型的动态内容进行四舍五入取整。

● 【编码-Server.HTMLEncode】：利用 ASP 中 Server 对象的 HTMLEncode 方法为 HTML 类型的动态内容进行 HTML 编码。

● 【编码-Server.URLEncode】：利用 ASP 中 Server 对象的 URLEncode 方法为 URL 类型的动态内容进行 URL 编码。

● 【路径-Server.MapPath】：利用 ASP 中 Server 对象的 MapPath 方法，根据 URL 类型的动态内容获取其磁盘绝对路径。

● 【编辑格式列表】：选择该项，可以对格式化列表进行编辑。

2．使用动态文本对话框

Dreamweaver CS6 提供了一个插入动态数据对话框，利用这个对话框不仅可以把定义的数据源插入文档的任意位置，而且还可以在插入动态数据之前设置好动态数据的格式，具体操作步骤如下。

❶ 选择【插入】|【数据对象】|【动态数据】|【动态文本】命令，弹出【动态文本】对话框，如图 16-42 所示。

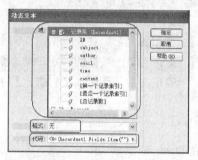

图 16-42 【动态文本】对话框

❷ 在【域】列表框中列出了在【绑定】面板中定义的所有数据源，并且数据源的组织形式也与【绑定】面板的数据源组织形式一致，选择一个合适的动态数据。

❸ 如果需要设置动态数据的格式，从【格式】下拉列表中选择一个合适的格式，相应的 ASP 代码将显示在【代码】文本框，在该文本框中可以任意修改。

【动态文本】对话框不仅仅为插入动态文本提供了另一种方法，在为 HTML 标记设置动态属性时将会用到。

提示 一定要确保数据格式与相应的数据匹配。

16.6.3 绑定动态图像

在实际应用中，经常需要动态地改变图像的 URL，即实现图像的动态化。创建动态图像源，实际上就是用记录集中的某字段中保存的 URL 地址作为图像的 URL 地址。绑定动态图像的具体操作步骤如下。

❶ 将光标放置在要插入图像的位置。

❷ 选择【插入】|【图像】命令，弹出【选择图像源文件】对话框，如图 16-43 所示。

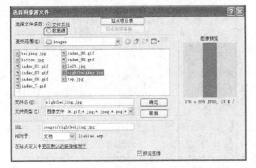

图 16-43 【选择图像源文件】对话框

❸ 在该对话框上的【选取文件名自】处有两个选项，【文件系统】和【数据源】选项，默认情况下【文件系统】选项被选中。选择【数据源】选项，这时【选择图像源文件】对话框将切换成如图 16-44 所示的动态 URL 模式的对话框。

图 16-44 动态 URL 模式

❹ 从【域】列表框中选择需要绑定到图像标记的 src 属性的数据源。

❺ 在【格式】下拉列表中，可以设置动态内容的格式。

❻ 在 URL 文本框中，可以看到将要绑定到图像标记的 src 属性的 ASP 代码。

❼ 单击【确定】按钮，确定操作，就完成了创建动态图像。

如果想把一个已经指定了具体 URL 地址

的图像或者图像占位符修改为动态图像，具体操作步骤如下。

❶ 选中图像，在【绑定】面板中选中要作为动态图像 URL 的数据源。

❷ 单击【绑定】面板中的【绑定】按钮。即可绑定动态图像。

❸ 如果想把某个数据源绑定到图像的其他属性中，从【绑定到】下拉列表中选图像标记的其他属性，再单击【绑定】按钮，绑定动态图像。

16.6.4 向表单对象绑定动态数据

除了可以在页面的正文部分添加动态数据之外，往表单对象中绑定数据也是最常见的应用。在 Dreamweaver CS6 中，可以很方便地将动态数据绑定到文本域、复选框和列表框等表单对象的 value、name 或其他属性中。向表单对象绑定动态数据具体操作步骤如下。

❶ 在文档窗口中，选中要绑定的动态数据的表单对象。

❷ 从【绑定】面板中选择要应用到文本域中的数据源。

❸ 从【绑定到】下拉列表中，选择希望将动态内容绑定到文本域对象的属性，如图 16-45 所示。

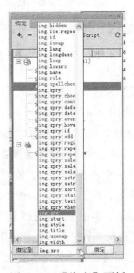

图 16-45 【绑定】面板

❹ 单击【绑定】按钮，动态数据即绑定到了表单对象的属性上。

在【绑定】面板中选择一个数据源，将其拖动到文档窗口中的表单对象上，在表单对象周围出现被选中的虚线时释放鼠标。

选中表单对象文本域，单击【属性】面板中的【初始值】文本框右边的闪电图标，如图16-46 所示。打开【动态数据】对话框进行设置，如图 16-47 所示。

图 16-46 【属性】面板

打开【服务器行为】面板，单击该面板上的➕按钮，在弹出的菜单中选择【动态表单元素】|【动态文本字段】选项，弹出【动态文本字段】对话框，如图 16-48 所示。在【文本域】下拉列表中选择页面上的一个文本域，单击

【将值设置为】文本框右边的闪电图标，打开【动态数据】对话框，选择数据源，单击【确定】按钮确定操作。

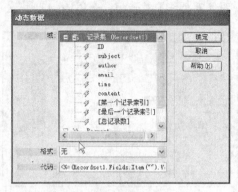

图 16-47 【动态数据】对话框

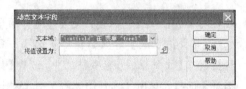

图 16-48 【动态文本字段】对话框

16.7 添加服务器行为

如果想显示从数据库中取得的多条或者所有记录，则必须添加一条服务器行为，这样就会按要求连续地显示多条或者所有的记录。

16.7.1 显示多条记录

【重复区域】服务器行为可以显示一条记录，也可以显示多条记录。如果要在一个页面上显示多条记录，必须指定一个包含动态内容的选择区域作为重复区域。插入重复区域的具体操作步骤如下。

❶ 选中要创建重复区域的部分，选择【窗口】|【服务器行为】命令，打开【服务器行为】面板，在面板中单击➕按钮，在弹出的菜单中选择【重复区域】选项，如图 16-49 所示。

❷ 选择选项后，弹出【重复区域】对话框，在对话框中【记录集】下拉列表中选择相应的记录集，在【显示】区域中指定页面的最大记录数，默认值为 10 个记录，如图 16-50 所示。

图 16-49 选择【重复区域】选项

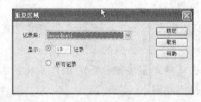

图 16-50 【重复区域】对话框

❸ 单击【确定】按钮，即可插入重复区域。

> 提示　在创建重复区域时，选择的区域可以是表单、表格、表格的一行、字段变量甚至是文本段落。

16.7.2　移动记录

在应用重复区域服务器时，指定在一页中可以显示的最大记录条数。当记录的总数大于页面中显示的记录条数时，可以通过记录集导航条显示在多个页面中。

选择【窗口】|【服务器行为】命令，打开【服务器行为】面板，在面板中单击 ➕ 按钮，在弹出菜单中选择【记录集分页】选项，在弹出子菜单中根据需要选择，如图 16-51 所示。

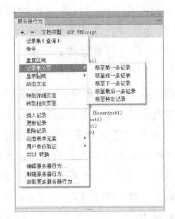

图 16-51　选择【记录集分页】选项

在【记录集分页】子菜单中可以设置以下选项。

● 【移至第一条记录】：将所选的链接或文本设置为跳转到记录集显示子页的第一页的链接。

● 【移至前一条记录】：将所选的链接或文本设置为跳转到上一记录显示子页的链接。

● 【移至下一条记录】：将所选的链接或文本设置为跳转到下一记录子页的链接。

● 【移至最后一条记录】：将所选的链接或文本设置为跳转到记录集显示子页的最后一页的链接。

● 【移至特定记录】：将所选的链接或文本设置为从当前页跳转到指定记录显示子页的第一页的链接。

16.7.3　显示区域

需要显示某个区域时，Dreamweaver CS6 可以根据条件动态显示。选择【窗口】|【服务器行为】命令，打开【服务器行为】面板，在面板中单击 ➕ 按钮，在弹出的菜单中选择【显示区域】选项，在弹出的子菜单中根据需要选择，如图 16-52 所示。

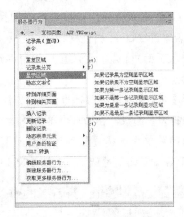

图 16-52　【显示区域】选项

● 【如果记录集为空则显示区域】：只有当记录集为空时才显示所选区域。

● 【如果记录集不为空则显示区域】：只有当记录集不为空时才显示所选区域。

● 【如果为第一条记录则显示区域】：在当前页中包括记录集中第一条记录时显示所选区域。

● 【如果不是第一条记录则显示区域】：在当前页中不包括记录集中第一条记录时显示所选区域。

● 【如果为最后一条记录则显示区域】：在当前页中包括记录集最后一条记录时显示所选区域。

● 【如果不是最后一条记录则显示区域】：在当前页中不包括记录集中最后一条记录时显示所选区域。

16.7.4　页面之间信息传递

应用程序可以将信息或参数从一个页面传递到另一个页面。要想把一个页面的信息传递到另一个页面时，就要用到适当的服务器行为。

1. 转到详细页面

在 Dreamweaver CS6 中，参数是以 HTML 表单的形式进行收集并且以某种方式传递的。如果表单用 POST 方式把信息传递到服务器，那么参数作为传递体的一部分也被传递。如果表单用 GET 方式传递，参数则被附加到 URL 上，在表单的 Action 属性中指定。

❶ 在列表页面中，选中要设置为指向详细页上的动态内容。

❷ 选择【窗口】|【服务器行为】命令，打开【服务器行为】面板，在面板中单击+按钮，在弹出的菜单中选择【转到详细页面】，弹出【转到详细页面】对话框，如图 16-53 所示。

图 16-53　【转到详细页面】对话框

在【转到详细页面】对话框中可以设置以下参数。

● 【链接】：在下拉列表中可以选择要把行为应用到哪个链接上。如果在文档中选择了动态内容，则会自动选择该内容。

● 【详细信息页】：在文本框中输入细节页面对应的 ASP 页面的 URL 地址，或单击右边的【浏览】按钮选择。

● 【传递 URL 参数】：在文本框中输入要通过 URL 传递到细节页中的参数名称，然后设置以下选项的值。

● 【记录集】：选择通过 URL 传递参数所属的记录集。

● 【列】：选择通过 URL 传递参数所属记录集中的字段名称，即设置 URL 传递参数的值的来源。

● 【URL 参数】：勾选此复选框表明将结果页中的 URL 参数传递到细节页上。

● 【表单参数】：勾选此复选框表明将结果页中的表单值以 URL 参数的方式传递到细节页上。

❸ 在对话框中进行相应的设置，单击【确定】按钮，这样原先的动态内容就会变成一个包含动态内容的超文本链接了。

2. 转到相关页面

可以建立一个链接打开另一个页面而不是它的子页面，并且传递信息到该页面，这种页面与页面之间进行参数传递的两个页面，称为相关页。

❶ 在要传递参数的页面中，选中要实现相关页跳转的文字。

❷ 选择菜单中的【窗口】|【服务器行为】命令，打开【服务器行为】面板，在面板中单击+按钮，在弹出的菜单中选择【转到相关页面】选项，弹出【转到相关页面】对话框，如图 16-54 所示。

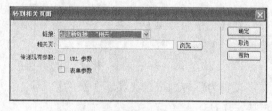

图 16-54　【转到相关页面】对话框

在【转到相关页面】对话框中可以设置以下参数。

● 【链接】：在下拉列表中选择某个现有的链接，该行为将被应用到该链接上。如果在该页面上选中了某些文字，该行为将把选中的文字设置为链接。如果没有选中文字，那么在默认状态下，Dreamweaver CS6 会创建一个名为【相关】的超文本链接。

● 【相关页】：在文本框中输入相关页的名称或单击【浏览】按钮选择。

● 【URL 参数】：勾选此复选框，表明将当前页面中的 URL 参数传递到相关页上。

● 【表单参数】：勾选此复选框，表明将当前页面中的表单参数值以 URL 参数的方式传递到相关页上。

16.7.5　用户验证

为了更能有效地管理共享资源的用户，需要规范化访问共享资源的行为。通常采用注册（新用户取得访问权）→登录（验证用户是否合法并分配资源）→访问授权的资源→退出（释放资源）这一行为模式来实施管理。

❶ 在定义检查新用户名之前需要先定义一个插入记录服务器行为。其实【检查新用户名】行为是限制【插入记录】行为的行为，它用来验证插入记录的指定字段的值在记录集中是否唯一。

❷ 打开【服务器行为】面板，在面板中单击按钮，在弹出的菜单中选择【用户身份验证】|【检查新用户名】选项，如图 16-55 所示。

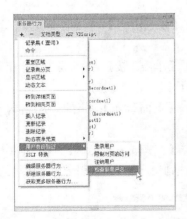

图 16-55　选择【检查新用户名】选项

❸ 弹出【检查新用户名】对话框，如图 16-56 所示。在对话框中【用户名字段】下拉列表中选择需要验证的记录字段（验证该字段在

记录集中是否唯一），如果字段的值已经存在，那么可以在【如果已存在，则转到】文本框中指定引导用户所去的页面。

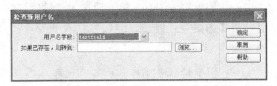

图 16-56　【检查新用户名】对话框

❹ 单击【服务器行为】面板中的按钮，在弹出的菜单中选择【用户身份验证】|【登录用户】，弹出【登录用户】对话框，如图 16-57 所示。

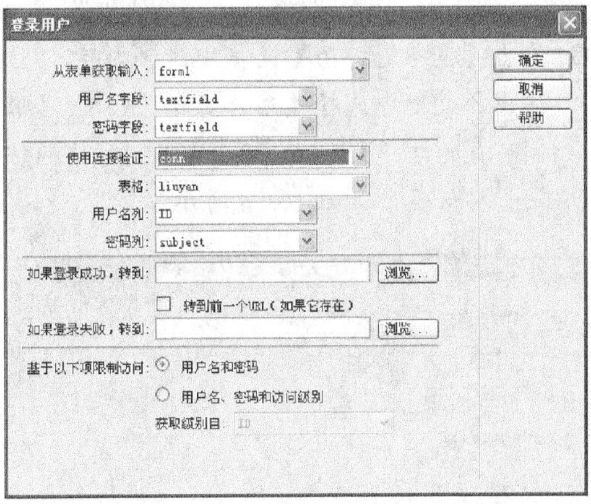

图 16-57　【登录用户】对话框

在【登录用户】对话框中可以设置以下参数。

● 【从表单获取输入】：在下拉列表中选择接受哪一个表单的提交。

● 【用户名字段】：在下拉列表中选择用户名所对应的文本框。

● 【密码字段】：在下拉列表中选择用户密码所对应的文本框。

● 【使用连接验证】：在下拉列表中确定使用哪一个数据库连接。

● 【表格】：在下拉列表中确定使用数据库中的哪一个表格。

● 【用户名列】：在下拉列表中选择用户

名对应的字段。

- 【密码列】：在下拉列表中选择用户密码对应的字段。

- 如果登录成功（验证通过），则将用户引导至【如果登录成功，转到】文本框所指定的页面。

- 如果存在一个需要通过当前定义的登录行为验证才能访问的页面，则应勾选【转到前一个 URL（如果它存在）】复选框。

- 如果登录不成功（验证没有通过），则将用户引导至【如果登录失败，转到】文本框所指定的页面。

- 在【基于以下项限制访问】提供的一组单选按钮中，可以选择是否包含级别验证。

❺ 单击【服务器行为】面板中的➕按钮，在弹出的菜单中选择【用户身份验证】|【限制对页的访问】选项，弹出【限制对页的访问】对话框，如图 16-58 所示。

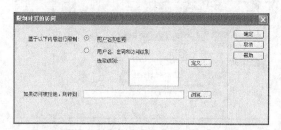

图 16-58 【限制对页的访问】对话框

在【限制对页的访问】对话框中可以设置以下参数。

- 在【基于以下内容进行限制】提供的一组单选按钮中，可以选择是否包含级别验证。

- 如果没有经过验证，则将用户引导至【如果访问被拒绝，则转到】文本框所指定的页面。

- 如果需要进行验证，则可以单击【定义】按钮，打开如图 16-59 所示的【定义访问级别】对话框，其中➕按钮用来添加级别，➖按钮用来删除级别，【名称】文本框用来指定级别的名称。

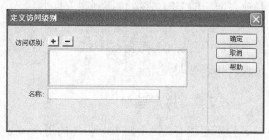

图 16-59 【定义访问级别】对话框

❻ 单击【服务器行为】面板中的➕按钮，在弹出的菜单中选择【用户身份验证】|【注销用户】选项，弹出【注销用户】对话框，如图 16-60 所示。

❼ 设置完毕后，单击【确定】按钮即可。

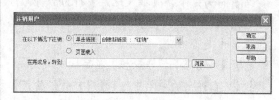

图 16-60 【注销用户】对话框

在【注销用户】对话框中可以设置以下参数。

- 【单击链接】：指的是当用户指定的链接时运行。

- 【页面载入】：指的是加载本页面时运行。

- 【在完成后，转到】：文本框用来指定运行【注销用户】行为后引导用户所至的页面。

16.8 课后练习

填空题

（1）IIS 是网页服务组件，包括_____服务器、_____服务器、_____服务器和_____服务器，分别用于网页浏览、文件传输、新闻服务和邮件发送等。

（2）＿＿＿＿＿＿＿＿＿＿＿＿＿＿使用该信息来创建指向数据库的连接，通常 DSN 可以保存在文件或注册表中。创建＿＿＿＿＿＿＿＿实际上就是创建同数据源的连接，也就是定义 DSN。

（3）定义数据源之后，就要根据需要向页面指定位置添加动态数据，在 Dreamweaver 中通常把添加动态数据称为＿＿＿＿＿＿＿＿。

参考答案：

（1）Web、FTP、NNTP、SMTP

（2）ODBC 数据源管理器、ODBC 连接

（3）动态数据的绑定

16.9　本章总结

动态网页就是根据访问者的请求，由服务器生成网页，访问者在发生请求后，在服务器上获得生成动态结果，并以网页形式显示在浏览器中。Dreamweaver CS6 将 Web 应用程序的开发环境同可视化创作环境结合起来，能够帮助用户快速进行 Web 应用程序的开发。它具有最优秀的可视化操作环境，又整合了最常见的服务器端数据库操作能力，能够快速生成专业的“动态”页面。无论您是 Web 设计师、是数据库开发者，还是 Web 程序员，都可以在 Dreamweaver CS6 的强大操作环境下设计出功能完善的动态网页。让那些不懂动态开发语言的读者，也能利用 Dreamweaver 在不需要或者只需要修改少量代码的情况下就能制作出动态网页。

留言系统是实现访问者与网站沟通的最好方式，大多数网站都有自己的留言系统。当客户浏览网页时，可以在留言系统中给站点管理员留言。留言系统作为一个非常重要的交流工具在收集用户意见方面起到了很大的作用。

学习目标

☐ 了解留言系统的结构

☐ 掌握创建数据表与数据库连接的方法

☐ 学习设计制作留言板的各个页面

17.1 程序设计分析

本章介绍的留言系统，是一个基于 Windows XP/2000 操作系统运行的 Web 应用程序，数据库采用 Microsoft Access 2003 作为开发平台。

本例的留言系统页面结构比较简单，如图 17-1 所示。由留言列表页、显示留言页面和发布添加留言页组成。

留言列表页面 liebiao.asp，如图 17-2 所示。也是留言系统的主页，显示出了留言的主题列表。

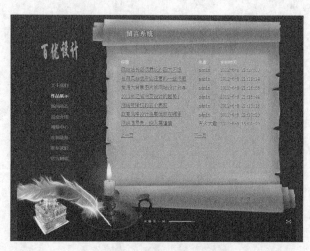

图 17-1　留言系统结构图　　　　　　　　图 17-2　留言列表页面

留言详细页面 xiangxi.asp，如图 17-3 所示。显示出某一条留言的详细内容。

添加留言页面 tianjia.asp，如图 17-4 所示。通过该页面，访问者能自由发表留言，留言提交后，会在留言列表页面及时地显示出留言的主题。

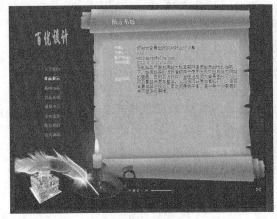

图 17-3　留言详细页面

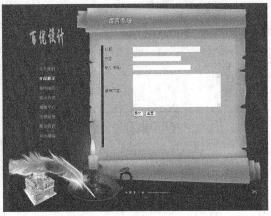

图 17-4　添加留言页面

17.2　创建数据表与数据库连接

留言系统设计前的准备工作非常重要，包括网页设计所需要素材的准备、本机 IIS 服务器的设置、Dreamweaver 站点的创建和数据库文件的创建与连接。

17.2.1　设计数据库

在制作具体网站动态功能页面前，首先要进行一项最重要的工作，就是创建数据库表，用于存放留言信息所用。创建数据库的具体操作步骤如下。

❶ 启动 Microsoft Access，选择【文件】|【新建】命令，打开【新建文件】面板，在面板中单击【空数据库】，如图 17-5 所示。

图 17-5　【新建文件】面板

❷ 弹出【文件新建数据库】对话框，在对话框中选择要保存的数据库的路径，在【文件名】文本框中输入 liuyan，如图 17-6 所示。

图 17-6　【文件新建数据库】对话框

❸ 单击【创建】按钮，弹出如图 17-7 所示的对话框，在对话框中用鼠标左键双击【使用设计器创建表】选项。

❹ 弹出【表 1：表】窗口，在窗口中输入字段名称并设置数据类型，如图 17-8 所示。

255

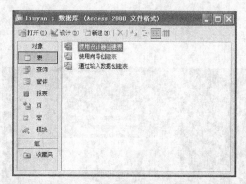

图 17-7　选择【使用设计器创建表】选项

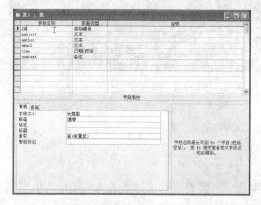

图 17-8　【表 1：表】窗口

❺ 将光标置于字段名称 ID 中，单击鼠标右键，在弹出的菜单中选择【主键】选项，如图 17-9 所示。将其设置为主键。

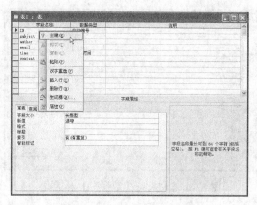

图 17-9　选择【主键】选项

❻ 选择【文件】|【保存】命令，弹出【另存为】对话框，在对话框中的【表名称】文本框中输入 liuyan，如图 17-10 所示。

❼ 单击【确定】按钮，即可完成数据库的创建。

图 17-10　【另存为】对话框

17.2.2　创建数据库连接

要在 Dreamweaver CS5 中使用数据库，必须先为站点建立数据库连接，具体操作步骤如下。

❶ 选择【窗口】|【数据库】命令，打开【数据库】面板，在面板中单击 🛨 按钮，在弹出的菜单中选择【数据源名称（DSN）】选项，如图 17-11 所示。

图 17-11　选择【数据源名称（DSN）】

❷ 弹出【数据源名称（DSN）】对话框，在对话框中单击【定义】按钮，弹出【ODBC 数据源管理器】对话框，在对话框中切换到【系统 DSN】选项卡，如图 17-12 所示。

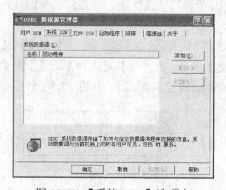

图 17-12　【系统 DSN】选项卡

❸ 在对话框中单击右侧的【添加】按钮，弹出【创建新数据源】对话框，在对话框中的【名称】列表框中选择【Driver do Microsoft Access（*.mdb）】选项，如图 17-13 所示。

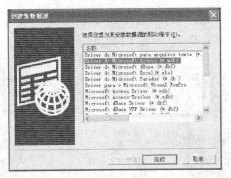

图 17-13 【创建新数据源】对话框

❹ 单击【完成】按钮，弹出【ODBC Microsoft Access 安装】对话框，在对话框中单击【选择】按钮，弹出【选择数据库】对话框，在对话框中选择数据库的路径，如图 17-14 所示。

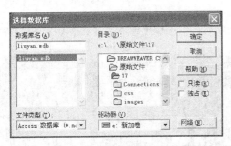

图 17-14 【选择数据库】对话框

❺ 单击【确定】按钮，在对话框中的【数据源名】文本框中输入 liuyan，如图 17-15 所示。

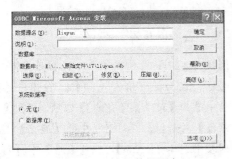

图 17-15 输入数据源名

❻ 单击【确定】按钮，返回到【ODBC 数据源

管理器】对话框，在对话框中显示创建的数据源，如图 17-16 所示。

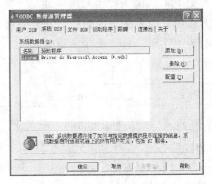

图 17-16 【ODBC 数据源管理器】对话框

❼ 单击【确定】按钮，返回到【数据源名称（DSN）】对话框，在对话框中的【连接名称】文本框中输入 liuyan，在【数据源名称(DSN）】下拉列表中选择 liuyan，如图 17-17 所示。

图 17-17 【数据源名称（DSN）】对话框

❽ 单击【确定】按钮，即可成功连接，【数据库】面板如图 17-18 所示。

图 17-18 【数据库】面板

17.3 设计留言板的各个页面

前面分析了留言系统的主要功能和数据库连接的创建，下面就来具体讲述各个页面的制作过程。

17.3.1 留言列表页面

留言列表页面主要是利用创建记录集，定义重复区域、绑定动态数据和转到详细页等服务器行为来实现，具体操作步骤如下。

原始文件	CH17/index.htm
最终文件	CH17/liebiao.asp

❶ 打开网页文档 index.htm，将其另存为 liebiao.asp，将光标置于相应的位置，选择【插入】|【表格】命令，插入 2 行 3 列的表格 1，如图 17-19 所示。

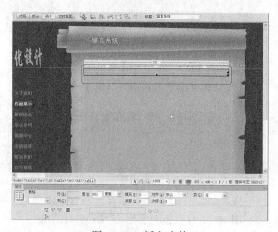

图 17-19 插入表格

❷ 在第 1 行单元格中分别输入相应的文字，在【属性】面板中将【大小】设置为 14 像素，如图 17-20 所示。

图 17-20 输入文字

❸ 将光标置于表格 1 的右边，插入 1 行 4 列的表格 2，如图 17-21 所示。

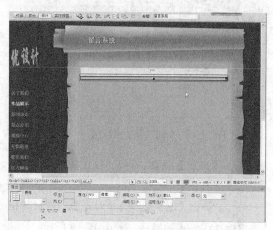

图 17-21 插入表格

❹ 分别在单元格中输入文字，如图 17-22 所示。

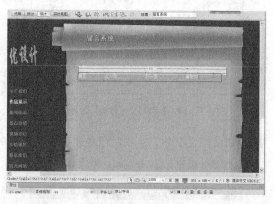

图 17-22 输入文字

❺ 选择【窗口】|【绑定】命令，打开【绑定】面板，在面板中单击 ➕ 按钮，在弹出的菜单中选择【记录集（查询）】选项，弹出【记录集】对话框，在对话框中的【连接】下拉列表中选择【liuyan】，在【表格】下拉列表中选择 liuyan，在【列】后方勾选【选定的】单选按钮，在列表框中选择【ID】【content】、【subject】、【author】和【time】，在【排序】下拉列表中选择【time】和【降序】，如图 17-23 所示。单击【确定】按钮，创建记录集。

❻ 将光标置于第 2 行第 1 列单元格中，在【绑定】面板中展开创建的记录集 Recordset1，

选中 subject 字段，单击右下角的【插入】按钮，绑定字段，如图 17-24 所示。

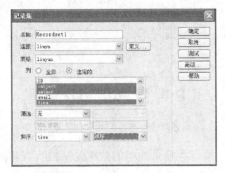

图 17-23　【记录集】对话框

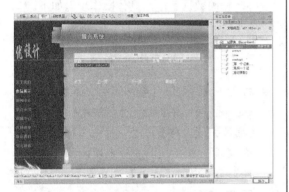

图 17-24　绑定字段

❼ 按照步骤❺的方法，将 author 和 time 字段进行绑定，如图 17-25 所示。

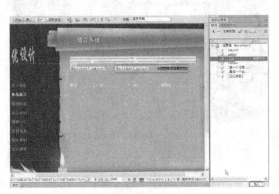

图 17-25　绑定字段

❽ 选中第 2 行单元格，选择【窗口】|【服务器行为】命令，打开【服务器行为】面板，在面板中单击╋按钮，在弹出的菜单中选择【重复区域】选项，弹出【重复区域】对

话框，在对话框中的【记录集】下拉列表中选择 Recordset1，在【显示】后方勾选【10】记录单选按钮，如图 17-26 所示。单击【确定】按钮，创建重复区域服务器行为。

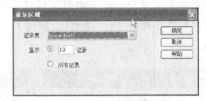

图 17-26　【重复区域】对话框

❾ 选中文字"首页"，单击【服务器行为】面板中的╋按钮，在弹出的菜单中选择【记录集分页】|【移至第一条记录】选项，弹出【移至第一条记录】对话框，在对话框中的【记录集】下拉列表中选择 Recordset1，如图 17-27 所示。

图 17-27　【移至第一条记录】对话框

❿ 单击【确定】按钮，创建移至第一条记录服务器行为。按照步骤❾的方法，分别对文字"上一页"创建移至前一条记录服务器行为，"下一页"创建移至下一条记录服务器行为，"最后页"创建移至最后一条记录服务器行为，如图 17-28 所示。

图 17-28　创建服务器行为

⓫ 选中文字"首页",单击【服务器行为】面板中的＋按钮,在弹出的菜单中选择【显示区域】|【如果不是第一条记录则显示区域】选项,弹出【如果不是第一条记录则显示区域】对话框,在对话框中的【记录集】下拉列表中选择 Recordset1,如图 17-29 所示。

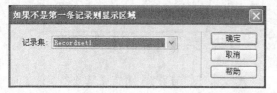

图 17-29 【如果不是第一条记录则显示区域】

⓬ 单击【确定】按钮,创建如果不是第一条记录则显示区域服务器行为。分别对文字"上一页"创建【如果为最后一条记录则显示区域】服务器行为,对"下一页"创建【如果为第一条记录则显示区域】服务器行为,对"最后页"创建【如果不是最后一条记录则显示区域】服务器行为,如图 17-30 所示。

图 17-30 创建服务器行为

⓭ 选中 {Recordset1.subject},单击【服务器行为】面板中的＋按钮,在弹出的菜单中选择【转到详细页面】选项,弹出【转到详细页面】对话框,在对话框中的【详细信息页】文本框中输入 xiangxi.asp,如图 17-31 所示。单击【确定】按钮,创建【转到详细页面】服务器行为。

图 17-31 【转到详细页面】对话框

17.3.2 留言详细信息页面

留言详细页面中的数据是从留言表 liuyan 中读取的,利用 Dreamweaver 创建记录集,然后绑定相关数据字段,具体操作步骤如下。

原始文件	CH17/index.htm
最终文件	CH17/xiangxi.asp

❶ 打开网页文档 index.htm,将其另存为 xiangxi.asp,将光标置于相应的位置,选择【插入】|【表格】命令,插入 5 行 2 列的表格,在第 1 列单元格中分别输入文字,在【属性】面板中将【大小】设置为 14 像素,如图 17-32 所示。

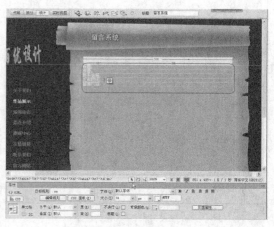

图 17-32 输入文字

❷ 单击【绑定】面板中的＋按钮,在弹出的菜单中选择【记录集(查询)】选项,弹出【记录集】对话框。在对话框中的【连接】下拉列表中选择 liuyan,在【表格】下拉列表中选择【liuyan】,在【列】后方勾选【全部】单选

按钮，在【筛选】下拉列表中分别选择【ID】、
【=】、【URL 参数】和【ID】，如图 17-33 所
示。单击【确定】按钮，创建记录集。

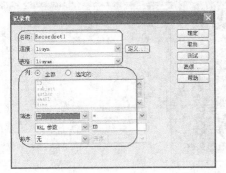

图 17-33　创建记录集

❸ 将光标置于第 1 行第 2 列单元格中，在【绑
定】面板中展开记录集 Recordset1，选中
subject 字段，单击右下角的【插入】按钮，
绑定字段，如图 17-34 所示。

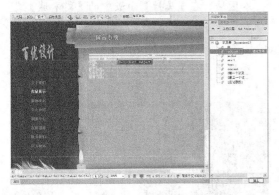

图 17-34　绑定字段

❹ 按照步骤❸的方法，对 author、email、time
和 content 字段进行绑定，如图 17-35 所示。

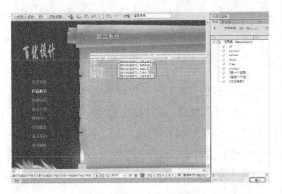

图 17-35　绑定其他字段

17.3.3　发表留言页面

　　添加留言页面主要利用插入表单对象和
【插入记录】服务器行为来实现，具体操作步骤
如下。

原始文件	CH17/index.htm
最终文件	CH17/tianjia.asp

❶ 打开网页文档 index.htm，将其另存为
tianjia.asp，将光标置于相应的位置，选择
【插入记录】|【表单】|【表单】命令，插入
表单，如图 17-36 所示。

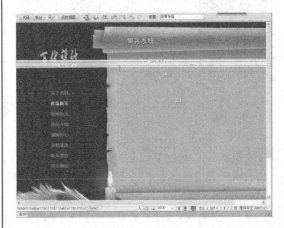

图 17-36　插入表单

❷ 将光标置于表单中，选择【插入记录】|【表
格】命令，插入 5 行 2 列的表格，在第 1 列
单元格中分别输入文字，在【属性】面板中
将【大小】设置为 14 像素，如图 17-37 所示。

图 17-37　输入文字

❸ 将光标置于第 1 行第 2 列单元格中，选择【插入记录】|【表单】|【文本域】命令，插入文本域，在【属性】面板中的【文本域】文本框中输入 subject，将【字符宽度】设置为 35，将【类型】设置为【单行】，如图 17-38 所示。

图 17-38　插入文本域 subject

❹ 将光标置于第 2 行第 2 列单元格中，插入文本域，在【属性】面板中的【文本域名称】文本框中输入 author，将【字符宽度】设置为 25，将【类型】设置为【单行】，如图 17-39 所示。

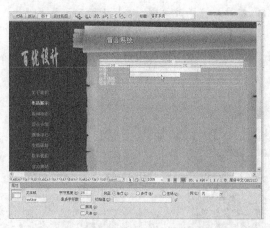

图 17-39　插入文本域 author

❺ 将光标置于第 3 行第 2 列单元格中，选择【插入】|【表单】|【文本域】命令，插入文本域。在【属性】面板中的【文本域】文本框中输

入 email，将【字符宽度】设置为 30，将【类型】设置为【单行】，如图 17-40 所示。

图 17-40　插入文本域 email

❻ 将光标置于第 4 行第 2 列单元格中，选择【插入】|【表单】|【文本区域】命令，插入文本区域，在【属性】面板中的【文本域】文本框中输入 content，将【字符宽度】设置为 45，将【行数】设置为 8，将【类型】设置为【多行】，如图 17-41 所示。

图 17-41　插入文本域 content

❼ 将光标置于第 5 行第 2 列单元格中，选择【插入】|【表单】|【按钮】命令，插入提交按钮，如图 17-42 所示。

❽ 将光标置于提交按钮的后面，选择【插入】|【表单】|【按钮】命令，插入重置按钮，如图 17-43 所示。

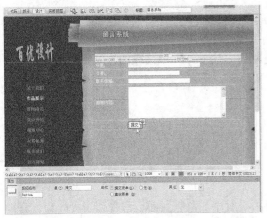

图 17-42　插入提交按钮

图 17-43　插入重置按钮

❾ 选择【窗口】|【行为】命令，打开【行为】
面板，在面板中单击➕按钮，在弹出的菜
单中选择【检查表单】选项，弹出【检查表
单】对话框，在对话框中将文本域 subject、
author 和 content 的【值】设置为【必需的】，
将【可接受】设置为【任何东西】。将文本
域 email 的【值】设置为【必需的】，将【可
接受】设置为【电子邮件地址】，如图 17-44
所示。单击【确定】按钮，添加行为。

❿ 单击【服务器行为】面板中的➕按钮，在
弹出的菜单中选择【插入记录】选项，弹出

【插入记录】对话框，在对话框中的【连接】
下拉列表中选择 liuyan，在【插入到表格】
下拉列表中选择 liuyan，在【插入后，转到】
文本框中输入 liebiao.asp，如图 17-45 所示。

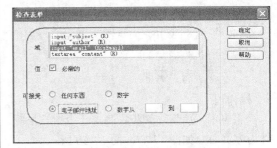

图 17-44　【检查表单】对话框

图 17-45　【插入记录】对话框

⓫ 单击【确定】按钮，创建【插入记录】服务
器行为，如图 17-46 所示。这样留言添加页
面就制作完成了。

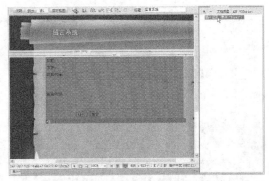

图 17-46　创建插入记录服务器行为

17.4　课后练习

1. 填空题

（1）留言系统页面结构比较简单，由＿＿＿＿＿＿、＿＿＿＿＿＿和＿＿＿＿＿＿组成。

（2）＿＿＿＿＿＿＿＿主要是利用创建记录集、定义重复区域、绑定动态数据和转到详细页等服务器行为来实现。

（3）＿＿＿＿＿＿＿＿留言详细页面中的数据是从留言表 liuyan 中读取的，利用 Dreamweaver 创建记录集，然后绑定相关数据字段。

参考答案：

（1）留言列表页、显示留言页面、添加留言页

（2）留言列表页面

（3）显示留言页面

2．操作题

根据本章所讲述知识，制作一个留言系统，要求具有添加留言页面、留言列表页面和留言详细内容页面，如图 17-47～图 17-50 所示。

原始文件	CH17/操作员/index.htm
最终文件	CH17/操作员

图 17-47　原始文件

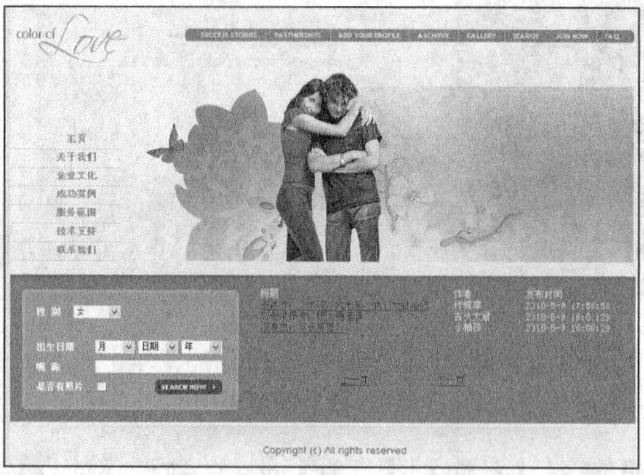

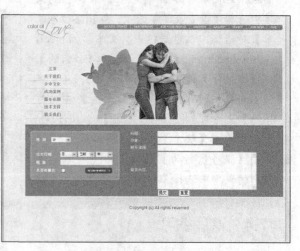

图 17-48　留言列表页面

图 17-49　留言详细页面

图 17-50　添加留言页面

17.5　本章总结

本章介绍了留言本的设计方法，随着网络技术及网站的发展，留言本很少以独立的形式存在，而是与其他页面结合。例如，各种新闻页面的评论部分，各种投票调查的评论部分，以及如图 17-51 和图 17-52 所示的论坛页面也属于留言本的形式。

图 17-51　论坛页面

图 17-52　留言页面

论坛显示的帖子部分，实际上就是从数据库中读取合适的记录并显示出来，图 17-52 所示的页面，是论坛的留言或者是发表帖子部分，在此页面的左边有一些心情图像，它实际上也是存放在数据库中的一些值。

在浏览某些网站时，常需要用户进行注册，在注册时用户需填写姓名、账号、密码和电话等信息，这些信息将被储存在一个数据表中，为的是方便管理员对注册用户进行统一管理。注册完毕后，用户只需输入账号及密码即可登录网站浏览某些信息。本章主要讲述会员注册管理系统的制作过程。

学习目标
- 了解会员注册登录系统的设计思路
- 学习创建和连接数据库的方法
- 掌握制作会员注册登录页面的方法

18.1　需求分析与设计思路

会员注册登录系统也是网站中的常见功能。本例制作的会员注册登录系统页面结构如图 18-1 所示。

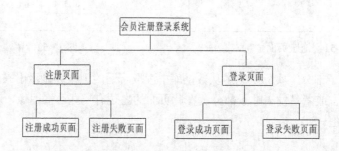

图 18-1　会员注册登录系统结构图

可以看出本系统主要包括注册、登录两部分，其中注册和登录模块都需要进行数据有效性验证，具体描述如下。

（1）注册部分：在用户将注册表单资料提交到数据库之前，首先调用验证模块，对用户填写的资料进行验证。如对两次输入的密码是否一致进行验证，对 E-mail 地址是否含有字符"@"进行验证。如果验证失败，提示出错，同时需要查询当前注册的账号是否已经存在，如果用户存在，自动转向到注册失败页面。

（2）登录部分：根据用户提交的用户名和密码判断是否正确。如果账号密码不对，转向登录失败页面，反之则转向登录成功页面。

注册页面 zhuce.asp，如图 18-2 所示。在这个页面中显示注册的详细信息。

注册成功页面 zhucheng.asp，如图 18-3 所示。这个页面是用户注册成功后的页面。

图 18-2　注册页面

图 18-3　注册成功页面

注册失败页面 zhubai.asp，如图 18-4 所示。这个页面提示用户注册失败。

会员登录页面 denglu.asp，如图 18-5 所示。用户在这里输入账号和密码后，如果都正确可以直接进入到登录成功页面，如果账号密码不正确，则进入登录失败页面。

图 18-4　注册失败页面

图 18-5　会员登录页面

登录成功页面 dcheng.asp，如图 18-6 所示。登录失败页面 dbai.asp，如图 18-7 所示。

图 18-6　登录成功页面

图 18-7　登录失败页面

18.2　创建数据库与数据库连接

数据库在网站建设中发挥着重要的作用。与普通网站相对而言，具有数据库功能的网站页面不是一层不变的，页面上内容是动态生成的，它可以根据数据库中相应部分内容的调整而变化，使网站内容更灵活，维护更方便，更新更便捷。

18.2.1　创建数据库

网站数据是有专门的一个数据库来存放。网站数据可以通过网站后台，直接发布到网站数据库，网站则把这些数据进行调用。网站数据库根据网站的大小，数据的多少，决定选用 SQL 或者 Access 数据库。Access 更适合一般的企业网站，因为开发技术简单，而且在数据量不是很大的网站上，检索速度快。不用专门去分离出数据库空间，数据库和网站在一起，节约了成本。下面创建 Access 数据库，具体操作步骤如下。

❶ 启动 Microsoft Access，新建数据库 denglu，如图 18-8 所示。

❷ 双击【使用设计器创建表】选项，弹出【denglu:表】窗口，在窗口中输入字段名称并设置数据类型，如图 18-9 所示。

图 18-8　新建数据库

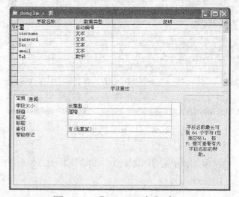

图 18-9　【denglu:表】窗口

❸ 选择【文件】|【保存】命令，弹出【另存为】对话框，在【表名称】文本框中输入 denglu，如图 18-10 所示。单击【确定】按钮，即可完成数据库的创建。

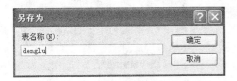

图 18-10　【另存为】对话框

18.2.2　创建数据库连接

数据库连接负责处理数据存储与网络应用程序之间的通信。本节详细介绍如何将数据库连接到应用程序中。创建数据库连接的具体操作步骤如下。

❶ 选择【窗口】|【数据库】命令，打开【数据库】面板，在面板中单击 ⊞ 按钮，在弹出的菜单中选择【数据源名称（DSN）】选项，如图 18-11 所示。

图 18-11　选择【数据源名称（DSN）】

❷ 弹出【数据源名称（DSN）】对话框，在对话框中单击【定义】按钮，弹出【ODBC 数据源管理器】对话框，在对话框中切换到【系统 DSN】选项卡，如图 18-12 所示。

❸ 在对话框中单击右侧的【添加】按钮，弹出【创建新数据源】对话框，在对话框中的【名称】列表框中选择 Driver do Microsoft Access（*.mdb）选项，如图 18-13 所示。

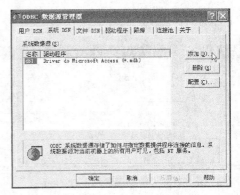

图 18-12　【系统 DSN】选项卡

图 18-13　【创建新数据源】对话框

❹ 单击【完成】按钮，弹出【ODBC Microsoft Access 安装】对话框，在对话框中的【数据源名】文本框中输入 denglu，并选择数据库的路径，如图 18-14 所示。

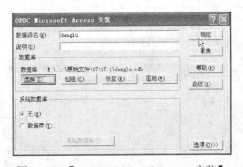

图 18-14　【ODBC Microsoft Access 安装】

❺ 单击【确定】按钮，返回到【ODBC 数据源管理器】对话框，单击【确定】按钮，返回到【数据源名称（DSN）】对话框。在对话框中的【连接名称】文本框中输入 denglu，【数据源名称（DSN）】下拉列表中选择

denglu，如图 18-15 所示。

图 18-15 【数据源名称（DSN）】

❻ 单击【确定】按钮，即可成功连接，此时【数据库】面板如图 18-16 所示。

图 18-16 【数据库】面板

18.3 制作会员注册登录系统各页面

会员注册页面除了提供输入信息的平台、表单的检查等静态功能以外，还提供数据的接受、数据的录入到库，以及重名的检查等动态动能。

18.3.1 注册页面的制作

注册页面效果如图 18-17 所示，用来收集注册者的信息，将注册的信息提交后保存到数据库当中。主要利用插入表单对象、检查表单和插入服务器行为等来制作的。具体操作步骤如下。

原始文件	CH18/index.htm
最终文件	CH18/zhuce.asp

图 18-17 注册页面

❶ 打开网页文档 index.htm，将其另存为 zhuce.asp，将光标置于相应的位置，按 Enter 键换行，选择【插入】|【表单】|【表单】命令，插入表单，如图 18-18 所示。

图 18-18 插入表单

❷ 将光标置于表单中，插入 8 行 2 列的表格，在【属性】面板中将【对齐】设置为【居中对齐】，将【填充】设置为 5，如图 18-19 所示。

❸ 选中第 1 行单元格，合并单元格，将【水平】设置为【居中对齐】，【高】设置为 25，输

入文字"用户注册"，如图 18-20 所示。

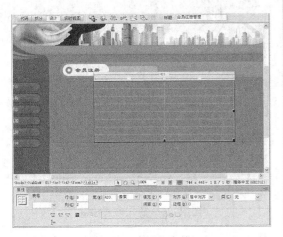

图 18-19　插入表格

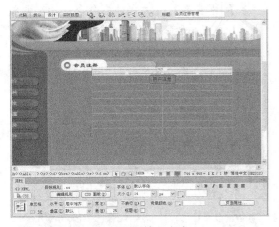

图 18-20　输入文字

❹ 分别在第 1 列单元格中输入文字，如图 18-21 所示。

图 18-21　输入文字

❺ 将光标置于第 2 行第 2 列单元格中，插入文本域，在【属性】面板中的【文本域名称】文本框中输入 username，【字符宽度】设置为 20，【类型】设置为【单行】，如图 18-22 所示。

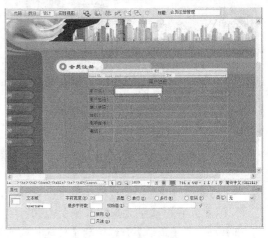

图 18-22　插入文本域

❻ 将光标置于第 3 行第 2 列中插入文本域，在【属性】面板的【文本域名称】中输入 password，【字符宽度】为 20，【类型】设置为【密码】，如图 18-23 所示。

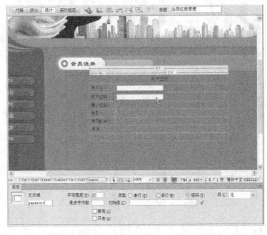

图 18-23　插入文本域

❼ 将光标置于第 4 行第 2 列单元格中，插入文本域，在【属性】面板中的【文本域名称】文本框中输入 password1，【字符宽度】设置为 20，【类型】设置为【密码】，如

图 18-24 所示。

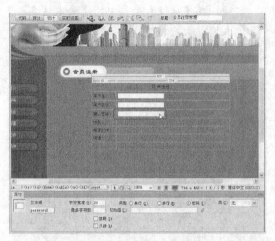

图 18-24　插入文本域

❽ 将光标置于第 5 行第 2 列单元格中，选择【插入】|【表单】|【单选按钮】命令，插入单选按钮，在【属性】面板中的【单选按钮名称】文本框中输入 Sex，【选定值】文本框中输入"男"，【初始状态】设置为【未选中】，如图 18-25 所示。

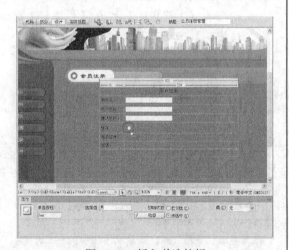

图 18-25　插入单选按钮

❾ 将光标置于单选按钮的后面，输入文字"男"，插入另一个单选按钮，在【属性】面板中的【单选按钮名称】文本框中输入 Sex，【选定值】文本框中输入"女"，【初始状态】设置为【未选中】，在单选按钮的后面输入文字"女"，如图 18-26 所示。

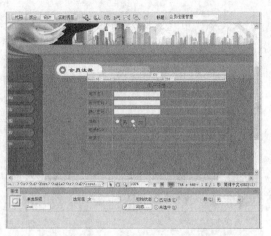

图 18-26　插入单选按钮

❿ 将光标置于第 6 行第 2 列单元格中，选择【插入】|【表单】|【文本域】命令，插入文本域，在【属性】面板中的【文本域名称】文本框中输入 email，【字符宽度】设置为 20，【类型】设置为【单行】，如图 18-27 所示。

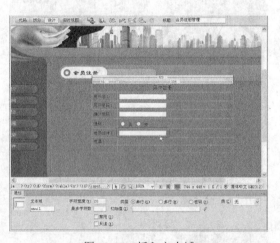

图 18-27　插入文本域

⓫ 将光标置于第 7 行第 2 列单元格中，选择【插入】|【表单】|【文本域】命令，插入文本域，在【属性】面板中的【文本域名称】文本框中输入 Tel，【字符宽度】设置为 20，【类型】设置为【单行】，如图 18-28 所示。

⓬ 将光标置于第 8 第 2 列单元格中，选择【插入】|【表单】|【按钮】命令，分别插入注册按钮和重置按钮，如图 18-29 所示。

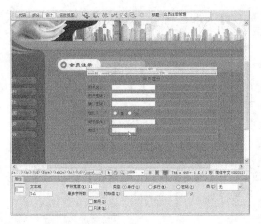

图 18-28 插入文本域

图 18-29 插入按钮

⓭ 打开【行为】面板，在面板中单击 ➕ 按钮，在弹出的菜单中选择【检查表单】选项，弹出【检查表单】对话框，在对话框中将文本域 username、password 和 password1 的【值】设置为【必需的】，【可接受】设置为【任何东西】。文本域 email 的【值】设置为【必需的】，【可接受】设置为【电子邮件地址】。文本域 Tel 的【值】设置为【必需的】，【可接受】设置为【数字】，如图 18-30 所示。

图 18-30 【检查表单】对话框

⓮ 单击【确定】按钮，添加行为，如图 18-31 所示。

图 18-31 添加行为

⓯ 切换到拆分视图，在相应的位置输入以下代码，如图 18-32 所示。

```
if(MM_findObj('password').value!=MM_findObj('password1').value)errors
+='-两次密码输入不一致 \n'
```

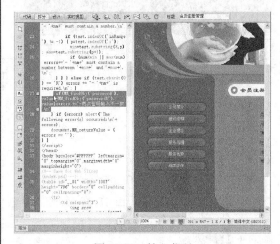

图 18-32 输入代码

⓰ 单击【服务器行为】面板中的 ➕ 按钮，在弹出的菜单中选择【插入记录】选项，弹出【插入记录】对话框，在对话框中的【连接】下拉列表中选择 denglu，【插入到表格】下拉列表中选择 denglu，【插入后，转到】文本框中输入 zhucheng.asp，如图 18-33 所示。

⓱ 单击【确定】按钮，创建【插入记录】服务器行为，如图 18-34 所示。

图 18-33 【插入记录】对话框

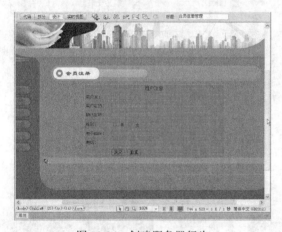

图 18-34 创建服务器行为

提示　利用【插入】服务器行为可以将会员注册的资料提交到数据库表中。

❶ 单击【服务器行为】面板中的 ➕ 按钮，在弹出的菜单中选择【用户身份验证】|【检查新用户名】选项，如图 18-35 所示。

图 18-35 选择【检查新用户名】选项

❶ 弹出【检查新用户名】对话框，在对话框中

的【如果已存在，则转到】文本框中输入 zhubai.asp，如图 18-36 所示。

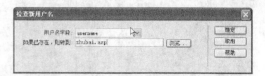

图 18-36 【检查新用户名】对话框

❷ 单击【确定】按钮，创建检查新用户名服务器行为。

提示　使用【检查新用户名】服务器行为可以验证用户在注册页面输入的用户名是否与数据库中的现有会员用户名重复。

18.3.2 注册成功与失败页面

注册成功页面效果如图 18-37 所示。注册失败页面效果如图 18-38 所示。

图 18-37 注册成功页面

图 18-38 注册失败页面

原始文件	CH18/index.htm
最终文件	CH18/zhucheng.asp、zhubai.asp

❶ 打开网页文档 index.htm，将其另存为 zhucheng.asp，将光标置于相应的位置，按 Enter 将换行，插入 2 行 1 列的表格，在【属性】面板中将【填充】设置为 5，【对齐】设置为【居中对齐】，如图 18-39 所示。

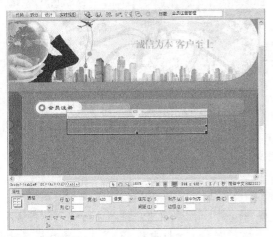

图 18-39　插入表格

❷ 分别在单元格中输入文字，将【大小】设置为 13 像素，设置为【居中对齐】，如图 18-40 所示。

图 18-40　输入文字

❸ 选中文字 "登录"，在【属性】面板中的【链接】文本框中输入 denglu.asp，如图 18-41 所示。

❹ 打开网页文档 index.htm，将其另存为 zhubai.asp，将光标置于相应的位置，按 Enter 键换行，选择【插入】|【表格】命令，插入 2 行 1 列的表格，在【属性】面板中将【填充】设置为 5，【对齐】设置为【居中对齐】，如图 18-42 所示。

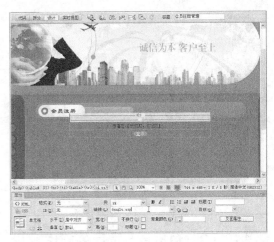

图 18-41　设置文本链接

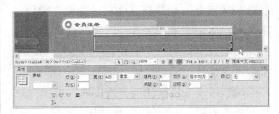

图 18-42　插入表格

❺ 分别在单元格中输入文字，将【大小】设置为 13 像素，【水平】设置为【居中对齐】，如图 18-43 所示。

图 18-43　输入文字

❻ 选中文字"重新注册",在【属性】面板中的【链接】文本框中输入 zhuce.asp,如图 18-44 所示。

图 18-44　设置文字超链接

18.3.3　会员登录页面的制作

登录进行的是数据库读取(查询)操作。根据用户提交的用户名密码,查找数据库中是否存在相关的记录,存在则说明登录成功;如果数据库中不存在相应的记录,说明用户名/密码输入错误,转到注册失败页面,会员登录页面效果如图 18-45 所示。具体操作步骤如下。

原始文件	CH18/index.htm
最终文件	CH18/denglu.asp

图 18-45　会员登录页面

❶ 打开网页文档 index.htm,将其另存为 denglu.asp,将光标置于相应的位置,按 Enter 将换行,选择【插入】|【表单】|【表单】命令,插入表单,如图 18-46 所示。

图 18-46　插入表单

❷ 将光标置于表单中,插入 4 行 2 列的表格,在【属性】面板中将【填充】设置为 5,【对齐】设置为【居中对齐】,如图 18-47 所示。

图 18-47　插入表格

❸ 选中第 1 行单元格,合并单元格,将【水平】设置为【居中对齐】,【高】设置为 25,输入文字"用户登录",在【属性】面板中将【大小】设置为 14 像素,在其他第 1 列单元格中输入文字,如图 18-48 所示。

图18-48 输入文字

❹ 将光标置于第2行第2列单元格中，选择
【插入】|【表单】|【文本域】命令，插入
文本域，在【属性】面板中的【文本域名
称】文本框中输入username，【字符宽度】
设置为20，【类型】设置为【单行】，如
图18-49所示。

图18-49 插入文本域

❺ 将光标置于第3行第2列单元格中，插入文
本域，【文本域名称】文本框中输入
password，【字符宽度】设置为20，【类型】
设置为【密码】，如图18-50所示。

❻ 将光标置于第4行第2列单元格中，选择
【插入】|【表单】|【按钮】命令，分别插入
登录按钮和重置按钮，如图18-51所示。

图18-50 插入文本域

图18-51 插入按钮

❼ 单击【行为】面板中的+.按钮，在弹出的
菜单中选择【检查表单】选项，弹出【检查
表单】对话框，在对话框中将文本域
username、password的【值】设置为【必需
的】，【可接受】设置为【任何东西】，如图
18-52所示。

图18-52 【检查表单】对话框

❽ 单击【确定】按钮，添加行为，如图18-53
所示。

❾ 单击【服务器行为】面板中的＋按钮，在弹
出的菜单中选择【用户身份验证】|【登录用
户】选项，弹出【登录用户】对话框。在对

话框中的【从表单获取输入】选择 form1，【使用连接验证】下拉列表中选择 denglu，【表格】下拉列表中选择 denglu，【用户名列】下拉列表中选择 username，【密码列】下拉列表中选择 password，【如果登录成功，转到】文本框中输入 dcheng.asp，【如果登录失败，转到】文本框中输入 dbai.asp，如图 18-54 所示。

图 18-53　添加行为

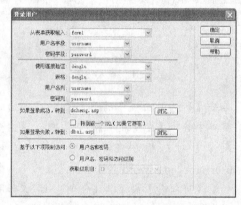

图 18-54　【登录用户】对话框

⑩ 单击【确定】按钮，创建登录用户服务器行为，如图 18-55 所示。

图 18-55　创建服务器行为

 提示　使用【登录用户】服务器行为用来检查用户在该网页中输入的登录用户名和密码是否正确。

18.3.4　登录成功与失败页面

登录成功页面效果如图 18-56 所示。登录失败页面如图 18-57 所示。

原始文件	CH18/index.htm
最终文件	CH18/dcheng.asp、dbai.asp

图 18-56　登录成功页面

图 18-57　登录失败页面

❶ 打开网页文档 index.htm，将其另存为 dcheng.asp。将光标置于相应的位置，选择

【插入】|【表格】命令，插入 1 行 1 列的表格，在【属性】面板中将【填充】设置为 5，【对齐】设置为【居中对齐】，如图 18-58 所示。

图 18-58　插入表格

❷ 在单元格中输入文字，将【大小】设置为 13 像素，【水平】设置为【居中对齐】，如图 18-59 所示。

图 18-59　输入文字

❸ 打开网页文档 index.htm，将其另存为

dbai.asp。将光标置于相应的位置，选择【插入】|【表格】命令，插入 2 行 1 列的表格，在【属性】面板中将【填充】设置为 5，【对齐】设置为【居中对齐】，如图 18-60 所示。

图 18-60　插入表格

❹ 分别在单元格中输入文字，将【大小】设置为 13 像素，【水平】设置为【居中对齐】，选中文字"重新登录"，在【属性】面板中的【链接】文本框中输入 denglu.asp，如图 18-61 所示。

图 18-61　设置文本

18.4　课后练习

1. 填空题

（1）会员注册登录系统也是网站中的常见功能。本章制作的系统主要包括＿＿＿、＿＿＿两部分。

（2）网站数据可以通过网站后台，直接发布到网站_____，网站则把这些数据进行调用。网站数据库根据网站的大小，数据的多少，决定选用 SQL 或者 Access 数据库。

参考答案

（1）注册、登录

（2）数据库

2. 操作题

按照本章所讲述的内容制作一个会员注册登录系统，原始文件如图 18-62 所示。

原始文件	CH18/操作题/index.htm
最终文件	CH18/操作题

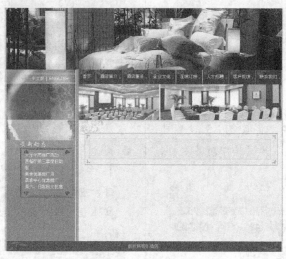

图 18-62　原始文件

注册页面 zhuce.asp，如图 18-63 所示。在这个页面中显示注册的详细信息。

注册成功页面 zhucheng.asp，如图 18-64 所示。这个页面是用户注册成功后的页面。

图 18-63　注册页面

图 18-64　注册成功页面

注册失败页面 zhubai.asp，如图 18-65 所示。这个页面提示用户注册失败。

会员登录页面 denglu.asp，如图 18-66 所示。用户在这里输入账号和密码后，如果都正确可以直接进入到登录成功页面，如果账号密码不正确，则进入登录失败页面。

图 18-65　注册失败页面

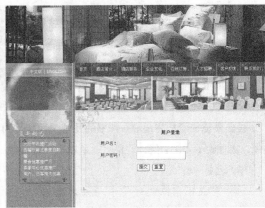

图 18-66　会员登录页面

登录成功页面 dcheng.asp，如图 18-67 所示。登录失败页面 dbai.asp，如图 18-68 所示。

图 18-67　登录成功页面

图 18-68　登录失败页面

18.5　本章总结

注册与登录是设计网站时必不可少的一个要点，本章中通过一个实例介绍了注册与登录的基本技术，还可以通过使用 JavaScript 语言让注册与登录更加人性化，更易操作。例如，在登录时，可以先检查用户名与密码是否为空；在注册失败后再重新注册时，让用户只需要更改用户名和密码，而不需要重新填写其他信息；使用 Cookie 技术，让用户在下次打开网页的时候不用再登录；使用高级加密技术，让用户登录更安全；为用户设置权限，不同权限的用户登录成功后出现的界面不相同，让用户登录更安全。通过 Dreamweaver 与 ASP、JavaScript 的结合，还可以设计出一个更完善的注册与登录系统。

投票系统一般是公众对一件事的几种选择所作的评判和看法的统计。投票系统具有简单易行、可操作性强、实时显示和便于统计等优点，所以现在很多网站都定期或者不定期地举办网上投票活动。

学习目标
- 掌握投票系统的需求与设计思路
- 掌握创建投票系统数据库与数据库连接的方法
- 掌握制作投票内容页的方法

19.1 需求分析与设计思路

投票系统也叫网上调查系统。随着网络的出现，网上调查系统也随之出现，调查系统一般是公众对一件事的几种选择所作的评判和看法的统计。

网上调查是企业实施市场策略的重要手段之一。通过开展调查，可以迅速了解社会不同层次、不同行业的人员需求，客观地收集需求信息。

常见的调查系统由两个功能模块组成：一个是提供输入个人信息的调查信息页面，这里需要被调查对象填写内容。另一个是显示调查结果的调查结果页面，主要用于统计共有多少人参加了调查，并且记录每个被调查对象的个人信息。调查系统页面的流程图如图 19-1 所示。

图 19-1 调查系统页面的流程图

调查信息页面如图 19-2 所示。在这个页面中输入调查的一些信息。然后单击"投票"按钮，网页会将用户提交的资料全部提交给服务器端并插入相应的数据表中。

调查结果页面如图 19-3 所示。显示调查的详细结果信息，在页面中可以看到参加调查的总人数，调查项目的相关统计和参与调查的个人信息。

图 19-2 调查信息页面

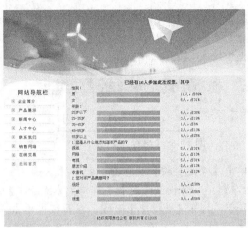

图 19-3 调查结果页面

19.2 创建数据库与数据库连接页

本节制作的投票系统创建数据库 Vote，其中包括数据库表 Vote，表中的字段名称和数据类型如表 19-1 所示。数据库设计与连接的具体操作步骤如下。

表 19-1 数据库表

字段名称	数据类型	说明
name	文本	姓名
Sex	文本	性别
Age	数字	年龄
lujing	数字	途径
good	是/否	很好
mid	是/否	一般
bad	是/否	很差

❶ 启动 Access，新建数据库 Vote，在对话框中双击【使用设计器创建表】选项，如图 19-4 所示。

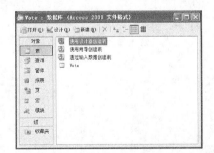

图 19-4 选择【使用设计器创建表】选项

❷ 弹出【表 1：表】对话框，在对话框中输入【字段名称】和字段所对应的【数据类型】，将 name 字段设置为主键，如图 19-5 所示。

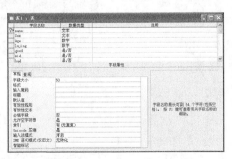

图 19-5 【表 1：表】对话框

❸ 选择【文件】|【保存】命令，弹出【另存为】对话框，在对话框中的【表名称】文本框中输入 Vote，如图 19-6 所示。

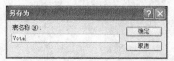

图 19-6　【另存为】对话框

❹ 单击【确定】按钮，保存数据库表。

❺ 启动 Dreamweaver，选择【窗口】|【数据库】命令，打开【数据库】面板，在面板中单击 按钮，在弹出的菜单中选择【自定义连接字符串】选项，如图 19-7 所示。

图 19-7　选择【自定义连接字符串】选项

❻ 弹出【自定义连接字符串】对话框，在对话框中的【名称】文本框中输入 conn，【连接字符串】文本框中输入以下代码，如图 19-8 所示。

```
"Provider=Microsoft.JET.Oledb.4.0;
Data Source="&Server.Mappath("/Vote.mdb")
```

图 19-8　【自定义连接字符串】对话框

❼ 单击【确定】按钮，即可创建数据库连接，此时【数据库】面板如图 19-9 所示。

图 19-9　【数据库】面板

19.3　制作投票内容页

制作投票页面效果如图 19-10 所示。制作时主要利用插入表单对象和创建插入记录服务器行为，具体操作步骤如下。

原始文件	CH19/index.htm
最终文件	CH19/xinxi.asp

图 19-10　投票页面效果

❶ 打开原始文件，将其另存为 xinxi.asp。

❷ 将光标置于文档中相应的位置，输入文字，在【属性】面板中将【大小】设置为 14 像素，单击 **B** 按钮对文字加粗，设置为【居中对齐】，如图 19-11 所示。

图 19-11　输入文字

❸ 将光标置于文字的右边，选择【插入】|【表单】|【表单】命令，插入表单，如图 19-12 所示。

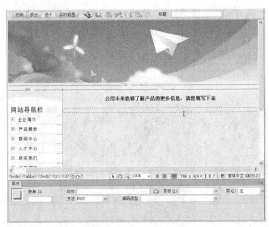

图 19-12　插入表单

❹ 将光标置于表单中，选择【插入】|【表格】命令，插入 3 行 2 列的表格，在【属性】面板中将【填充】设置为 4，【对齐】设置为【居中对齐】，如图 19-13 所示。

❺ 分别在第 1 列单元格中输入文字，如图 19-14 所示。

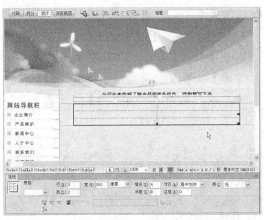

图 19-13　插入表格

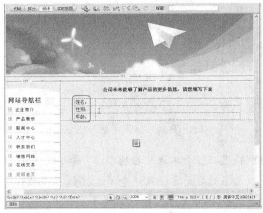

图 19-14　输入文字

❻ 将光标置于第 1 行第 2 列单元格中，选择【插入】|【表单】|【文本域】命令，插入文本域，在【属性】面板中的【文本域名称】文本框中输入 name，【字符宽度】设置为 20，【类型】设置为【单行】，如图 19-15 所示。

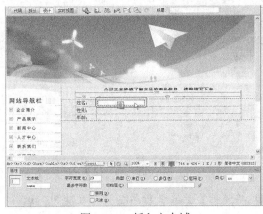

图 19-15　插入文本域

❼ 将光标置于第 2 行第 2 列单元格中，选择
【插入】|【表单】|【单选按钮】命令，插入
单选按钮，在【属性】面板中的【单选按钮
名称】文本框中输入 Sex，【选定值】文本
框中输入 false，【初始状态】设置为【已勾
选】，如图 19-16 所示。

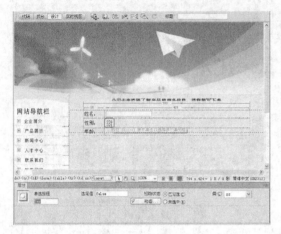

图 19-16　插入单选按钮

❽ 将光标置于单选按钮的后面，输入文字。在
文字的后面再插入一个单选按钮，在【属性】
面板中的【单选按钮名称】文本框中输入
Sex，【选定值】文本框中输入 true，【初始
状态】设置为【未选中】，在单选按钮的后
面输入文字，如图 19-17 所示。

图 19-17　插入单选按钮并输入文字

❾ 将光标置于第 3 行第 2 列单元格中，选择

【插入】|【表单】|【单选按钮】命令，插入
单选按钮，在【属性】面板中的【单选按
钮名称】文本框中输入 Age，【选定值】文
本框中输入 1，【初始状态】设置为【已
勾选】，在单选按钮的后面输入文字，如
图 19-18 所示。

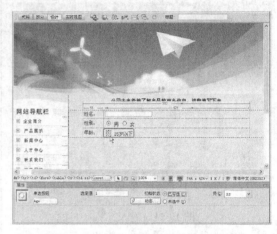

图 19-18　插入单选按钮并输入文字

❿ 按照步骤❾的方法插入其他的单选按钮，
并输入相应的文字。在【属性】面板中的
【单选按钮名称】文本框中输入 Age，【选
定值】文本框中输入分别输入 2、3、4、5，
【初始状态】设置为【未选中】，如图 19-19
所示。

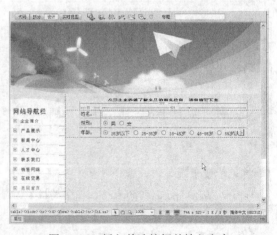

图 19-19　插入单选按钮并输入文字

⓫ 将光标置于表格的右边，选择【插入】|【表

格】命令，插入 5 行 1 列的表格，在【属性】面板中将【填充】设置为 4，【对齐】设置为【居中对齐】，如图 19-20 所示。

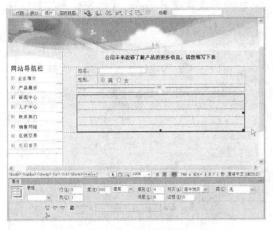

图 19-20　插入表格

⑫ 将光标置于第 1 行单元格中，输入文字。在【属性】面板中设置相应的属性，将光标置于第 2 行单元格中，选择【插入】|【表单】|【单选按钮】命令，插入单选按钮，在【属性】面板中的【单选按钮名称】文本框中输入 lujing，【选定值】文本框中输入 1，【初始状态】设置为【已勾选】，在单选按钮的后面输入文字，如图 19-21 所示。

图 19-21　输入文字和插入单选按钮

⑬ 按照步骤 13 的方法插入其他的单选按钮，并输入相应的文字。在【属性】面板中的

【单选按钮名称】文本框中输入 lujing，【选定值】文本框中输入分别输入 2、3、4、5，【初始状态】设置为【未选中】，如图 19-22 所示。

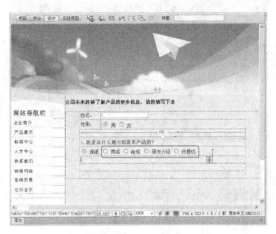

图 19-22　输入文字和插入单选按钮

⑭ 将光标置于第 3 行单元格中，输入文字。将光标置于第 4 行单元格中，选择【插入】|【表单】|【复选框】命令，插入复选框，在【属性】面板中的【复选框名称】文本框中输入 good，【选定值】文本框中输入 true，【初始状态】设置为【已勾选】，在复选框的后面输入文字，如图 19-23 所示。

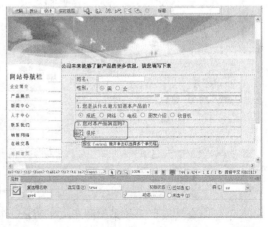

图 19-23　插入复选框

⑮ 按照步骤 16 的方法在文字的后面插入其他的复选框，并输入相应的文字。在【属性】面

板中的【复选框名称】文本框中分别输入 mid 和 bad，【选定值】文本框中输入 true，【初始状态】设置为【未选中】，如图 19-24 所示。

图 19-24　插入复选框

⑯ 将光标置于第 5 行单元格中，选择【插入】|【表单】|【按钮】命令，分别插入【投票】按钮和【查看】按钮，如图 19-25 所示。

图 19-25　插入按钮

⑰ 单击【服务器行为】面板中的 + 按钮，在弹出的菜单中选择【插入记录】选项，弹出【插入记录】对话框，在对话框中的【连接】下拉列表中选择 conn，【插入到表格】下拉列表中选择 Vote，在【插入后，转到】文本框中输入 jieguo.asp，【获取值自】选择 form1，如图 19-26 所示。

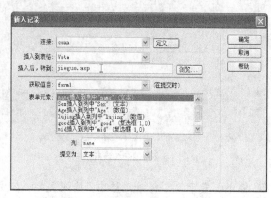

图 19-26　【插入记录】对话框

⑱ 单击【确定】按钮，创建插入服务器行为，如图 19-27 所示。

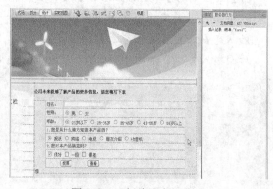

图 19-27　创建服务器行为

19.4　制作投票内容页

创建调查结果页面效果如图 19-28 所示。制作时主要利用创建记录集、绑定字段、添加动态数据和创建重复区域的服务器行为，具体操作步骤如下。

原始文件	CH19/index.htm
最终文件	CH19/jieguo.asp

图 19-28 投票结果页面效果

❶ 打开原始文件，将其另存为 jieguo.asp。

❷ 将光标置于文档中相应的位置，输入文字，在【属性】面板中将【大小】设置为 14 像素，单击B按钮对文字加粗，设置为【居中对齐】，如图 19-29 所示。

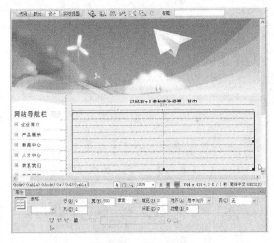

图 19-30 插入表格

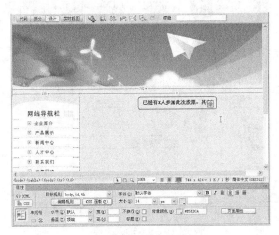

图 19-29 输入文字

❸ 将光标置于文字的右边，选择【插入】|【表格】命令，插入 9 行 2 列的表格，此表格记为表格1，在【属性】面板中将【填充】设置为2，【对齐】设置为【居中对齐】，如图 19-30 所示。

❹ 分别将表格 1 的第 1 行和第 4 行单元格，合并单元格，并分别在单元格中输入文字，如图 19-31 所示。

❺ 将光标置于表格 1 的第 2 行第 2 列单元格中，按住鼠标左键向下拖动至第 3 行第 2 列单元格，合并单元格。在合并后的单元格中插入 1 行 3 列的表格，此表格记为表格2，将表格 2 的第 1 列单元格的【背景颜色】设置为#7AB036，如图 19-32 所示。

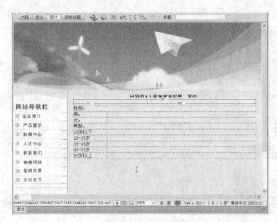

图 19-31　输入文字

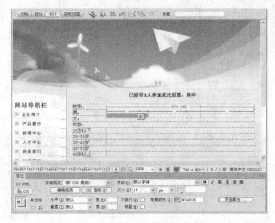

图 19-32　设置单元格属性

❻ 将光标置于表格 2 的第 1 列单元格中，选择【插入】|【表格】命令，插入 1 行 1 列的表格，此表格记为表格 3。将单元格的【背景颜色】设置为#66CC99，如图 19-33 所示。

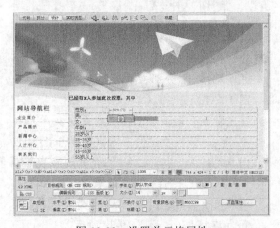

图 19-33　设置单元格属性

❼ 在表格 2 的第 3 列单元格中，输入文字。将光标置于表格 1 的第 5 行第 2 列单元格中，按住鼠标左键向下拖动至第 9 行第 2 列单元格中，合并单元格，如图 19-34 所示。

图 19-34　输入文字和合并单元格

❽ 将光标置于合并后的单元格中，按照步骤 5~7 的方法插入表格，设置单元格属性，并输入文字，如图 19-35 所示。

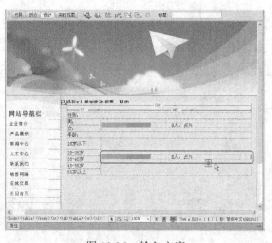

图 19-35　输入文字

❾ 将光标置于表格 1 的右边，选择【插入】|【表格】命令，插入 5 行 2 列的表格，此表格记为表格 4，在【属性】面板中将【填充】设置为 2，【对齐】设置为【居中对齐】，如图 19-36 所示。

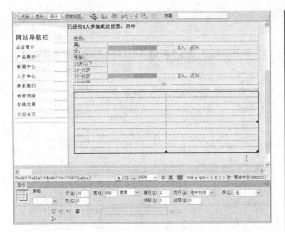

图 19-36 插入表格

⑩ 分别将表格 4 的第 1 行和第 7 行单元格，合并单元格，并分别在单元格中输入文字，如图 19-37 所示。

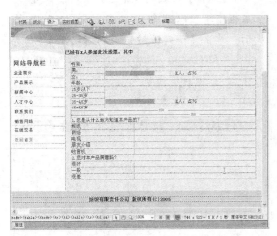

图 19-37 输入文字

⑪ 将光标置于表格 4 的第 2 行第 2 列单元格中，按住鼠标左键向下拖动至第 6 行第 2 列单元格中，合并单元格，在合并后的单元格中，按照步骤❺～❼的方法插入表格，设置单元格属性，输入文字，如图 19-38 所示。

⑫ 分别在其他单元格中按照步骤❺～❼的方法插入表格，设置单元格属性，输入文字，如图 19-39 所示。

⑬ 单击【绑定】面板中的⊞按钮，在弹出的菜单中选择【记录集（查询）】选项，弹出【记录集】对话框，在对话框中的【名称】

文本框中输入 RS1，【连接】下拉列表中选择 conn，【表格】下拉列表中选择 Vote，【列】勾选【选定的】单选按钮，在列表框中选择 name，如图 19-40 所示。

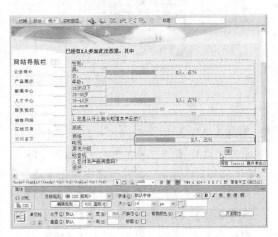

图 19-38 输入文字

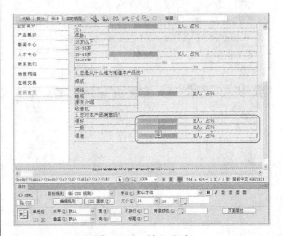

图 19-39 输入文字

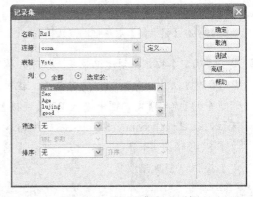

图 19-40 【记录集】对话框

⑭ 单击【确定】按钮，创建记录集，如图 19-41 所示。

图 19-41　创建记录集

⑮ 单击【绑定】面板中的⊞按钮，在弹出的菜单中选择【记录集（查询）】选项，弹出【记录集】对话框，在对话框中单击【高级】按钮，切换到【记录集】对话框的高级模式，在【名称】文本框中输入 R2，【连接】下拉列表中选择 conn，SQL 文本框中输入以下 SQL 语句，如图 19-42 所示。

> SELECT count (Sex) as SexNum, (SexNum/(SELECT count (name) FROM Vote)) as myPercent　FROM Vote group by SexORDER BY Sex

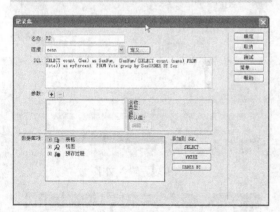

图 19-42　【记录集】对话框的高级模式

⑯ 单击【确定】按钮，创建记录集。按照步骤⑬~⑭的方法为"年龄"创建记录集，在对话框中的【名称】文本框中输入 R3，【连接】下拉列表中选择 conn，SQL 文本框中输入以下 SQL 语句，如图 19-43 所示。单击【确定】按钮，创建记录集。

> SELECT count (Age) as AgeNum, (AgeNum/(SELECT count (name) FROM Vote))

> as myPercent　FROM Vote group by Age ORDER BY Age

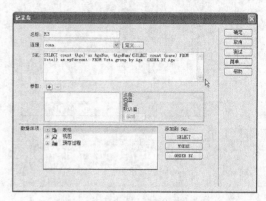

图 19-43　【记录集】对话框的高级模式

⑰ 按照步骤⑬~⑭的方法为"路径"创建记录集，在对话框中的【名称】文本框中输入 R4，【连接】下拉列表中选择 conn，SQL 文本框中输入以下 SQL 语句，如图 19-44 所示。单击【确定】按钮，创建记录集。

> SELECT count (lujing) as lujingNum, (lujingNum/(SELECT count (name) FROM Vote)) as myPercent　FROM Vote group by lujing ORDER BY lujing

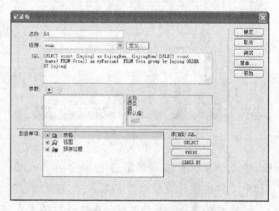

图 19-44　【记录集】对话框的高级模式

⑱ 按照步骤⑬~⑭的方法为"很好"创建记录集，在对话框中的【名称】文本框中输入 R5，【连接】下拉列表中选择 conn，SQL 文本框中输入以下 SQL 语句，如图 19-45 所示。单击【确定】按钮，创建记录集。

> SELECT count (good) as myCount, (myCount/(SELECT count (name) from Vote)) as myPercent FROM Vote WHERE good=True

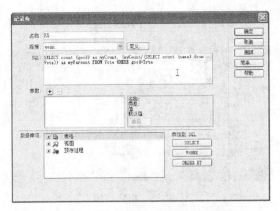

图 19-45　【记录集】对话框的高级模式

⑲ 按照步骤⑬~⑭的方法为"一般"创建记录集，在对话框中的【名称】文本框中输入 R6，【连接】下拉列表中选择 conn，SQL 文本框中输入以下 SQL 语句，如图 19-46 所示。单击【确定】按钮，创建记录集。

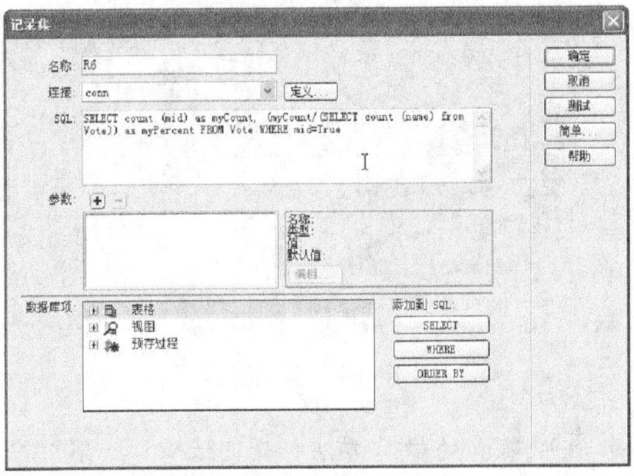

图 19-46　【记录集】对话框的高级模式

```
SELECT count (mid) as myCount,
(myCount/(SELECT count (name) from Vote))
as myPercent FROM Vote WHERE mid=True
```

⑳ 按照步骤⑬~⑭的方法为"很差"创建记录集，在对话框中的【名称】文本框中输入 R7，【连接】下拉列表中选择 conn，SQL 文本框中输入以下 SQL 语句，如图 19-47 所示。单击【确定】按钮，创建记录集。

```
SELECT count (bad) as myCount,
(myCount/(SELECT count (name) from Vote))
as myPercent FROM Vote WHERE bad=True
```

㉑ 通过以上步骤，创建的记录集如图 19-48 所示。

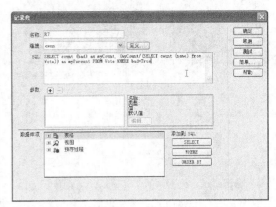

图 19-47　【记录集】对话框的高级模式

图 19-48　创建记录集

㉒ 选中文字"已经有 X 人参加此次投票，其中"的 X，在【绑定】面板中展开记录集 RS1，选中【总记录数】，单击【插入】按钮，绑定字段，如图 19-49 所示。

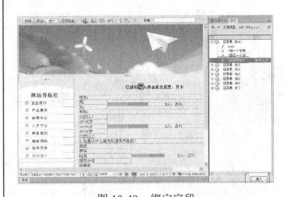

图 19-49　绑定字段

㉓ 选中"性别"中的"X 人"中的 X，在【绑定】面板中展开记录集 R2，选中字段，单击【插入】按钮，绑定字段，如图 19-50 所示。

㉔ 选中"性别"中的"占 X"中的 X，在【绑定】面板中展开记录集 R2，选中字段，单击【插入】按钮，绑定字段，如图 19-51 所示。

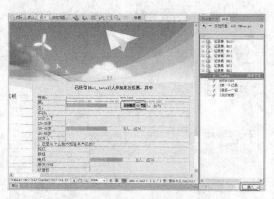

图 19-50　绑定字段

图 19-51　绑定字段

㉕ 按照前面的操作方法，分别选中"年龄"中的 X，在【绑定】面板中展开记录集 R3，分别将字段 AgeNum 和 myPercent 绑定到相应的位置，如图 19-52 所示。

图 19-52　绑定字段

㉖ 按照前面的操作方法，分别选中"路径"中的 X，在【绑定】面板中展开记录集 R4，分别将字段 lujingNum 和 myPercent 绑定到

相应的位置，如图 19-53 所示。

图 19-53　绑定字段

㉗ 按照前面的操作方法，分别选中"很好"中的 X，在【绑定】面板中展开记录集 R5，分别将字段 myCount 和 myPercent 绑定到相应的位置，如图 19-54 所示。

图 19-54　绑定字段

㉘ 按照前面的操作方法，分别选中"一般"中的 X，在【绑定】面板中展开记录集 R6，分别将字段 myCount 和 myPercent 绑定到相应的位置，如图 19-55 所示。

图 19-55　绑定字段

㉙ 按照前面的操作方法，分别选中"很差"中的 X，在【绑定】面板中展开记录集 R7，分别将字段 myCount 和 myPercent 绑定到相应的位置，如图 19-56 所示。

图 19-56 绑定字段

㉚ 选中"性别"中的{R2.myPercent}，此时【绑定】面板中的记录集 R2 展开，myPercent 字段被选中，单击 mypercent 字段右边的▼按钮，在弹出菜单中选择【百分比】|【舍入为整数】，如图 19-57 所示。即可把这个动态数据设置成百分整数的形式。

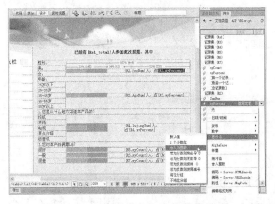

图 19-57 选择【舍入为整数】选项

㉛ 为其他表示所占总人数比的动态数据也设置成百分整数的形式，如图 19-58 所示。

㉜ 选中表格 3，选择【窗口】|【标签检查器】命令，打开【标签检查器】面板，在面板中选中表格属性 width，此时右边会出现一个✐按钮，单击此按钮，如图 19-59 所示。

图 19-58 设置成百分整数的形式

图 19-59 【标签检查器】面板

㉝ 弹出【动态数据】对话框，在对话框中展开记录集 R2，选中 myPercent，【格式】下拉列表中选择【百分比 - 舍入为整数】选项，如图 19-60 所示。

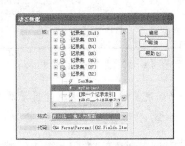

图 19-60 【动态数据】面板

㉞ 单击【确定】按钮，为表格添加动态数据，如图 19-61 所示。

图 19-61 添加动态数据

㉟ 按照前面的操作，为与表格 3 属性相同的表格添加动态数据，如图 19-62 所示。

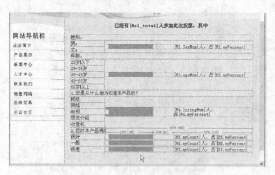

图 19-62　添加动态数据

㊱ 选中表格 2，单击 ➕ 按钮，在弹出的菜单中选择【重复区域】选项，弹出【重复区域】对话框，在对话框中的【记录集】下拉列 C 表中选择 R2，勾选【所有记录】单选按钮，如图 19-63 所示。

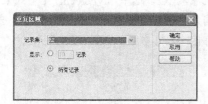

图 19-63　【重复区域】对话框

㊲ 单击【确定】按钮，创建重复区域服务器行为，如图 19-64 所示。

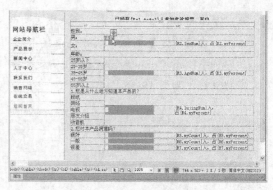

图 19-64　创建服务器行为

㊳ 按照前面的方法，为与表格 1 属性相同的表格创建重复区域服务器行为，如图 19-65 所示。

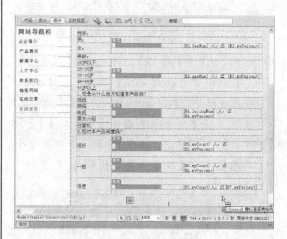

图 19-65　创建服务器行为

19.5　课后练习

1. 填空题

（1）常见的调查系统由两个功能模块组成：一个是提供输入个人信息的＿＿＿＿＿＿＿＿，这里需要被调查对象填写内容。另一个是显示调查结果的＿＿＿＿＿＿＿，主要用于统计共有多少人参加了调查，并且记录每个被调查对象的个人信息。

（2）＿＿＿＿＿＿＿制作时主要利用插入表单对象和创建插入记录服务器行为来实现的。

（3）＿＿＿＿＿＿＿制作时主要利用创建记录集，绑定字段，添加动态数据和创建重复区域服务器行为来实现的。

参考答案

（1）调查信息页面、调查结果页面

（2）投票内容页

（3）调查结果页

2．操作题

按照本章所讲述的内容制作一个调查投票系统的效果如图 19-66 和图 19-67 所示。

原始文件	CH19/操作题/ index.htm
最终文件	CH19/操作题/ index1. htm

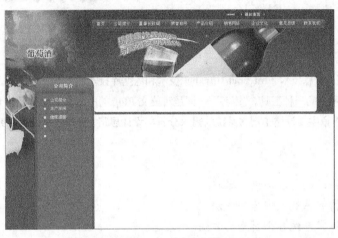

图 19-66　原始文件

图 19-67　调查信息页面

19.6　本章总结

本章利用 Dreamweaver 实现了一个简单投票模块的基本功能，还可以利用 Dreamweaver, ASP, JavaScript 对此系统进一步完善。例如，为投票模块增加一个投票管理系统，让管理员可以在页面上设置投票主题、投票选项等。再例如，可以利用 JavaScript 和 ASP 的知识，增加诸如限制同一个 IP 地址只能抽一票、允许投票人重新投票和限制同一个 IP 地址的投票的时间间隔（如 24 小时之内不能再投票等）等功能。

随着时代的发展，信息技术、Internet/Intranet 技术和数据库技术的不断发展完善，个人博客系统已经成为写网络日志必不可少的一种工具。"博客"一词是对英文 **Blog** 的中文本土化翻译，英文 **Blog** 是 **Weblog**（网络日志的缩写）。本章主要论述了博客系统的需求分析与设计思路，分析了个人博客系统的总体设计模式和系统的实现过程。

学习目标
■ 掌握博客系统的需求与设计思路
■ 学习创建博客系统数据库的方法
■ 了解制作博客系统各个页面的方法

20.1 需求分析与设计思路

越来越多的网络用户希望能够在网络平台上更多地展现自己的个性，更方便地与人互动交流。随着 Web2.0 时代的到来，一个新的概念出现了——博客。随着计算机网络的飞速发展，博客已经成为写网络日志必不可少的一种工具，也是一种简单有效的提供网络用户之间进行在线交流的网络平台。通过其可以结交更多的朋友，表达更多的想法，它随时可以发布日志，方便快捷。对个人而言，博客可以调动个人的积极性，充分发挥个人的创造性。

与个人主页相比较，博客使用方便、交互性强。与传统的电子邮件、BBS 和 ICQ 这三种互联网沟通方式相比，博客是一种较严肃的沟通平台。BBS 公共匿名性很强，而个人性很弱，因此缺乏约束。电子邮件和 ICQ 则是多用于个人间的通讯，而博客是个人性和公共性的结合。博客是个人在网上展示自己、与别人沟通交流的综合平台，它的管理比 BBS 简单得多。

本章制作的博客系统主要页面结构如图 20-1 所示。

图 20-1　博客系统主要页面结构图

bokshouye.asp 是博客日志首页，如图 20-2 所示。博主发布日志之后，在博客首页显示日志的列表信息。

图 20-2　博客日志首页

nr.asp 是内容页面，如图 20-3 所示。显示博客日志的详细内容。

tianjia.asp 是添加博客日志页面，如图 20-4 所示。在这个页面可以添加日志的详细信息。

图 20-3　内容页面

图 20-4　添加博客日志页面

shanchu.asp 删除日志页面，如图 20-5 所示。在这个页面，列出了日志列表，可以删除相关日志。

图 20-5　删除日志页面

20.2　创建数据库

一个设计良好的数据库，可以使系统的实现变得非常的简单，同时，也可以使系统的执行速度变得很快。反之，一个设计混乱的数据库，不仅增加了吸引的管理实现过程，同时在系统的执行过程中，使得检索变得很慢，降低效率。所以数据库的设计是系统设计很重要的步骤。以创建 boke 数据库表为例，具体操作步骤如下。

❶ 打开 Access，新建一个 boke 数据库，如图 20-6 所示。

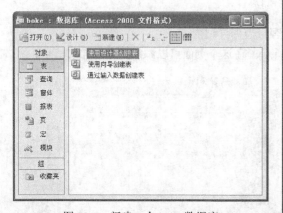

图 20-6　新建一个 boke 数据库

❷ 双击【使用设计器创建表】选项，然后设置相应的字段名称和字段类型，并将 useid 设置为主键，将 riqi 的默认值设置为 Now( )，如图 20-7 所示。

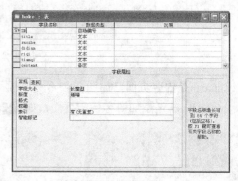

图 20-7　输入字段

❸ 单击【保存】按钮，打开【另存为】对话框，在对话框中的【表名称】文本框中输入 boke，如图 20-8 所示。单击【保存】按钮，完成博客系统数据库表的创建。

图 20-8　【另存为】对话框

20.3　具体页面制作

创建完数据库后就可以进行具体页面的制作了，在具体页面制作前还要创建数据库连接，才能创建记录集和绑定字段。关于创建数据库连接在前面的章节已经讲述过，这里就不再讲述了。

20.3.1 博客日志首页

博客日志首页显示博客文章列表，通过点击不同的文章标题可以进入不同的页面，具体操作步骤如下。

原始文件	CH20/index.htm
最终文件	CH20/bokshouye.asp

❶ 打开网页文档 index.html，将其另存为 bokshouye.asp 页面。将光标置于文档中相应的位置，插入 1 行 2 列的表格，在【属性】面板中，将【对齐】设置为【居中对齐】，在单元格中输入相应的文本，如图 20-9 所示。

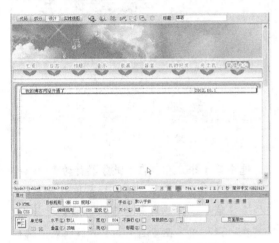

图 20-9 插入表格和输入文字

❷ 选择【窗口】|【绑定】命令，打开【绑定】面板，单击 ⊞ 按钮，在弹出的下拉菜单中单击【记录集（查询）】选项，如图 20-10 所示。

图 20-10 选择【记录集（查询）】选项

❸ 打开【记录集】对话框，在【连接】下拉列表中选择 boke，在【表格】下拉列表中选择 boke，【列】选择【全部】，【筛选】选择【无】，【排序】选择【无】，如图 20-11 所示。

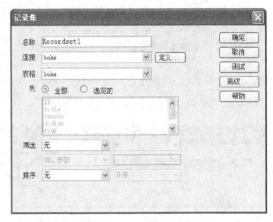

图 20-11 【记录集】对话框

❹ 单击【确定】按钮，插入记录集。按 Enter 键换行，插入 1 行 1 列的表格，在单元格中输入相应的文字，如图 20-12 所示。

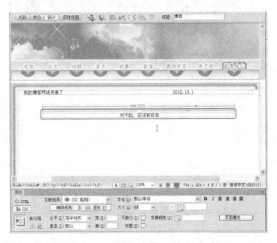

图 20-12 插入表格和输入文字

❺ 选中第 2 个表格，单击【服务器行为】面板 ⊞ 按钮，在弹出的下拉菜单中选择【显示区域】|【如果记录集为空则显示区域】选项，如图 20-13 所示。

图 20-13　选择【如果记录集为空则显示区域】

❻ 打开【如果记录集为空则显示区域】对话框，单击【确定】按钮，如图 20-14 所示。

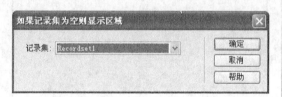

图 20-14　【如果记录集为空则显示区域】

❼ 在对话框中设置详细的参数，单击【确定】按钮，效果如图 20-15 所示。

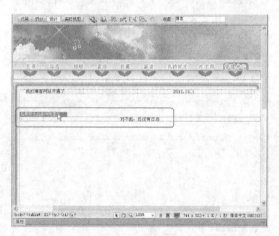

图 20-15　如果记录集为空则显示区域

❽ 选中文字"我的博客网站开通了！"，在【绑定】面板中选择 title 字段，单击底部的【插入】按钮，绑定 title 字段，如图 20-16 所示。

❾ 按照第 8 步骤对时间"2012-10-1"绑定 riqi 字段，如图 20-17 所示。

图 20-16　绑定 title 字段

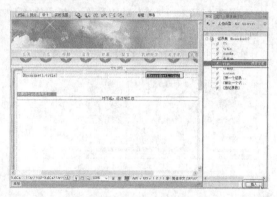

图 20-17　绑定 riqi 字段

❿ 选中第 1 个表格，在【服务器行为】面板中单击⊞按钮，在弹出的下拉菜单中单击【重复区域】选项，打开【重复区域】对话框。在对话框中，在【记录集】下拉列表中选择默认的记录集 Recordset1，在【显示】文本框中输入要预览的记录数，默认值为 10 个记录，如图 20-18 所示。单击【确定】，插入重复区域。

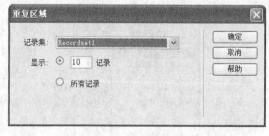

图 20-18　【重复区域】对话框

⓫ 选中 title 字段，在【服务器行为】面板中单击⊞按钮，在弹出的下拉菜单中单击【转

到详细页面】选项，打开【转到详细页面】对话框。在对话框中，在【详细信息页】文本框中输入 nr.asp，当浏览者单击新闻标题时，跳转到新闻详细页面，在【传递 URL 参数】文本框中输入 ID，在【记录集】下拉列表中选择 Recordset1，在【列】下拉列表中选择 ID，如图 20-19 所示。单击【确定】按钮，设置完毕。

图 20-19 【转到详细页面】对话框

⑫ 也可以将第一个表格拆分为 2 行 2 列的表格，在第 2 行单元格中输入文字"详细内容"，打开【服务器行为】面板，选择 content，单击面板底部的【插入】按钮，绑定 content 字段，如图 20-20 所示。

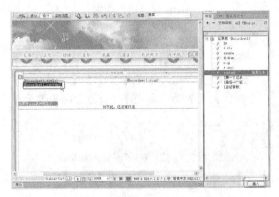

图 20-20 绑定字段

20.3.2 日志内容

日志内容页面显示日志的详细内容，具体制作步骤如下。

原始文件	CH20/index.htm
最终文件	CH20/nr.asp

❶ 打开网页文档 index.htm，将其另存为 nr.asp。将光标置于相应的位置，插入 3 行 1 列的表格，在单元格中输入相应的文字，如图 20-21 所示。

图 20-21 输入文字

❷ 选择【窗口】|【绑定】命令，打开【绑定】面板，单击 ➕ 按钮，在弹出的下拉菜单中选择【记录集（查询）】选项，弹出【记录集】对话框。在对话框中，在【连接】下拉列表中选择 boke，在"表格"下拉列表中选择 boke，【筛选】选择 ID、URL 参数选择 ID，【排序】选择【无】，如图 20-22 所示。单击"确定"按钮，插入记录集。

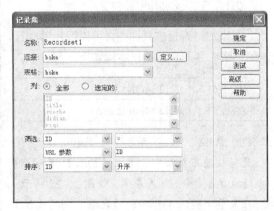

图 20-22 【记录集】对话框

❸ 选中文字"隐形眼镜有什么危害"，在【绑定】面板中选择 title，单击底部的【插入】按钮，绑定标题字段，如图 20-23 所示。

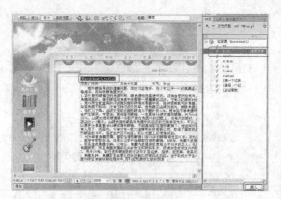

图 20-23　绑定字段

❹ 分别对"作者:莎莎"、"发表于天津"、"天气:多云"和文章内容绑定 zuozhe、didian、tianqi 和 content 字段，绑定后效果如图 20-24 所示。

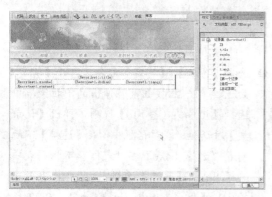

图 20-24　绑定字段

20.3.3　添加博客日志页面

在添加博客日志页面中，可以添加博客日志的详细内容，具体制作步骤如下。

原始文件	CH20/index.htm
最终文件	CH20/tianjia.asp

❶ 打开原始文件，将其另存为 tianjia.asp，将光标放置在页面中，单击【插入】|【表单】|【表单】命令，插入表单，如图 20-25 所示。

❷ 在表单中插入 4 行 2 列的表格，在【属性】面板中，将【对齐】设置为【居中对齐】，将单元格的【高】设置为 30，合并与拆分相应的单元格，然后输入文字，如图 20-26 所示。

图 20-25　插入表单

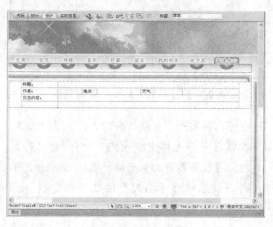

图 20-26　输入文字

❸ 将光标放置在第 1 行第 2 列单元格中，插入文本域。在【属性】面板中，将【文本域】名称设置为 title，【字符宽度】设置为 40，【类型】设置为【单行】，如图 20-27 所示。

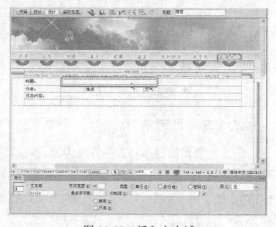

图 20-27　插入文本域

❹ 将光标放置在第 2 行第 2 列单元格中, 选择【插入】|【表单】|【文本域】命令, 插入文本域。在【属性】面板中, 将【文本域】名称设置为 zuozhe,【字符宽度】设置为 20,【类型】设置为【单行】, 如图 20-28 所示。

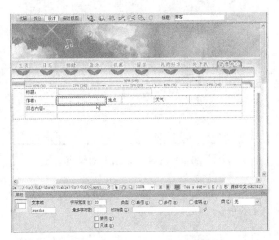

图 20-28　插入文本域

❺ 将光标放置在第 2 行第 4 列单元格中, 选择【插入】|【表单】|【文本域】命令, 插入文本域。在【属性】面板中, 将【文本域】名称设置为 didian,【字符宽度】设置为 20,【类型】设置为【单行】, 如图 20-29 所示。

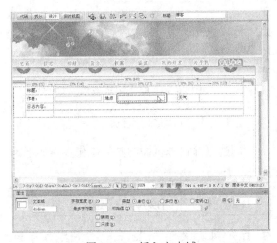

图 20-29　插入文本域

❻ 将光标放置在第 2 行第 6 列单元格中, 选择【插入】|【表单】|【文本域】命令, 插入文本域。在【属性】面板中, 将【文本域】名

称设置为 tianqi,【字符宽度】设置为 7,【类型】设置为【单行】, 如图 20-30 所示。

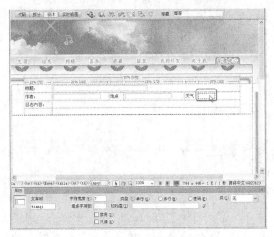

图 20-30　插入文本域

❼ 将光标放置在第 3 行第 2 列单元格中, 选择【插入】|【表单】|【文本区域】命令, 插入文本域。在【属性】面板中, 将【文本域】名称设置为 content,【字符宽度】设置为 50,【行数】设置为 10,【类型】设置为【多行】, 如图 20-31 所示。

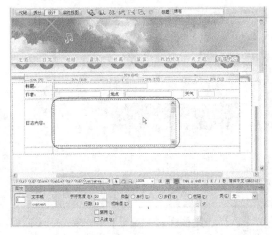

图 20-31　插入文本域

❽ 将光标放置在第 4 行第 2 列单元格中, 选择【插入】|【表单】|【按钮】命令, 插入【提交】与【重写】按钮, 如图 20-32 所示。

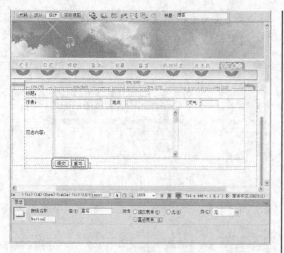

图 20-32　插入按钮

❾ 打开【绑定】面板，单击田按钮，在弹出的
下拉菜单中单击【记录集（查询）选项】，
打开【记录集】对话框。在对话框中，在【连
接】下拉列表中选 boke，在【表格】下拉
列表中选择 boke，【列】选择【选定的】，
在【列】表框中选择 ID 以外的字段，【筛选】
选择【无】，【排序】选择【无】，如图 20-33
所示。

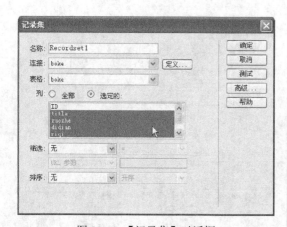

图 20-33　【记录集】对话框

❿ 单击【确定】按钮，插入记录集。打开【服
务器行为】面板，单击田按钮，在弹出的下
拉菜单中单击【插入记录】选项，打开【插
入记录】对话框，在对话框中，在【连接】
下拉列表中选择 boke，在【插入到表格】
下拉列表中选择 boke，在【插入后，转到】

文本框中输入 bokshouye.asp，在写完日志
后，单击【提交】按钮后，跳转到博客首页，
如图 20-34 所示。

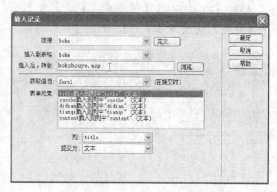

图 20-34　【插入记录】对话框

⓫ 单击"确定"按钮，插入记录效果如图 20-35
所示。

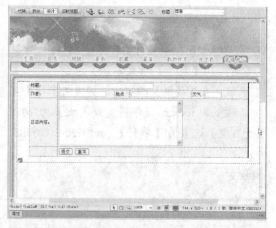

图 20-35　插入记录效果

20.3.4　删除日志页面

创建删除日志页面的具体操作步骤如下。

原始文件	CH20/index.htm
最终文件	CH20/zhuce.asp

❶ 打开网页文档 index.htm，将其另存为
shanchu.asp，选择【窗口】|【绑定】命令，
单击田按钮，在弹出的下拉菜单中单击【记
录集（查询）】选项，打开【记录集】对话
框。在对话框中，在【连接】下拉列表中选

择 boke，在【表格】下拉列表中选择 boke，【筛选】选择【无】，【排序】选择 ID、降序，如图 20-36 所示。

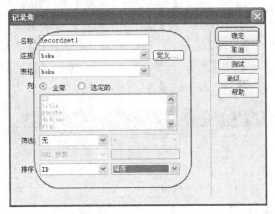

图 20-36　【记录集】对话框

❷ 单击【确定】按钮，插入记录集。将【常用】插入栏切换到【数据】插入栏，单击【动态数据：动态表格】按钮，打开【动态表格】对话框，在对话框中设置相应的参数，如图 20-37 所示。

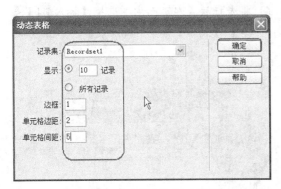

图 20-37　【动态表格】对话框

❸ 单击【确定】按钮，插入动态数据，将后三列单元格删除，如图 20-38 所示。

❹ 按 Enter 键换到下一行，将【常用】插入栏切换到【数据】插入栏，单击【记录分页：记录集导航】按钮，打开【记录集导航条】对话框，在【记录集】选择 Recordset1。【显示方式】选择【文本】，如图 20-39 所示。

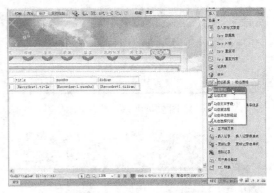

图 20-38　插入动态数据

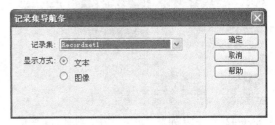

图 20-39　【记录集导航条】对话框

❺ 单击【确定】按钮，插入记录集导航条，如图 20-40 所示。

图 20-40　插入记录集导航条

❻ 选中动态表格和导航条，单击按钮，在弹出的下拉菜单中单击【显示区域】|【如果记录集不为空则显示区域】选项，打开【如果记录集不为空则显示区域】对话框，在对话框中进行相应的设置，如图 20-41 所示。

❼ 单击【确定】按钮，完成该区域的设置，如图 20-42 所示。

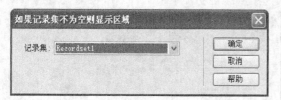

图 20-41　对话框

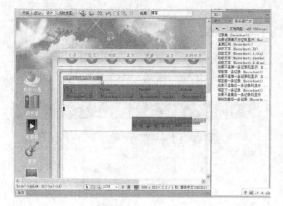

图 20-42　设置【如果记录集不为空则显示】区域

❽ 将第 4 列单元格中输入相应的内容,选中文字【删除日志】,单击【服务器行为】面板⊞按钮,在弹出的下拉菜单中单击【转到详细页面】选项,打开【转到详细页面】对话框。在对话框中,在【转到详细页】文本框中输入 shanchurizhi.asp,当管理员单击删除日志时,跳转到删除日志页面,【传递 URL 参数】选择 ID,【记录集】选择 Recordset1,【列】选择 ID,如图 20-43 所示。

图 20-43　【转到详细页面】对话框

❾ 单击"确定",设置删除日志转到详细页的超级连接。

❿ 打开网页文档 index.htm,将其另存为

shanchurizhi.asp,选择【窗口】|【绑定】命令,单击⊞按钮,在弹出的下拉菜单中单击【记录集(查询)】选项,打开【记录集】对话框。在对话框中,在【连接】下拉列表中选择 boke,在【表格】下列表中选择 boke,【筛选】选择 ID、URL 参数选择 ID,【排序】选择【无】,如图 20-44 所示。单击【确定】按钮,插入记录集。

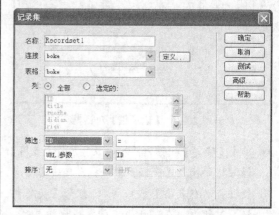

图 20-44　【记录集】对话框

⓫ 将光标放置在页面中,选择【插入】|【表单】|【表单】命令,插入表单,如图 20-45 所示。

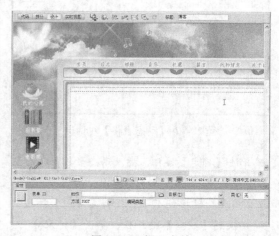

图 20-45　插入表单

⓬ 将光标放置在表单中,选择【插入】|【表单】|【按钮】命令,插入按钮。在【属性】面板中,在【值】的文本框输入【删除日志】,

【动作】设置为【提交表单】，如图 20-46 所示。

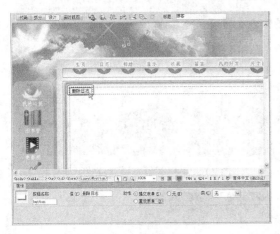

图 20-46　插入按钮

⓭ 在【服务器行为】面板中单击⊞按钮，在弹出的下拉菜单中单击【删除记录】选项，打开【删除记录】对话框。在对话框中，在【连接】下拉列表中选择 boke，从【表格中删除】下拉列表中选择 boke，【选取记录自】下拉列表中选择 Recordset1，【唯一键列】下拉列表中选择 ID，【提交此表单以删除】下拉列表中选择 from1，在【删除后，转到】文本框中输入 bokshouye.asp，当管理员删除日志后，跳转到博客首页，如图 20-47 所示。

⓮ 单击"确定"按钮，设置完毕，至此，博客系统的主要页面制作完成。

图 20-47　【删除记录】对话框

20.4　课后练习

操作题

　　根据本章所述知识，制作一个博客系统，要求具有添加博客日志页面、博客列表页面和博客日志详细内容页面，如图 20-48～图 20-51 所示。

原始文件	CH20/操作题/ index.htm
最终文件	CH20/操作题

图 20-48　原始文件

图 20-49　博客列表页面

图 20-50　博客日志详细浏览页面

图 20-51　添加日志页面

20.5　本章总结

本章中以博客系统为实例介绍了如何从数据库中进行插入和删除记录的方法。这种方法可以应用于其他所有与数据库操作有关的页面设计中，例如，管理投票、管理文件等页面都可以采用这种方法来设计管理页面。

实际应用中的博客网站对于数据库表进行了更详细的设计，如对于博客进行分类（新闻、技术、军事、娱乐等）。这样在管理博客日志或者发布日志时将文章内容按照不同的类别进行处理，如网站的博客就对博客进行了很详细的分类。

第4部分
商业网站案例篇

第 21 章■
设计制作企业网站
第 22 章■
设计制作网上购物网站

第 21 章
设计制作企业网站

随着网络的普及和飞速发展，企业拥有自己的网站已是必然趋势，网站不仅是企业宣传产品和服务的窗口，同时也是企业相互竞争的新战场。网站是企业在互联网上的标志，在因特网上建立自己的网站，通过网站宣传产品和服务，与用户及其他企业建立实时互动的信息交换，达到生产、流通、交换、消费各环节的电子商务，最终实现企业经营管理全面信息化。

学习目标

- 了解企业网站的概念
- 学习创建本地站点的方法
- 掌握企业网站首页设计的规则
- 掌握利用模板制作网站页面的方法

21.1　企业网站设计概述

在企业网站的设计中，既要考虑商业性，又考虑到艺术性，企业网站是商业性和艺术性的结合。好的网站设计，有助于企业树立好的社会形象，更好更直观地展示企业的产品和服务。好的企业网站首先看商业性设计，包括功能设计、栏目设计和页面设计等。和商业性相对应的就是艺术性，艺术性要求怎么更好地传达信息，怎样让访问者更好的接触信息，怎样给访问者创造一个愉悦的视觉环境，留住访问者视线等。

企业网站是以企业为主体而构建的网站，网站采用国际上流行的风格，布局清晰明了，干净简洁，颜色以蓝色、白色和绿色等为主，使网站看起来大气。

21.1.1　企业网站分类

1. 以形象为主的企业网站

互联网作为新经济时代的一种新型传播媒体，在企业宣传中发挥越来越重要的地位，成为公司以最低的成本在更广的范围内宣传企业形象，开辟营销渠道，加强与客户沟通的一项必不可少的重要工具，图 21-1 所示为以形象为主的企业网站。

企业网站表现形式要独具创意，充分展示企业形象，并将最吸引人的信息放在主页比较显著的位置，尽量能在最短的时间内吸引浏览者的注意力，从而让浏览者有兴趣浏览一些详细的信息。整个设计要给浏览者一个清晰的导航，方便其操作。

这类网站设计时要参考一些大型同行业网站进行分析，多吸收他们的优点，以公司自己的特色进行设计，整个网站要以国际化为主。以企业形象及行业特色加上动感音乐作片头动画，每个页面配以栏目相关的动画衬托，通过良好的网站视觉创造一种独特的企业文化。

图 21-1 以形象为主的企业网站

2. 以产品为主的企业网站

企业上网绝大多数是为了介绍自己的产品，中小型企业尤为如此，在公司介绍栏目中只有一页文字，而产品栏目则是大量的图片和文字。以产品为主的企业网站可以把主推产品放置在网站首页。产品资料分类整理，附带详细说明，使客户能够看个明白。如果公司产品比较多，最好采用动态更新的方式添加产品介绍和图片，通过后台来控制前台信息。图 21-2 所示为以产品为主的企业网站。

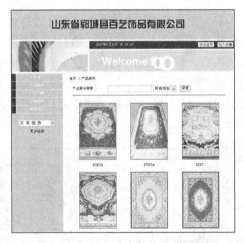

图 21-2 以产品为主的企业网站

3. 信息量大的企业站点

很多企业不仅仅需要树立良好的企业形象，还需要建立自己的信息平台。有实力的企业逐渐把网站做成一种以其产品为主的交流平台。一方面，网站的信息量大、结构设计要大气简洁，保证速度和节奏感；另一方面，它不同于单纯的信息型网站，从内容到形象都应该围绕公司的一切，既要大气又要有特色。图 21-3 所示为信息量大的网页。

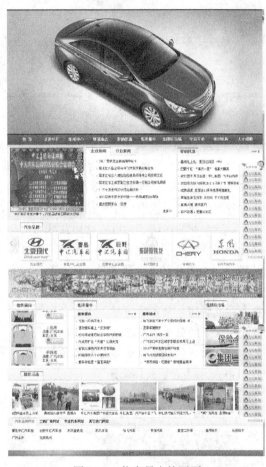

图 21-3 信息量大的网页

21.1.2 企业网站主要功能页面

企业网站是以企业宣传为主题而构建的网站，域名后缀一般为.com。与一般门户型网站不同，企业网站相对来说信息量比较少。该类型网站页面结构的设计主要是从公司简介、产品展示和服务等几个方面来进行的。一般企业网站页面结构如图 21-4 所示。

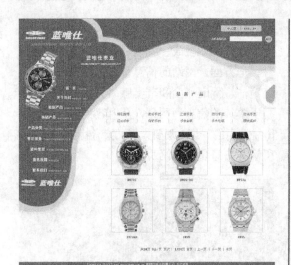

图 21-4 企业网站页面结构

一般企业网站主要由以下功能。

● 公司概况：包括公司背景、发展历史、主要业绩、经营理念和经营目标及组织结构等，让用户对公司的情况有一个概括的了解。

● 企业新闻动态：可以利用互联网的信息传播优势，构建一个企业新闻发布平台，通过建立一个新闻发布/管理系统，企业信息发布与管理将变得简单、迅速，及时向互联网发布本企业的新闻、公告等信息。通过公司动态可以让用户了解公司的发展动向，加深对公司的印象，从而达到展示企业实力和形象的目的。图 21-5 所示为企业新闻动态。

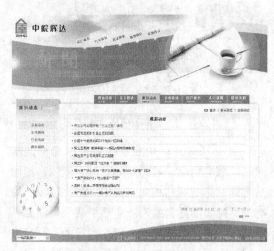

图 21-5 企业新闻动态

● 产品展示：如果企业提供多种产品服务，利用产品展示系统对产品进行系统的管理，包括产品的添加与删除、产品类别的添加与删除、特价产品和最新产品、推荐产品的管理、产品的快速搜索等。可以方便高效地管理网上产品，为网上客户提供一个全面的产品展示平台，更重要的是网站可以通过某种方式建立起与客户的有效沟通，更好地与客户进行对话，收集反馈信息，从而改进产品质量和提供服务水平。图 21-6 所示为企业产品展示系统。

图 21-6 企业产品展示系统

● 产品搜索：如果公司产品比较多，无法在简单的目录中全部列出，而且经常有产品升级换代，为了让用户能够方便地找到所需要的产品，除了设计详细的分级目录之外，增加关键词搜索功能不失为有效的措施。图 21-7 所示为产品搜索。

图 21-7 产品搜索

● 网上招聘：这也是网络应用的一个重要方面，网上招聘系统可以根据企业自身特点，建立一个企业网络人才库。人才库对外可以进行在线网络即时招聘，对内可以方便管理人员对招聘信息和应聘人员的管理，同时人才库可以为企业储备人才，为日后需要时使用。如图 21-8 所示网上招聘页面。

图 21-8 网上招聘页面

● 销售网络：目前用户直接在网站订货的并不多，但网上看货网下购买的现象比较普遍，尤其是价格比较贵重或销售渠道比较少的商品，用户通常喜欢通过网络获取足够信息后在本地的实体商场购买。因此尽可能详尽地告诉用户在什么地方可以买到他所需要的产品。

● 售后服务：有关质量保证条款、售后服务措施，以及各地售后服务的联系方式等都是用户比较关心的信息，而且，是否可以在本地获得售后服务往往是影响用户购买决策的重要因素，对于这些信息应该尽可能详细地提供。

● 技术支持：这一点对于生产或销售高科技产品的公司尤为重要，网站上除了产品说明书之外，企业还应该将用户关心的技术问题及其答案公布在网上，如一些常见故障处理、产品的驱动程序和软件工具的版本等信息资料，可以用在线提问或常见问题回答的方式体现。图 21-9 所示为企业网站的技术支持页面。

图 21-9 企业网站的技术支持页面

● 联系信息：网站上应该提供足够详尽的联系信息，除了公司的地址、电话、传真、邮政编码和网管 E-mail 地址等基本信息之外，最好能详细地列出客户或者业务伙伴可能需要联系的具体部门的联系方式。对于有分支机构的企业，同时还应当有各地分支机构的联系方式，在为用户提供方便的同时，也起到了对各地业务的支持作用。

● 辅助信息：有时由于企业产品比较少，网页内容显得有些单调，可以通过增加一些辅助信息来弥补这种不足。辅助信息的内容比较广泛，可以是本公司、合作伙伴、经销商或用户的一些相关新闻、趣事，或产品保养/维修常识等。

21.1.3 本例主要页面

企业网站给人的第一印象是网站的色彩，因此确定网站的色彩搭配是相当重要的一步。一般来说，一个网站的标准色彩不应超过 3 种，太多则让人眼花缭乱。标准色彩用于网站的标志、标题、导航栏和主色块，给人以整体统一的感觉。至于其他色彩在网站中也可以使用，但只能作为点缀和衬托，决不能喧宾夺主。

绿色在企业网站中也是使用较多的一种色彩。在使用绿色作为企业网站的主色调时，通常会使用渐变色过渡，使页面具有立体的空间感。

如图 21-10 所示的网站首页采用绿色为主色。

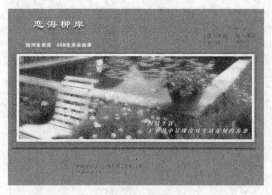

图 21-10　企业网站首页

　　如图 21-11 所示网站的二级页面，可以看出二级页面与首页的整体风格一致，这个页面

采用模板制作。

图 21-11　二级模板页面

21.2　创建本地站点

　　Web 站点是一组具有如相关主题、类似的设计、链接文档和资源。Dreamweaver CS6 是站点创建和管理工具，使用它不仅可以创建单独的文档，还可以创建完整的 Web 站点。为了达到最佳效果，在创建任何 Web 站点页面之前，应对站点的结构进行设计和规划。下面创建本地企业网站，具体操作步骤如下。

❶ 打开 Dreamweaver CS6，选择【站点】|【管理站点】命令，或者单击【文件】面板中的【管理站点】，如图 21-12 所示。

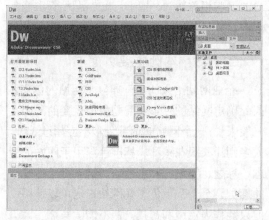

图 21-12　Dreamweaver CS6 工作界面

❷ 打开【管理站点】对话框，单击【新建】按钮，如图 21-13 所示。

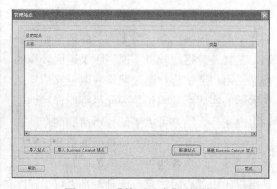

图 21-13　【管理站点】对话框

❸ 弹出【站点设置对象】对话框，在【站点名称】文本框中输入站点的名称，单击【本地站点文件夹】文本框右边的【浏览文件】按钮，选择本地文件夹所在的位置，如图 21-14 所示。

❹ 单击【保存】按钮，返回到【管理站点】对话框，如图 21-15 所示。

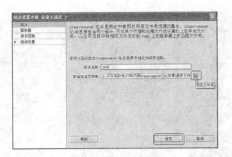

图 21-14 设置站点

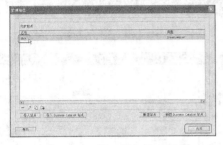

图 21-15 【管理站点】对话框

❺ 单击【完成】按钮，即可创建本地站点，如
图 21-16 所示。

图 21-16 本地站点创建后

21.3 设计首页

　　首页设计历来是网站建设的重要一环，不仅因为"第一印象"至关重要，而且首页设计直接
关系到网站二级页面及三级页面的风格和框架布局的协调统一等问题，是整个网站建设的"龙头
工程"。

　　下面利用 Photoshop CS6 设计如图 21-17 所示的网站首页，具体操作步骤如下。

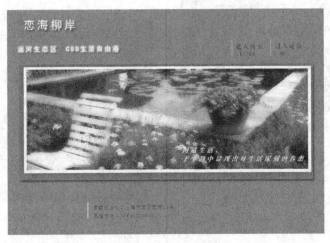

图 21-17 网站首页

原始文件	CH21/images/bja0.jpg
最终文件	CH21/首页.psd

❶ 启动 Photoshop CS6，选择【文件】|【新建】命令，弹出【新建】对话框，将【宽度】置为 856 像素，【高度】设置为 586 像素，【背景内容】选择【背景色】，如图 21-18 所示。

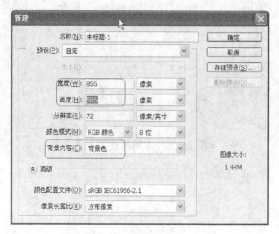

图 21-18 【新建】对话框

❷ 单击【确定】按钮，创建一个背景为绿色的文档，如图 21-19 所示。

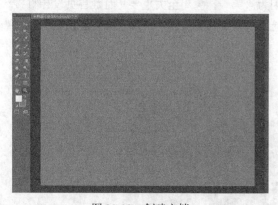

图 21-19 创建文档

❸ 选择工具箱中的【横排文字工具】，在工具选项栏中将【字体】选择【黑体】，【大小】设置为 20 点，文字颜色设置为白色，在文档中单击并输入文字"恋海柳岸"，如图 21-20 所示。

❹ 选择【图层】|【图层样式】|【投影】选项，弹出【图层样式】对话框，如图 21-21 所示。

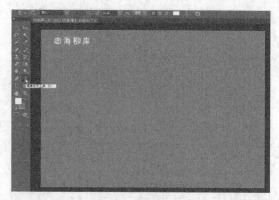

图 21-20 输入文字

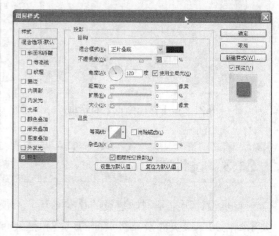

图 21-21 【图层样式】对话框

❺ 单击【确定】按钮，如图 21-22 所示。

图 21-22 对文本应用样式

❻ 在"恋海柳岸"的下面输入文字"运河生态区 CBD 生活自由港"，如图 21-23 所示。

❼ 选择【图层】|【图层样式】|【混和选项：默认】选项，打开【图层样式】样式对话框，勾选【投

影】和【外发光】选项，如图 21-24 所示。

图 21-23　输入文字

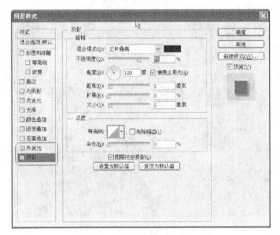

图 21-24　【图层样式】样式对话框

❽ 单击【确定】按钮，应用样式后的文本如图 21-25 所示。

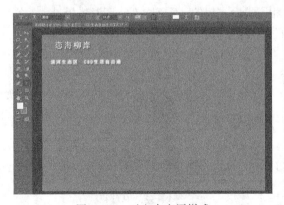

图 21-25　对文本应用样式

❾ 选择【文件】|【置入】命令，打开【置入】

对话框，选择 biao.jpg，单击【置入】按钮，即可置入图片，如图 21-26 所示。

图 21-26　置入图片

❿ 选择【图层】|【图层样式】|【投影】选项，对图片应用投影样式，如图 21-27 所示。

图 21-27　对图片应用投影样式

⓫ 选择工具箱中的【直线工具】，在文档中相应的位置划一条竖线，如图 21-28 所示。

图 21-28　在文档中划一条竖线

⑫ 选择工具箱中的【横排文字工具】，在工具选项栏中设置相应的属性，在文档中输入文字，如图 21-29 所示。

所示。

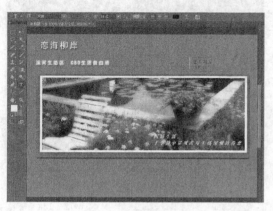

图 21-29　输入文字

图 21-30　输入文字

⑬ 选择工具箱中的【直线工具】，在文档中相应的位置划一条竖线，选择工具箱中的【横排文字工具】，在工具选项栏中设置相应的属性，在文档中输入文字，如图 21-30 所示。

⑭ 选择工具箱中的【直线工具】，在文档中相应的位置划一条竖线，选择工具箱中的【横排文字工具】，在工具选项栏中设置相应的属性，在文档中输入文字，如图 21-31 所示。

图 21-31　输入文字

21.4　模板页面的制作

利用 Dreamweaver 的模板功能可以创建具有相同页面布局的一系列文件，同时模板最大的好处还在于后期维护方便，可以快速改变整个站点的布局和外观。由于网站的二级页面整体风格类似，因此网站的二级页面采用模板制作。

21.4.1　创建顶部库文件

库是一种用来存储想要在整个网站上经常重复使用或更新的页面元素（如图像、文本和其他对象）的方法，这些元素成为库项目。由于网站的大部分页面顶部都相同，因此顶部制作成库文件。下面创建的库项目如图 21-32 所示。具体制作步骤如下。

图 21-32　库项目

❶ 选择【文件】|【新建】命令，弹出【新建

文档】对话框，在对话框中选择【空白页】
|【库项目】命令，如图 21-33 所示。

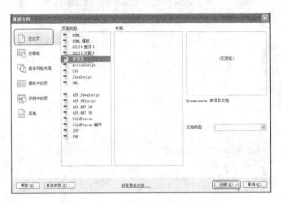

图 21-33　【新建文档】对话框

❷ 单击【创建】按钮，即可创建一个空白的库
项目。将光标置于文档中，选择【插入】|
【表格】命令，插入 1 行 2 列的表格，在属
性面板中将【对齐】设置为【居中对齐】，
如图 21-34 所示。

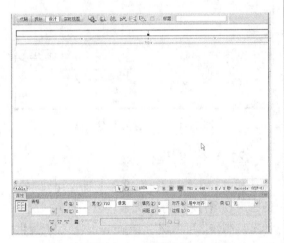

图 21-34　插入表格

❸ 将光标置于第 1 列单元格中，选择【插入】|
【图像】命令，弹出【选择图像源文件】对话
框，在对话框中选择 index_01.jpg 文件，单击
【确定】按钮，插入图像，如图 21-35 所示。

❹ 将光标置于第 2 列单元格中，选择【插入】|
【图像】命令，弹出【选择图像源文件】对话
框，在对话框中选择 index_02.jpg 文件，单击
【确定】按钮，插入图像，如图 21-36 所示。

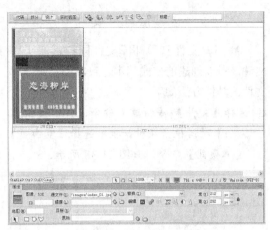

图 21-35　插入图像

图 21-36　插入图像

❺ 选择【文件】|【另存为】命令，弹出【另存
为】对话框，将文件名设置为 ku.lbi，【保存
类型】选择 Library Files(*.lbi)，如图 21-37 所
示。单击【保存】按钮，即可保存为库文件。

图 21-37　【另存为】对话框

21.4.2 创建底部库文件

底部库文件与顶部库文件同样都属于库文件，所以创建的方式基本一致，创建底部库文件的具体方法如下。

❶ 选择【文件】|【新建】命令，弹出【新建文档】对话框，在对话框中选择【空白页】|【库项目】命令，如图 21-38 所示。

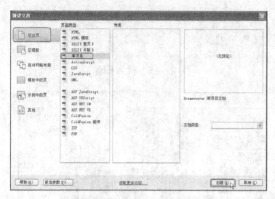

图 21-38 【新建文档】对话框

❷ 单击【创建】按钮，创建一空白库文件，插入 1 行 1 列的表格，在属性面板中将【对齐】设置为【居中对齐】，如图 21-39 所示。

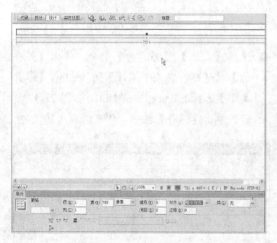

图 21-39 插入表格

❸ 将光标置于表格内，插入 index_16.jpg 图像，如图 21-40 所示。

❹ 选择【文件】|【另存为】命令，弹出【另存为】对话框，将文件名设置为 kudi.lbi，【保存类型】

选择 Library Files(*.lbi)，如图 21-41 所示。

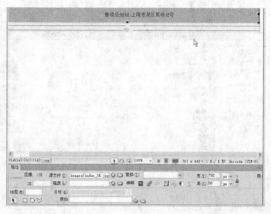

图 21-40 插入图像

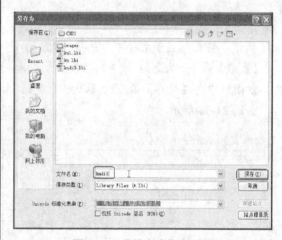

图 21-41 【另存为】对话框

21.4.3 创建模板

在制作大量网页时，很多页面会用到相同的布局、图片和文字等元素。为了避免一次次地重复制作，可以使用 Dreamweaver CS6 提供的模板和库功能，将具有相同版面结构的页面制作成模板。

❶ 选择【文件】|【新建】命令，弹出【新建文档】对话框，在对话框中选择【空模板】|【HTML 模板】|【无】选项，如图 21-42 所示。

❷ 单击【创建】按钮，创建一空白模板网页。选择【修改】|【页面属性】命令，弹出【页面属性】对话框，在对话框中将【背景颜色】

设置为#3F730F，【左边距】、【右边距】、【上边距】和【下边距】分别设置为 0px，如图 21-43 所示。

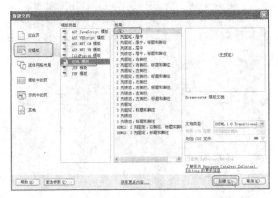

图 21-42　【新建文档】对话框

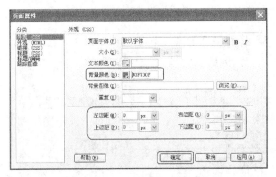

图 21-43　【页面属性】对话框

❸ 单击【确定】按钮，即可设置页面属性，如图 21-44 所示。

图 21-44　设置页面属性后的效果

❹ 将光标置于页面中，选择【插入】|【表格】命令，插入 1 行 1 列的表格，在属性面板中将【对齐】设置为【居中对齐】，此表格记为表格 1，如图 21-45 所示。

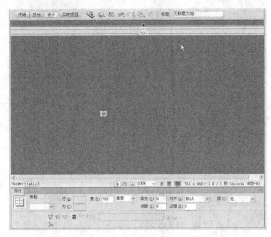

图 21-45　插入表格

❺ 将光标置于表格 1 中，选择【窗口】|【资源】命令，打开【资源】面板，在面板中单击 库按钮，在名称下方选择想要插入的库文件，单击底部的【插入】按钮，即可插入库文件，如图 21-46 所示。

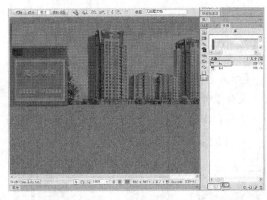

图 21-46　插入库文件

❻ 将光标置于表格 1 的右边，插入 1 行 2 列的表格，在属性面板中将【对齐】设置为【居中对齐】，此表格记为表格 2，如图 21-47 所示。

❼ 在表格 2 的第 1 列中插入 11 行 1 列的表格，此表格记为表格 3，如图 21-48 所示。

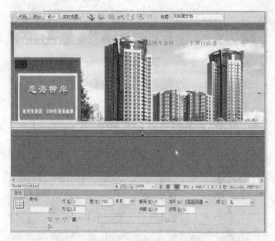

图 21-47　插入表格

图 21-48　插入表格

❽ 将光标置于表格 3 的第 1 行单元格中，选择【插入】|【图像】命令，弹出【插入图像源文件】对话框，在对话框中选择 index_03.jpg 文件，单击【插入】按钮，即可插入图像，如图 21-49 所示。

图 21-49　插入图像

❾ 用同样的方法插入其他图像，效果如图 21-50 所示。

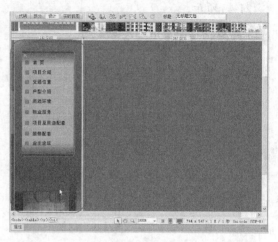

图 21-50　插入图像

❿ 将表格 2 的第 2 列单元格【背景颜色】设置为#94C762，如图 21-51 所示。

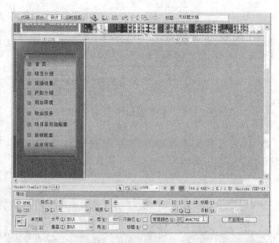

图 21-51　设置背景颜色

⓫ 将光标置于表格 2 的右边，选择【插入】|【表格】命令，插入 1 行 1 列的表格，在属性面板中将【对齐】设置为【居中对齐】，此表格记为表格 4，如图 21-52 所示。

⓬ 将光标置于表格 4 中，选择【窗口】|【资源】命令，打开【资源】面板，在面板中单击 库按钮，在名称下方选择想要插入的库文件，单击底部的【插入】按钮，即可插入库文件，如图 21-53 所示。

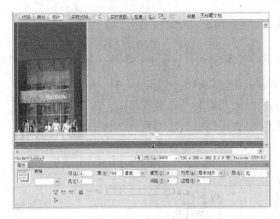

图 21-52　插入表格

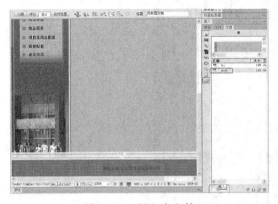

图 21-53　插入库文件

❸ 将光标置于表格 2 的第 2 列单元格中，将【垂直】设置为【顶端】，选择【插入】|【模板对象】|【可编辑区域】命令，弹出【新建可编辑区域】对话框，在对话框中设置相应的名称，如图 21-54 所示。

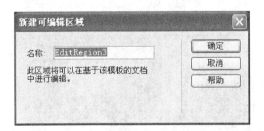

图 21-54　【新建可编辑区域】对话框

❹ 单击【确定】按钮，即可创建可编辑区域，如图 21-55 所示。

❺ 选择【文件】|【另存为模板】命令，弹出【另存模板】对话框，在【站点】下拉列表

中选择站点的名称，【另存为】文本框中输入 moban，如图 21-56 所示。

图 21-55　创建可编辑区域

图 21-56　【另存模板】对话框

❻ 单击【保存】按钮，即可保存为模板文件，如图 21-57 所示。

图 21-57　保存为模板文件

21.5 利用模板创建网页

在 Dreamweaver 中，模板是一种特殊的文档，可以按照模板创建新的网页，从而得到与模板相似但又有所不同的新的网页。当修改模板时使用该模板创建的所有网页可以一次自动更新，这就大大提高了网页更新维护的效率，如图 21-58 所示的利用模板创建的网页。利用模板创建网页具体操作步骤如下。

图 21-58　利用模板创建的网页

❶ 选择【文件】|【新建】命令，弹出【新建文档】对话框，选择【】|【模板中的页】|【Dreamweaver CS6】|【moban】选项，如图 21-59 所示。

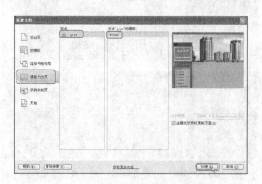

图 21-59　【新建文档】对话框

❷ 单击【创建】按钮，即可创建一个模板网页，如图 21-60 所示。

图 21-60　创建模板网页

❸ 将光标置于可编辑区域中，选择【插入】|
【表格】命令，插入 2 行 1 列的表格，如图
21-61 所示。

图 21-61　插入表格

❹ 在第一行单元格中插入图像 index_04.gif,
如图 21-62 所示。

图 21-62　插入图像

❺ 在第 2 行单元格中输入文字，如图 21-63
所示。

❻ 在文本中插入图像 jing1.gif，在属性面板中将
【对齐】设置为【右对齐】，如图 21-64 所示。

❼ 在文本中插入图像 jing3.gif，在代码视图中
输入 align=left，如图 21-65 所示。选择【文

件】|【保存】命令，将文件保存。

图 21-63　输入文字

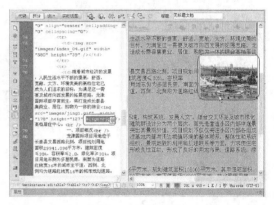

图 21-64　插入图像

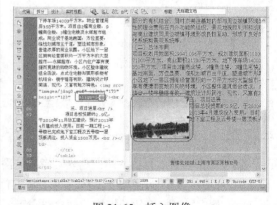

图 21-65　插入图像

21.6　课后练习

1. 填空题

（1）在企业网站的设计中，既要考虑_____，又考虑到_____，企业网

站是商业性和艺术性的结合。好的网站设计，有助于企业树立好的社会形象，更好更直观的展示企业的产品和服务。

（2）_____历来是网站建设的重要一环，不仅因为"第一印象"至关重要，而且_____直接关系到网站二级页面及三级页面的风格和框架布局的协调统一等问题，是整个网站建设的"龙头工程"。

参考答案：

（1）商业性、艺术性

（2）首页设计、首页设计

2．操作题

制作企业网站的效果如图 21-66 和图 21-67 所示。

原始文件	CH21/操作题/index.htm
最终文件	CH21/操作题/index1.htm

图 21-66　原始文件　　　　　　　　　　　　图 21-67　企业网站

21.7　本章总结

制作一个完整的企业网站，首先考虑的是网站的主要功能栏目、色彩搭配、风格及创意。在设计综合性网站时，为了减少工作时间，提高工作效率，应尽量避免一些重复性的劳动，特别是要好好掌握在本章中介绍的模板的创建与应用，读者在学习本章的过程中应多下些功夫，来掌握企业网站的特点与制作。

第 22 章
设计制作网上购物网站

网上购物系统，是在网络上建立一个虚拟的购物商店，避免了挑选商品的烦琐过程，使购物过程变得轻松、快捷和方便，很适合现代人快节奏的生活。所以越来越多的个人和公司开始关注网上销售方式，网上销售不仅能有效地控制运营成本，节省样品耗损，而且摆脱了商品在展示时间、空间和地域上的局限性。本章主要讲述一个典型的购物网站的制作。

学习目标
- 了解购物网站的概念
- 掌握创建数据库与数据库连接的方法
- 掌握制作购物系统前台页面的方法
- 掌握制作购物系统后台管理的方法

22.1 购物网站设计概述

购物网站是电子商务网站的一种基本形式。电子商务在我国一开始出现的概念是电子贸易。电子贸易的出现，简化了交易手续，提高了交易效率，降低了交易成本，很多企业竞相效仿。伴随着电子商务、网络购物的蓬勃发展，越来越多的人进行了网上购物的尝试。提供网络购物的商家也越来越多，大量的商家希望在网上建立自己的网上购物站点，建立自己的网上商店，还有众多中小商家希望在网上商城中建立自己的个人专柜，销售相关的产品。

按电子商务的交易对象来分成 4 类。

○ 企业对消费者的电子商务（B2C）。一般以网络零售业为主，如经营各种书籍、鲜花和计算机等商品。B2C 是就是商家与顾客之间的商务活动，它是电子商务的一种主要形式，商家可以根据自己的实际情况来发展电子商务的目标。选择所需的功能系统，组成自己的电子商务网站。如图 22-1 所示的 B2C 购物网站京东商城，京东商城是中国 B2C 市场最大的 3C 网购专业平台，是中国电子商务领域最受消费者欢迎和最具影响力的电子商务网站之一。

○ 企业对企业的电子商务（B2B），一般以信息发布为主，主要是建立商家之间的桥梁。B2B 就是商家与商家之间的商务活动，它也是电子商务的一种主要的商务形式，B2B 商务网站是实现这种商务活动的电子平台。商家可以根据自己的实际情况，根据自己发展电子商务的目标，选择所需的功能系统，组成自己的电子商务网站。如图 22-2 所示典型的 B2B 网站阿里巴巴。

图 22-1　B2C 购物网站　　　　　　　　　　图 22-2　典型的 B2B 网站阿里巴巴

● 消费者对消费者的电子商务（C2C），如一些二手市场、跳蚤市场等都是消费者对消费者个人的交易，如图 22-3 所示的典型二手市场网站赶集网。

图 22-3　赶集网

● 企业对政府的电子商务（B2G）。企业对政府的电子商务（B2G）是通过互联网处理两者之间的各项事物。政府与企业之间的各项事物都可以涵盖在此模式中，如政府机构通过互联网进行工程的招投标和政府采购；政府利用电子商务方式实施对企业行政事务的管理，如管理条例发布以及企业与政府之间各种手续的报批；政府利用电子商务方式发放进出口许可证，为企业通过网络办理交税、报关、出口退税和商检等业务。这类电子商务可以提高政府机构的办事效率，使政府工作更加透明、廉洁。政府在这里有两重角色：既是电子商务的使用者；又是电子商务的宏观管理者，对电子商务起着扶持和规范的作用，如图 22-4 所示。

图 22-4　政府采购网

22.2　购物网站主要特点分析

虽然购物网站设计形式和布局各种各样，但是也有很多共同之处，下面就总结一下这些共同的特点。

22.2.1　大信息量的页面

购物网站中最为重要的就是商品信息，如何在一个页面中安排尽可能多的内容，往往影响着访问者对商品信息的获得。在常见的购物网站中，大部分都采用超长的页面布局，以此来显示大量的商品信息。图 22-5 所示的购物网站具有大量的信息。

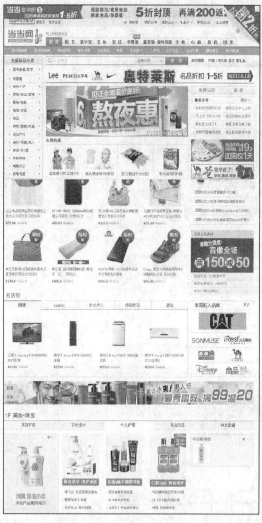

图 22-5　购物网站具有大量的信息

22.2.2　页面结构设计合理

设计购物网站时首先要抓住商品展示的特点，合理布局各个板块，显著位置留给重点宣传栏目或经常更新的栏目，以吸引浏览者的眼球，结合网站栏目设计在主页导航上突出层次感，使浏览者渐进接受。图 22-6 所示的是设计合理的页面结构。

22.2.3　完善的分类体系

一个好的购物网站除了需要大量的商品之外，更要有完善的分类体系来展示商品。所有需要销售的商品都可以通过相应的文字和图片来说明。分类目录可以运用一级目录和二级目录相配合的形式来管理商品，顾客可以通过点击商品的名称来阅读它的简单描述和价格等信息。如图 22-7 所示完善的分类，左侧上部有弹出二级栏目菜单，在下部又有详细的二级分类。

图 22-6　设计合理的页面结构

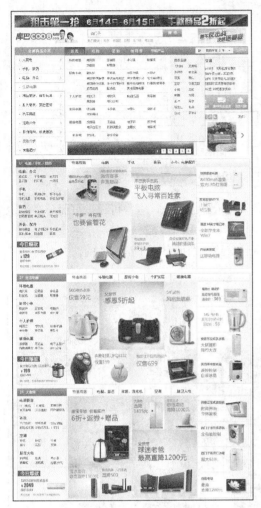

图 22-7 完善的分类

有效的方法是使用图片，如图 22-8 所示页面中丰富的商品图片。

22.2.4 商品图片的使用

图片的应用使网页更加美观、生动，而且图片更是展示商品的一种重要手段，有很多文字无法比拟的优点。使用清晰、色彩饱满和质量良好的图片可增强消费者对商品的信任感，引发购买欲望。在购物网站中展示商品最直观

图 22-8 页面中丰富的商品图片

22.3 购物网站主要功能和栏目

网上购物这种新型的购物方式已经吸引了很多购物者的注意。购物网站应该能够随时让顾客参与购买，商品介绍更详细，更全面。对购物网站而言，拥有完善的动态管理功能是必不可少的，也是管理和维护网站的核心所在。在创建网站前，首先要了解购物网站的基本功能。本章所制作的网站页面结构如图 22-9 所示，主要包括前台页面和后台管理页面。在前台显示浏览商品，在后

台可以添加、修改和删除商品，也可以添加商品类别。

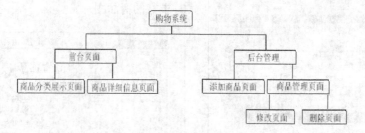

图 22-9　网站页面结构图

商品分类展示页面如图 22-10 所示，按照商品类别显示商品信息，客户可通过页面分类浏览商品，如商品名称、商品价格和商品图片等信息。

商品详细信息页面如图 22-11 所示，浏览者可通过商品详细信息页了解商品的简介、价格和图片等详细信息。

图 22-10　商品分类展示页面

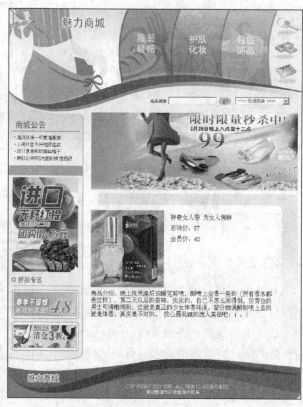

图 22-11　商品详细信息页面

商品后台管理登录页面如图 22-12 所示，在这里输入管理员信息可以登录到后台。

修改商品页面，如图 22-13 所示，在这里可以修改商品信息。

图 22-12　商品后台管理登录页面

图 22-13　修改商品页面

　　添加商品页面，如图 22-14 所示，在这里输入商品的详细信息后，单击"插入记录"按钮可以将商品资料添加到数据库中。

　　商品管理页面如图 22-15 所示，在这里可以选择修改和删除商品记录。

图 22-14　添加商品页面

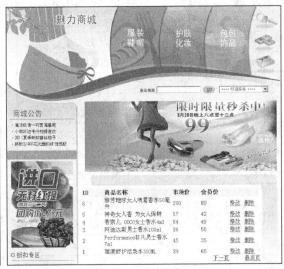

图 22-15　商品管理页面

22.4　设计数据库和数据库连接

　　网站数据库，就是动态网站存放网站数据的空间。网站数据是有专门的一个数据库来存放。

网站数据可以通过网站后台，直接发布到网站数据库，网站则把这些数据进行调用。

网站数据库根据网站的大小、数据的多少，决定选用 SQL 或者 Access 数据库。Access 更适合一般的网站，而且在数据量不是很大的网站上，因为开发技术简单，检索速度快。不用专门去分离出数据库空间，数据库和网站在一起，节约了成本。而门户网站，由于数据量比较大，所以选用 SQL 数据库，可以提高海量数据检索的速度。

22.4.1　创建数据库表

商品管理是网站数据库的重要应用，因为购物网站有大量的商品需要展示和买卖，那么通过网络数据库可以方便地进行分类，使商品更有条理、更清晰地展示给客户。这里创建的购物网站数据库包括 3 个表，分别是商品表 Products、商品类别表 class 和管理员表 admin，其中的字段名称和数据类型如表 22-1、22-2 和 22-3 所示。

表 22-1　表 Products 中的字段名称和数据类型

字段名称	数据类型	说　明
shpID	自动编号	商品的编号
shpname	文本	商品的名称
shichangjia	数字	商品的市场价
huiyuanjia	数字	商品的会员价
fenleiID	数字	商品分类编号
content	备注	商品的介绍
image	文本	商品图片

表 22-2　表 class 中的字段名称和数据类型

字段名称	数据类型	说　明
fenleiID	自动编号	商品分类编号
name	文本	商品分类名称

表 22-3　表 admin 中的字段名称和数据类型

字段名称	数据类型	说　明
ID	自动编号	编号
name	文本	用户名
password	文本	用户密码

下面使用 Access 设计数据库，具体操作步骤如下。

❶ 启动 Microsoft Access 2003，新建数据库 shop，双击【使用设计器创建表】选项，弹

出【表 1：表】窗口，在窗口中输入字段名称并设置数据类型，如图 22-16 所示。

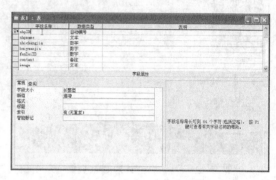

图 22-16　【表 1：表】窗口

❷ 选择【文件】|【保存】命令，弹出【另存为】对话框，在对话框中的【表名称】文本框中输入 Products，如图 22-17 所示。

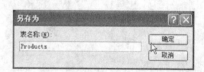

图 22-17　【另存为】对话框

❸ 单击【确定】按钮，保存表。

❹ 双击【使用设计器创建表】选项，弹出【表 1：表】窗口，在窗口中输入字段名称并设置数据类型，将其保存为 class，如图 22-18 所示。

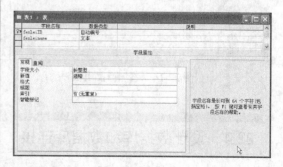

图 22-18　表 class

❺ 双击【使用设计器创建表】选项，弹出【表
1：表】窗口，在窗口中输入字段名称并设
置数据类型，将其保存为 admin，如图 22-19
所示。

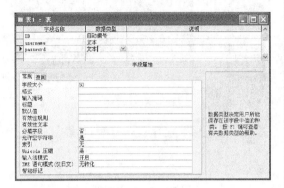

图 22-19　表数据

22.4.2　创建数据库连接

设计完成数据库表后，需要创建数据库连
接，才能创建动态网页。创建数据库连接的具
体操作步骤如下。

❶ 选择【窗口】|【数据库】命令，打开【数
据库】面板，在面板中单击 ⊞ 按钮，在弹出
的菜单中选择【自定义连接字符串】选项，
如图 22-20 所示。

❷ 弹出【自定义连接字符串】对话框，在对话
框中的【连接名称】文本框中输入名称 shop，
【连接字符串】文本框中输入以下代码，如
图 22-21 所示。

```
"Provider=Microsoft.JET.Oledb.4.0;
```

```
Data Source="&Server.Mappath("/Data/
shop.mdb")
```

图 22-20　【数据库】面板

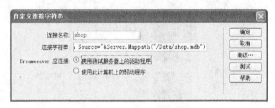

图 22-21　【自定义连接字符串】对话框

❸ 单击【确定】按钮，即可成功连接，此时【数
据库】面板如图 22-22 所示。

图 22-22　【数据库】面板

22.5　制作购物系统前台页面

购物网站前台页面主要包括商品分类展示页面和商品详细信息页面，下面就讲述这两个页面
的制作。

22.5.1　制作商品分类展示页面

商品分类展示页面如图 22-23 所示。主要
显示网站的商品，制作时主要利用创建记录集、
绑定字段和创建记录集分页等服务器行为，具

体操作步骤如下。

原始文件	CH22/index.htm
最终文件	CH22/zhanshi.asp

图 22-23　商品分类展示页面

❶ 打开网页文档 index.htm，将其另存为 zhanshi.asp，如图 22-24 所示。

图 22-24　打开文档

❷ 将光标放置在相应的位置，插入 2 行 3 列的表格，在第 1 行第 1 列单元格中插入图像

images/bao.jpg，如图 22-25 所示。

图 22-25　插入图像

❸ 选中第 2 行单元格，合并单元格，将【水平】设置为【右对齐】，输入文字，如图 22-26 所示。

图 22-26　输入文字

❹ 单击【绑定】面板中的➕按钮，在弹出的菜单中选择【记录集（查询）】选项，弹出【记录集】对话框，在对话框中的【名称】文本框中输入 R1，【连接】下拉列表中选择 shop，【表格】下拉列表中选择 Products，【列】勾选【全部】单选按钮，【筛选】下拉列表中分别选择 fenleiID、=、URL 参数和 fenleiID，【排序】下拉列表中选择 shpID 和降序，如图 22-27 所示。

图 22-27 【记录集】对话框

❺ 单击【确定】按钮，创建记录集，如图 22-28
所示。

图 22-28 创建记录集

❻ 选中图像，在【绑定】面板中展开记录集
R1，选中 image 字段，单击【绑定】按钮，
绑定字段，如图 22-29 所示。

图 22-29 绑定字段

❼ 按照步骤 6 的方法，分别将字段 shpname、
shichangjia、huiyuanjia 和 content 绑定到相

应的位置，如图 22-30 所示。

图 22-30 绑定字段

❽ 选中第 1 行单元格，单击【服务器行为】面
板中的 ⊞ 按钮，在弹出的菜单中选择【重复
区域】选项，弹出【重复区域】对话框，在
对话框中的【记录集】下拉列表中选择 R1，
【显示】勾选【4 记录】单选按钮，如图 22-31
所示。

图 22-31 【重复区域】对话框

❾ 单击【确定】按钮，创建重复区域服务器行
为，如图 22-32 所示。

图 22-32 创建服务器行为

339

⑩ 单击【绑定】面板中的⊞按钮，在弹出的菜单中选择【记录集（查询）】选项，弹出【记录集】对话框，在对话框中的【名称】文本框中输入 R2，【连接】下拉列表中选择 shop，【表格】下拉列表中选择 class，【列】勾选【全部】单选按钮，【排序】下拉列表中选择 fenleiID 和降序，如图 22-33 所示。

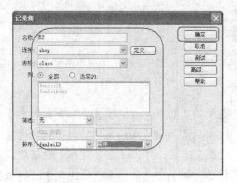

图 22-33 【记录集】对话框

⑪ 单击【确定】按钮，创建记录集，如图 22-34 所示。

图 22-34 创建记录集

⑫ 将光标放置在相应的位置，在【绑定】面板中展开记录集 R2，选中 fenleiname 字段，单击【插入】按钮，绑定字段，如图 22-35 所示。

⑬ 选中单元格，单击【服务器行为】面板中的⊞按钮，在弹出的菜单中选择【重复区域】

选项，弹出【重复区域】对话框，在对话框中的【记录集】下拉列表中选择 R2，【显示】勾选【15 记录】单选按钮，如图 22-36 所示。

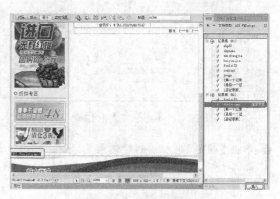

图 22-35 绑定字段

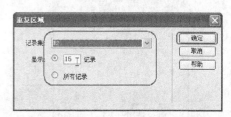

图 22-36 【重复区域】对话框

⑭ 单击【确定】按钮，创建重复区域服务器行为，如图 22-37 所示。

图 22-37 创建服务器行为

⑮ 选中 {Rs2.fenleiname}，单击【服务器行为】面板中的⊞按钮，在弹出的菜单中选择【转到详细页面】选项，弹出【转到详细页面】对话框，在对话框中的【详细信息页】文本框中输入 zhanshi.asp，如图 22-38 所示。

图 22-38 【转到详细页面】对话框

⓰ 单击【确定】按钮，创建转到详细页面服务器行为，如图 22-39 所示。

图 22-41 创建服务器行为

图 22-42 创建服务器行为

⓴ 选中 {R1.shpname}，单击【服务器行为】面板中的 按钮，在弹出的菜单中选择【转到详细页面】选项，弹出【转到详细页面】对话框，在对话框中的【详细信息页】文本框中输入 xiangxi.asp，如图 22-43 所示。

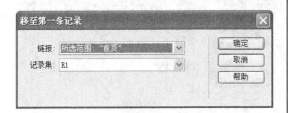

图 22-40 【移至第一条记录】对话框

⓲ 单击【确定】按钮，创建移至第一条记录服务器行为，如图 22-41 所示。

⓳ 按照步骤⓱~⓲的方法，分别对文字"上一页"、"下一页"和"最后页"创建【移至前一条记录】、【移至下一条记录】和【移至最

页"、"下一页"和"最后页"创建【移至前一条记录】服务器行为，如图 22-42 所示。

图 22-43 【转到详细页面】对话框

⓴ 单击【确定】按钮，创建转到详细页面服务器行为，如图 22-44 所示。

图 22-39 创建服务器行为

⓱ 选中文字"首页"，单击【服务器行为】面板中的 按钮，在弹出的菜单中选择【记录集分页】|【移至第一条记录】选项，弹出【移至第一条记录】对话框，在对话框中的【记录集】下拉列表中选择 R1，如图 22-40 所示。

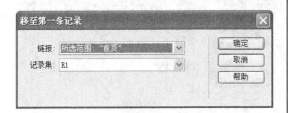

㉒ 按照步骤⑳～㉑的方法为图像创建转到详细页面服务器行为。

图 22-44　创建服务器行为

22.5.2　制作商品详细信息页面

商品详细信息页面主要显示网站商品的详细信息，如图 22-45 所示。制作时主要利用创建记录集和绑定相关字段，具体操作步骤如下。

图 22-45　商品详细信息页面

原始文件	CH22/index.htm
最终文件	CH22/xiangxi.asp

❶ 打开网页文档 index.htm，将其另存为 xiangxi.asp。

❷ 按照第 22.5.1 节步骤 10～16 的方法，创建记录集 R1，绑定字段，创建重复区域和转到详细页面服务器行为，如图 22-46 所示。

图 22-46　创建服务器行为

❸ 将光标放置在相应的位置，选择【插入】|【表格】命令，插入 4 行 2 列的表格。将光标放置在第 1 行第 1 列单元格中，按住鼠标左键向下拖动至第 3 行第 1 列单元格中，合并单元格，在合并后的单元格中插入图像 images/shp1.jpg，如图 22-47 所示。

图 22-47　插入图像

❹ 选中第 4 行单元格，合并单元格，分别在单元格中输入文字，如图 22-48 所示。

图 22-48　输入文字

❺ 单击【绑定】面板中的 ⊞ 按钮，在弹出的菜单中选择【记录集（查询）】选项，弹出【记录集】对话框，在对话框中的【名称】文本框中输入 R2，【连接】下拉列表中选择 shop，【表格】下拉列表中选择 Products，【列】勾选【全部】单选按钮，【筛选】下拉列表中分别选择 shpID、＝、URL 参数和 shpID，如图 22-49 所示。

图 22-49　【记录集】对话框

❻ 单击【确定】按钮，创建记录集，如图 22-50 所示。

❼ 选中图像，在【绑定】面板中展开记录集 R2，选中 image 字段，单击【绑定】，绑定字段，如图 22-51 所示。

图 22-50　创建记录集

图 22-51　绑定字段

❽ 按照步骤 7 的方法，分别将字段 shpname、shichangjia、huiyuanjia 和 content 绑定到相应的位置，如图 22-52 所示。

图 22-52　绑定字段

22.6　制作购物系统后台管理

　　购物网站后台管理页面主要包括管理登录页面和商品添加、删除页面等，下面具体讲述其制作过程。

22.6.1 制作管理员登录页面

管理员登录页面如图 22-53 所示。管理员登录页面制作时主要利用插入表单对象，检查表单行为和创建登录用户服务器行为，具体操作步骤如下。

原始文件	CH22/index.htm
最终文件	CH22/denglu.asp

图 22-53　管理员登录页面

❶ 打开网页文档 index.htm，将其另存为 denglu.asp，如图 22-54 所示。

图 22-54　创建服务器行为

❷ 将光标放置在相应的位置，选择【插入】|【表单】|【表单】命令，插入表单，如图 22-55 所示。

图 22-55　插入表单

❸ 将光标放置在表单中，插入 4 行 2 列的表格，在【属性】面板中将【填充】设置为 2，【间距】设置为 1，【对齐】设置为【居中对齐】，如图 22-56 所示。

图 22-56　插入表格

❹ 选中第 1 行单元格，合并单元格，将【水平】设置为【居中对齐】，【高】设置为 35，输入文字，将【大小】设置为 14 像素，单击 **B** 按钮对文字加粗，如图 22-57 所示。

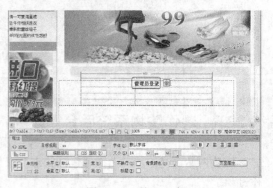

图 22-57　输入文字

❺ 分别在第 1 行第 1 列和第 2 行第 1 列单元格中输入文字，如图 22-58 所示。

图 22-58　输入文字

❻ 将光标放置在第 2 行第 2 列单元格中，插入文本域，在【属性】面板中将【文本域名称】设置为 username，【字符宽度】设置为 20，【类型】设置为【单行】，如图 22-59 所示。

图 22-59　插入文本域

❼ 将光标放置在第 3 行第 2 列单元格中，插入文本域，在【属性】面板中将【文本域名称】设置为 password，【字符宽度】设置为 20，【类型】设置为【密码】，如图 22-60 所示。

❽ 将光标放置在第 4 行第 2 列单元格中，选择【插入】|【表单】|【按钮】命令，分别插入登录按钮和重置按钮，如图 22-61 所示。

图 22-60　插入文本域

图 22-61　插入按钮

❾ 选中表单，单击【行为】面板中的 + 按钮，在弹出的菜单中选择【检查表单】选项，弹出【检查表单】对话框，在对话框中将文本域 username 和 password 的【值】都勾选【必需的】复选框，【可接受】勾选【任何东西】单选按钮，如图 22-62 所示。

图 22-62　选择【检查表单】选项

⑩ 单击【确定】按钮，添加行为，如图 22-63 所示。

图 22-63　添加行为

⑪ 单击【绑定】面板中的➕按钮，在弹出的菜单中选择【记录集（查询）】选项，弹出【记录集】对话框，在【名称】文本框中输入 R2，【连接】下拉列表中选择 shop，【表格】下拉列表中选择 admin，【列】勾选【全部】单选按钮，如图 22-64 所示。

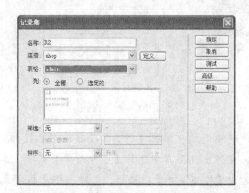

图 22-64　【记录集】对话框

⑫ 单击【确定】按钮，创建记录集，如图 22-65 所示。

图 22-65　创建记录集

⑬ 单击【服务器行为】面板中的➕按钮，在弹出的菜单中选择【用户身份验证】|【登录用户】，弹出【登录用户】对话框，在【使用连接验证】下拉列表中选择 shop，【表格】下拉列表中选择 admin，【用户名列】下拉列表中选择 username，【密码列】下拉列表中选择 password，【如果登录成功，则转到】文本框中输入 guanli.asp，【如果登录失败，则转到】文本框中输入 denglu.asp，如图 22-66 所示。

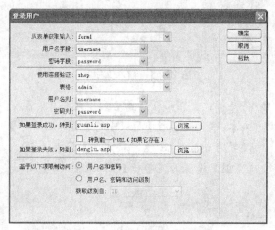

图 22-66　【登录用户】对话框

⑭ 单击【确定】按钮，创建登录用户服务器行为，如图 22-67 所示。

图 22-67　创建服务器行为

22.6.2　制作添加商品分类页面

添加商品分类页面如图 22-68 所示。添加商品分类页面制作时主要利用插入文本域和创

建插入记录服务器行为，具体操作步骤如下。

原始文件	CH22/index.htm
最终文件	CH22/tfenleie.asp

图 22-68　添加商品分类页面

❶ 打开网页文档 index.htm，将其另存为 tfenlei.asp。

❷ 将光标放置在相应的位置，选择【插入】|【表单】|【表单】命令，插入表单，如图 22-69 所示。

图 22-69　插入表单

❸ 将光标放置在表单中，选择【插入】|【表格】命令，插入 2 行 2 列的表格，在【属性】面板中将【填充】设置为 2，【间距】设置为 1，【对齐】设置为【居中对齐】，在第 1 行第 1 列单元格中输入文字，如图 22-70 所示。

图 22-70　输入文字

❹ 将光标放置在第 1 行第 2 列单元格中，选择【插入】|【表单】|【文本域】命令，插入文本域，在【属性】面板中将【文本域名称】设置为 fenleiname，【字符宽度】设置为 25，【类型】设置为【单行】，如图 22-71 所示。

图 22-71　插入文本域

❺ 将光标放置在第 2 行第 2 列单元格中，选择【插入】|【表单】|【按钮】命令，分别插入提交按钮和重置按钮，如图 22-72 所示。

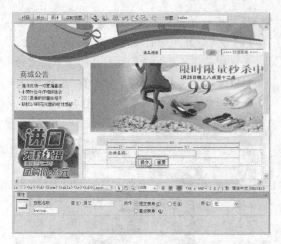

图 22-72　插入按钮

❻ 单击【绑定】面板中的➕按钮，在弹出的菜单中选择【记录集（查询）】选项，弹出【记录集】对话框，在对话框中的【名称】文本框中输入 R1，【连接】下拉列表中选择 shop，【表格】下拉列表中选择 class，【列】勾选【全部】单选按钮，【排序】下拉列表中选择 fenleiID 和升序，如图 22-73 所示。

图 22-73　【记录集】对话框

❼ 单击【确定】按钮，创建记录集，如图 22-74 所示。

❽ 单击【服务器行为】面板中的➕按钮，在弹出的菜单中选择【用户身份验证】|【限制对页的访问】选项，弹出【限制对页的访问】对话框，在【如果访问被拒绝，则转到】文本框中输入 denglu.asp，如图 22-75 所示。

图 22-74　创建记录集

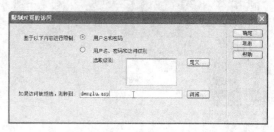

图 22-75　【限制对页的访问】对话框

❾ 单击【确定】按钮，创建限制对页的访问服务器行为。

❿ 单击【服务器行为】面板中的➕按钮，在弹出的菜单中选择【插入记录】选项，弹出【插入记录】对话框，在对话框中的【连接】下拉列表中选择 shop，【插入到表格】下拉列表中选择 class，【插入后，转到】文本框中输入 tfenleiok.asp，【获取值自】下拉列表中选择 form1，如图 22-76 所示。

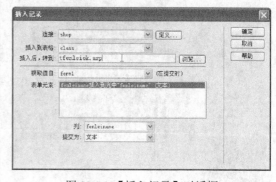

图 22-76　【插入记录】对话框

⓫ 单击【确定】按钮，创建插入记录服务器行为，如图 22-77 所示。

图 22-77　创建服务器行为

⓬ 打开网页文档 index.htm，将其另存为 tfenleiok.asp，在相应的位置输入文字，如图 22-78 所示。

图 22-78　输入文字

⓭ 选中文字"添加商品分类页面"，在【属性】面板中的【链接】文本框中输入 tfenlei.asp，如图 22-79 所示。

图 22-79　设置链接

22.6.3　制作添加商品页面

添加商品页面如图 22-80 所示。添加商品页面制作时主要利用插入文本域和创建插入记录服务器行为，具体操作步骤如下。

原始文件	CH22/index.htm
最终文件	CH22/tshangpin.asp

❶ 打开网页文档 index.htm，将其另存为 tshangpin.asp。将 tfenlei.asp 页面中的记录集 R1 复制到该页面，如图 22-81 所示。

图 22-80　添加商品页面

图 22-81　复制记录集

❷ 单击【数据】插入栏中的【插入记录表单向导】按钮，弹出【插入记录表单】对话框，在对话框中的【连接】下拉列表中选择 shop，【插入到表格】下拉列表中选择 Products，【插入后，转到】文本框中输入 tshangpinok.asp，【表单字段】列表框中选中 shpID，单击━按钮将其删除，选中 shpname，【标签】文本框中输入"商品名称:"，选中 shichangjia:，【标签】文本框中输入"市场价:"，选中 huiyuanjia，【标签】文本框中输入"会员价:"，选中 fenleiID，【标签】文本框中输入"商品分类:"，【显示为】下拉列表中选择【菜单】。单击菜单属性按钮，弹出【菜单属性】对话框，在对话框中的【填充菜单项】勾选【来自数据库】单选按钮，如图 22-82 所示。

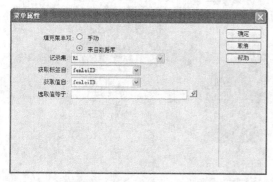

图 22-82 【菜单属性】对话框

❸ 在对话框中单击【选取值等于】右边的按钮，弹出【动态数据】对话框，在对话框中的【域】列表中选择 fenleiname，如图 22-83 所示。

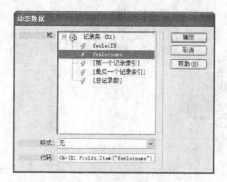

图 22-83 【动态数据】对话框

❹ 单击【确定】按钮，返回【插入记录表单】对话框中，选中 content，【标签】文本框中输入"商品介绍:"，【显示为】下拉列表中选择【文本区域】，选中 image，【标签】文本框中输入"图片路径:"，如图 22-84 所示。

图 22-84 【插入记录表单】对话框

❺ 单击【确定】按钮，插入记录表单向导，如图 22-85 所示。

图 22-85 插入记录表单向导

❻ 单击【服务器行为】面板中的按钮，在弹出的菜单中选择【用户身份验证】|【限制对页的访问】选项，弹出【限制对页的访问】对话框，在对话框中的【如果访问被拒绝，则转到】文本框中输入 denglu.asp，如图 22-86 所示。

❼ 单击【确定】按钮，创建限制对页的访问服务器行为。

图 22-86　【限制对页的访问】对话框

❽ 打开网页文档 index.htm，将其另存为
tshangpinok.asp，输入文字，选中文字"添加
商品页面"，在【属性】面板中的【链接】文
本框中输入 tshangpin.asp，如图 22-87 所示。

图 22-87　设置链接

22.6.4　制作商品管理页面

商品管理页面如图 22-88 所示。商品管理
页面制作时主要利用创建记录集、绑定字段、
创建重复区域、创建转到详细页面、记录集分
页和显示区域服务器行为，具体操作步骤如下。

原始文件	CH22/index.htm
最终文件	CH22/guanli.asp

❶ 打开网页文档 index.htm，将其另存为
guanli.asp，如图 22-89 所示。

❷ 将光标放置在相应的位置，选择【插入】|
【表格】命令，插入 2 行 6 列的表格，在【属
性】面板中将【填充】设置为 2，分别在单
元格中输入文字，如图 22-90 所示。

图 22-88　商品管理页面

图 22-89　创建服务器行为

图 22-90　输入文字

❸ 单击【绑定】面板中的 🞣 按钮，在弹出的菜
单中选择【记录集（查询）】选项，弹出【记
录集】对话框，在对话框中的【名称】文本
框中输入 Rs2，【连接】下拉列表中选择
shop，【表格】下拉列表中选择 Products，
【列】勾选【全部】单选按钮，【排序】下拉
列表中选择 shpID 和降序，如图 22-91 所示。

图 22-91 【记录集】对话框

❹ 单击【确定】按钮，创建记录集，如图 22-92
所示。

图 22-92 创建记录集

❺ 将光标放置在第 2 行第 1 列单元格中，在
【绑定】面板中展开记录集 Rs2，选中 shpID
字段，单击右下角的【插入】按钮，绑定字
段，如图 22-93 所示。

❻ 按照步骤 5 的方法，分别将字段 shpname、
shichangjia 和 huiyuanjia 绑定到相应的位
置，如图 22-94 所示。

图 22-93 绑定字段

图 22-94 绑定字段

❼ 选中第 2 行单元格，单击【服务器行为】面板
中的 🞣 按钮，在弹出的菜单中选择【重复区域】
选项，弹出【重复区域】对话框，在对话框中
的【记录集】下拉列表中选择 Rs2，【显示】
勾选【20 记录】单选按钮，如图 22-95 所示。

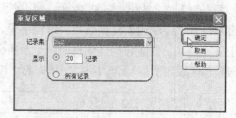

图 22-95 【重复区域】对话框

❽ 单击【确定】按钮，创建重复区域服务器行
为，如图 22-96 所示。

❾ 选中文字 "修改"，单击【服务器行为】面
板中的 🞣 按钮，在弹出的菜单中选择【转到
详细页面】选项，弹出【转到详细页面】对
话框，在对话框中的【详细信息页】文本框

中输入 xiugai.asp，【记录集】下拉列表中选择 R1，如图 22-97 所示。

如图 22-99 所示。

图 22-96 创建服务器行为

图 22-99 【转到详细页面】对话框

⑫ 单击【确定】按钮，创建转到详细页面服务器行为，如图 22-100 所示。

图 22-97 【转到详细页面】对话框

⑩ 单击【确定】按钮，创建转到详细页面服务器行为，如图 22-98 所示。

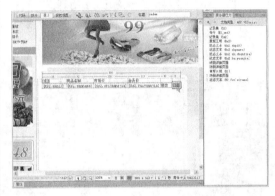

图 22-100 创建服务器行为

⑬ 将光标放置在表格的右边，按 Enter 键换行，插入 1 行 1 列的表格。将光标放置在单元格中，将【水平】设置为【右对齐】，输入文字，如图 22-101 所示。

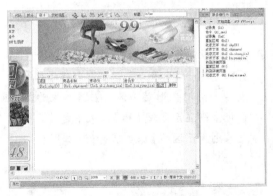

图 22-98 创建服务器行为

⑪ 选中文字"删除"，单击【服务器行为】面板中的 按钮，在弹出的菜单中选择【转到详细页面】选项，弹出【转到详细页面】对话框，在【详细信息页】文本框中输入 shanchu.asp，【记录集】下拉列表中选择 R1，

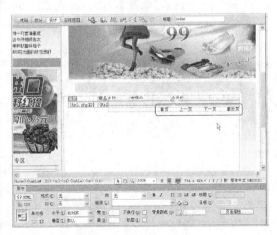

图 22-101 输入文字

⑭ 选中文字"首页"，单击【服务器行为】面板中的⊞按钮，在弹出的菜单中选择【记录集分页】|【移至第一条记录】选项，弹出【移至第一条记录】对话框，在对话框中的【记录集】下拉列表中选择Rs2，如图22-102所示。

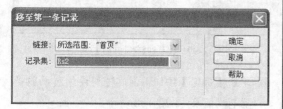

图 22-102 【移至第一条记录】对话框

⑮ 单击【确定】按钮，创建移至第一条记录服务器行为，如图22-103所示。

图 22-103 创建服务器行为

⑯ 按照步骤⑭~⑮的方法，分别对文字"上一页"、"下一页"和"最后页"创建【移至前一条记录】、【移至下一条记录】和【移至最后一条记录】服务器行为，如图22-104所示。

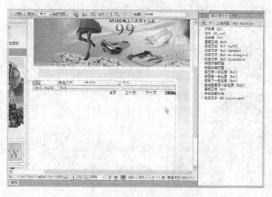

图 22-104 创建服务器行为

⑰ 选中文字"首页"，单击【服务器行为】面板中的⊞按钮，在弹出的菜单中选择【显示区域】|【如果不是第一条记录则显示区域】选项，弹出【如果不是第一条记录则显示区域】对话框，在对话框中的【记录集】下拉列表中选择Rs2，如图22-105所示。

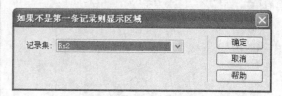

图 22-105 【如果不是第一条记录则显示区域】

⑱ 单击【确定】按钮，创建如果不是第一条记录则显示服务器行为，如图22-106所示。

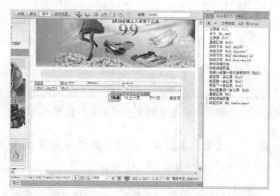

图 22-106 创建服务器行为

⑲ 按照步骤⑰~⑱的方法，分别对文字"上一页"、"下一页"和"最后页"创建【如果为最后一条记录则显示区域】、【如果为第一条记录则显示区域】和【如果不是最后一条记录则显示区域】服务器行为，如图22-107所示。

图 22-107 创建服务器行为

22.6.5 制作修改页面

当添加的商品有错误时，就需要进行修改，修改页面如图 22-108 所示。制作时主要利用创建记录集和更新记录表单服务器行为，具体操作步骤如下。

原始文件	CH22/tshangpin.asp
最终文件	CH22/xiugai.asp

图 22-108 修改页面

❶ 打开网页文档 tshangpin.asp，将其另存为 xiugai.asp，在【服务器行为】面板中选中【插入记录（表单"form1"）】，单击 ─ 按钮删除，如图 22-109 所示。

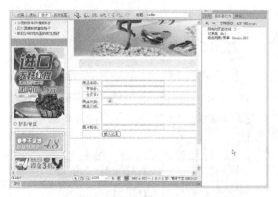

图 22-109 删除服务器行为

❷ 单击【绑定】面板中的 ⊞ 按钮，在弹出的菜单中选择【记录集（查询）】选项，弹出【记录集】对话框，在对话框中的【名称】文本框中输入 Rs2，【连接】下拉列表中选择 shop，【表格】下拉列表中选择 Products，【列】勾选【全部】单选按钮，【筛选】下拉列表中分别选择 shpID、=、URL 参数和 shpID，如图 22-110 所示。

图 22-110 【记录集】对话框

❸ 单击【确定】按钮，创建记录集，如图 22-111 所示。

图 22-111 创建记录集

❹ 选中"商品名称:"右边的文本域，在【绑定】面板中展开记录集 Rs2，选中 shpname 字段，单击【绑定】按钮，绑定字段，如图 22-112 所示。

❺ 按照步骤❹的方法，分别将字段 shichangjia、huiyuanjia、content 和 image 绑定到相应的位置，如图 22-113 所示。

图 22-112　绑定字段

图 22-113　绑定字段

❻ 单击【服务器行为】面板中的 ⊞ 按钮，在弹出的菜单中选择【更新记录】选项，弹出【更新记录】对话框，在对话框中【连接】下拉列表中选择 shop，【要更新的表格】下拉列表中选择 Products，【选取记录自】下拉列表中选择 Rs2，【唯一键列】下拉列表中选择 fenleiID，【在更新后，转到】文本框中输入 xiugaiok.asp，如图 22-114 所示。

图 22-114　【更新记录】对话框

❼ 单击【确定】按钮，创建更新记录服务器行为，如图 22-115 所示。

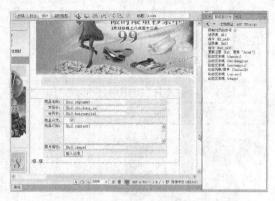

图 22-115　创建服务器行为

❽ 打开网页文档 index.htm，将其另存为 xiugaiok.asp，输入文字，选中文字"商品管理页面"，在【属性】面板中的【链接】文本框中输入 guanli.asp，如图 22-116 所示。

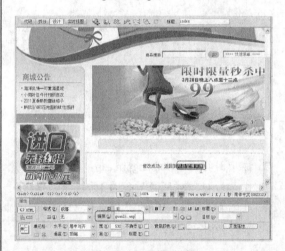

图 22-116　设置链接

22.6.6　制作删除页面

删除页面用于删除添加的商品，如图 22-117 所示。制作时主要利用创建记录集、绑定字段和删除记录服务器行为，具体操作步骤如下。

原始文件	CH22/index.htm
最终文件	CH22/shanchu.asp

图 22-117　删除商品页面

❶ 打开网页文档 index.htm，将其另存为 shanchu.asp，如图 22-118 所示。

图 22-118　创建服务器行为

❷ 单击【绑定】面板中的⊞按钮，在弹出的菜单中选择【记录集（查询）】选项，弹出【记录集】对话框，在对话框中的【名称】文本框中输入 Rs2，【连接】下拉列表中选择

shop，【表格】下拉列表中选择 Products，【列】勾选【全部】单选按钮，【筛选】下拉列表中分别选择 shpID、=、URL 参数和 shpID，如图 22-119 所示。

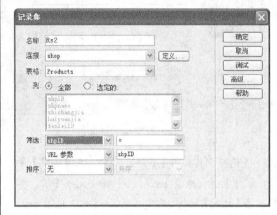

图 22-119　【记录集】对话框

❸ 单击【确定】按钮，创建记录集，如图 22-120 所示。

图 22-120　创建记录集

❹ 将光标放置在相应的位置，选择【插入】|【表格】命令，插入 4 行 1 列的表格，选中第 1~3 行单元格，将【水平】设置为【居中对齐】，如图 22-121 所示。

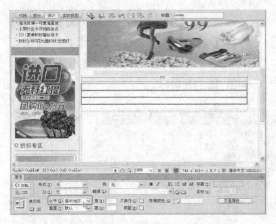

图 22-121　设置单元格属性

❺ 将光标放置在第 1 行单元格中，在【绑定】面板中展开记录集 Rs2，选中 shpname 字段，单击【插入】按钮，绑定字段，如图 22-122 所示。

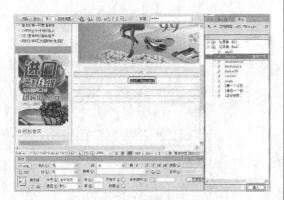

图 22-122　绑定字段

❻ 按照步骤❺的方法，分别将字段 shichangjia、huiyuanjia 和 content 绑定到相应的位置，如图 22-123 所示。

图 22-123　绑定字段

❼ 将光标放置在表格的右边，选择【插入】|【表单】|【表单】命令，插入表单，如图 22-124 所示。

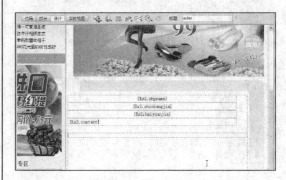

图 22-124　插入表单

❽ 将光标放置在表单中，选择【插入】|【表单】|【按钮】命令，插入按钮，在【属性】面板中的【值】文本框中输入"删除商品"，【动作】设置为【提交表单】，如图 22-125 所示。

图 22-125　插入按钮

❾ 单击【服务器行为】面板中的 + 按钮，在弹出的菜单中选择【删除记录】选项，弹出【删除记录】对话框，在对话框中的【连接】下拉列表中选择 shop，【从表格中删除】下拉列表中选择 Products，【选取记录自】下拉列表中选择 Rs2，【删除后，转到】文本框中输入 shanchuok.asp，如图 22-126 所示。

图 22-126　【删除记录】对话框

⑩ 单击【确定】按钮，创建删除记录服务器行
为，如图 22-127 所示。

⑪ 打开网页文档 index.htm，将其另存为
shanchuok.asp，输入文字，选中文字"商
品管理页面"，在【属性】面板中的【链
接】文本框中输入 guanli.asp，如图 22-128
所示。

图 22-127　创建服务器行为

图 22-128　设置链接

22.7　课后练习

1．填空题

（1）按电子商务的交易对象分成 4 类：＿＿＿＿＿＿、＿＿＿＿＿＿、＿＿＿＿＿＿
和＿＿＿＿＿＿。

（2）本章所制作的网站页面主要包括＿＿＿＿＿＿、＿＿＿＿＿＿。在前台显示浏览商
品，在后台可以添加、修改和删除商品，也可以添加商品类别。

参考答案

（1）企业对消费者的电子商务（B2C）、企业对企业的电子商务（B2B）、消费者对消费者的
电子商务（C2C）、企业对政府的电子商务（B2G）

（2）前台页面、后台管理页面

2．操作题

按照本章所讲述的内容一个购物系统，主要包括前台页面和后台管理页面。在前台显示浏览
商品，在后台可以添加、修改和删除商品，也可以添加商品类别。原始文件如图 22-129 所示。

原始文件	CH22/操作题/index.htm
最终文件	CH22/操作题

图 22-129　原始文件

　　商品分类展示页面如图 22-130 所示。按照商品类别显示商品信息，客户可通过页面分类浏览商品，如商品名称、商品价格和商品图片等信息。

图 22-130　商品分类展示页面

商品详细信息页面如图 22-131 所示。浏览者可通过商品详细信息页了解商品的简介、价格和图片等详细信息。

图 22-131　商品详细信息页面

修改商品页面，如图 22-132 所示。在这里可以修改商品信息。

图 22-132　修改商品页面

　　添加商品页面，如图 22-133 所示。在这里输入商品的详细信息后，单击【插入记录】按钮可以将商品资料添加到数据库中。

图 22-133　添加商品页面

　　商品管理页面如图 22-134 所示，在这里可以选择修改和删除商品记录。

图 22-134　商品管理页面

22.8 本章总结

对于使用 ASP 技术设计的网站，大多数都是与数据库操作有关，在本实例中设计了简单的数据库表来实现网上购物系统的数据库设计。利用 Dreamweaver 可以很方便地实现对数据库的操作。

在当前的网站中，可以提供网上购物的网站越来越多。图 22-135 所示的是一个著名的网上售书网站当当网的页面。从图中可以看出，此网站在数据库设计方面，对于商品的信息及用户信息方面进行了更详细的设计。对于不同的注册用户设置了不同的折扣率，对于商品信息方面分类更细致，将图书分为新书、热销书、今日关注图书以及特价书等，让图书的信息更加详细。这样，用户可以很方便地找到他们所喜欢的书籍。在本实例中，可以重新设计数据库来实现以上的功能。

图 22-135 当当网

第 5 部分
网站发布推广与
安全维护篇

第 23 章 ■
站点的发布与推广
第 24 章 ■
网站的安全

23

■■■■■■ **第 23 章**
站点的发布与推广

网页制作完毕要发布到网站服务器上，才能让别人观看。现在上传用的工具有很多，既可以采用专门的 FTP 工具，也可以采用网页制作工具本身带有的 FTP 功能。网站发布以后，必须进行推广才能让更多的人知道。

学习目标

- ☐ 掌握测试站点的方法
- ☐ 学习发布网站的技巧
- ☐ 了解网站维护的内容
- ☐ 掌握推广网站的方法
- ☐ 熟悉网站的 SEO 优化流程

23.1　测试站点

整个网站中有成千上万的超级链接，发布网页前需要对这些链接进行测试。如果对每个链接都进行手工测试，会浪费很多时间，Dreamweaver 中的【站点管理器】窗口就提供了对整个站点的链接进行快速检查的功能。

23.1.1　检查链接

如果网页中存在错误链接，这种情况下是很难察觉的。采用常规的方法，只有打开网页单击链接时，才能发现错误。使用 Dreamweaver 可以帮助快速检查站点中网页的链接，避免出现链接错误。为当前站点检查链接的具体操作步骤如下。

❶ 启动 Dreamweaver CS6，打开站点中的一个网页文件，选择【站点】|【检查站点范围的链接】命令，Dreamweaver 将会自动为站点检查链接，检查结果出来后将会在【链接检查器】面板中显示，如图 23-1 所示。

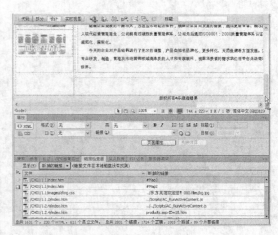

图 23-1　检查结果

❷ 在【链接检查器】面板中的【显示】下拉列

表中选择【断掉的链接】选项，将会在下面的列表框中显示出站点中所有断掉的链接。

❸ 在【链接检查器】面板中的【显示】下拉列表中选择【外部链接】选项，将会在下面的列表框中显示出站点中包含外部链接的文件，如图 23-2 所示。

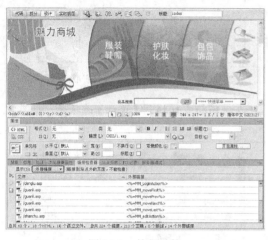

图 23-2　外部链接

❹ 在【链接检查器】面板中的【显示】下拉列表中选择【孤立的文件】选项，将会在下面的列表框中显示出站点中所有的孤立文件，如图 23-3 所示。

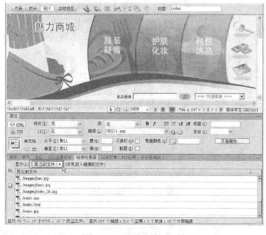

图 23-3　孤立的文件

23.1.2　站点报告

可以对当前文档、选定的文件或整个站点

的工作流程或 HTML 属性（包括辅助功能）运行站点报告。使用站点报告可以检查可合并的嵌套字体标签、辅助功能、遗漏的替换文本、冗余的嵌套标签、可删除的空标签和无标题文档，具体操作步骤如下。

❶ 选择【站点】|【报告】命令，弹出【报告】对话框，在对话框中的【报告在】下拉列表中选择【整个当前本地站点】选项，【HIML 报告】列表框中勾选【多余的嵌套标签】、【可移除的空标签】和【无标题文档】复选框，如图 23-4 所示。

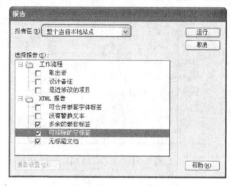

图 23-4　【报告】对话框

❷ 单击【运行】按钮，Dreamweaver 会对整个站点进行检查。检查完毕后，将会自动打开【站点报告】面板，在面板中显示检查结果，如图 23-5 所示。

图 23-5　【站点报告】面板

❸ 在面板中双击 guestbook.asp 文件，将会自动打开 guestbook.asp 页面文件，并选中空标签，可以进行编辑。

23.1.3　清理文档

清理文档就是清理一些空标签或者在 Word 中编辑时所产生的一些多余的标签，具体操作步骤如下。

❶ 打开需要清理的网页文档。

❷ 选择【命令】|【清理 HTML】命令，弹出
【清理 HTML/XHTML】对话框，在对话框
中【移除】选项中勾选【空标签区块】和【多
余的嵌套标签】复选框，或者在【指定的标
签】文本框中输入所要删除的标签，并在【选
项】中勾选【尽可能合并嵌套的<font>标签】
和【完成后显示记录】复选框，如图 23-6
所示。

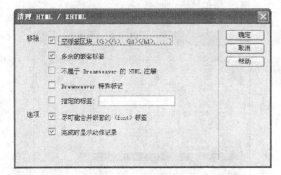

图 23-6 【清理 HTML/XHTML】对话框

❸ 单击【确定】按钮，Dreamweaver 自动开始
清理工作。清理完毕后，弹出一个提示框，
在提示框中显示清理工作的结果，如图 23-7
所示。

图 23-7 显示清理工作的结果

❹ 选择【命令】|【清理 Word 生成的 HTML】
命令，弹出【清理 Word 生成的 HTML】对
话框，如图 23-8 所示。

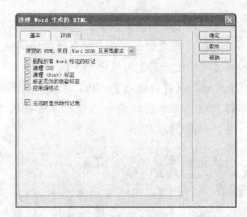

图 23-8 【清理 Word 生成的 HTML】对话框

❺ 在对话框中切换到【详细】选项卡，勾选需
要的选项，如图 23-9 所示。

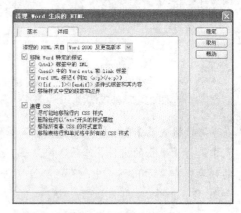

图 23-9 【详细】选项卡

❻ 单击【确定】按钮，清理工作完成后显示提
示框，如图 23-10 所示。

图 23-10 提示框

23.2 发布网站

随着建立网站的技术门槛的降低，越来越多的人加入了站长的队伍之中。如今只要是稍微懂
点网络知识的人都能够在很短的时间内利用一些建站工具建立一个专业的网站。但是即便如此，

仍然存在有很大一批人，无可避免的走了不少弯路，导致在建站过程中吃尽了苦头。当网站制作完成以后，就要上传到远程服务器上供浏览者预览，这样所作的网页才会被别人看到。网站发布流程第一步是申请一个域名，第二步是申请一个空间服务器，第三步是上传网站到服务器。

上传网站有两种方法，一种是用 Dreamweaver 自带的工具上传，一种是 FTP 软件上传，下面将详细讲述使用 Dreamweaver 上传方法。利用 Dreamweaver 上传网站的具体操作步骤如下。

❶ 选择【站点】|【管理站点】命令，弹出【管理站点】对话框，如图 23-11 所示。

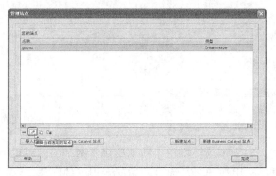

图 23-11 【管理站点】对话框

❷ 单击【编辑当前选定的站点】按钮，弹出【站点设置对象】对话框，在对话框中选择【服务器】选项，如图 23-12 所示。

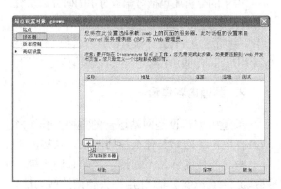

图 23-12 【服务器】选项

❸ 在对话框中单击【添加新服务器】按钮，弹出远程服务器设置对话框。在【连接方法】下拉列表中选择 FTP 选项；在【FTP 地址】文本框中输入站点要传到的 FTP 地址；在【用户名】文本框中输入拥有的 FTP 服务主机的用户名；在【密码】文本框中输入相应用户的密码，如图 23-13 所示。设置完远程信息的相关参数后，单击【保存】按钮。

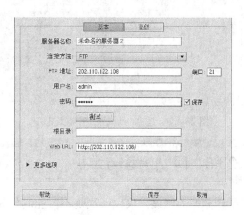

图 23-13 设置服务器

❹ 选择【窗口】|【文件】命令，打开【文件】面板，在面板中单击 ⊞ 按钮，如图 23-14 所示。

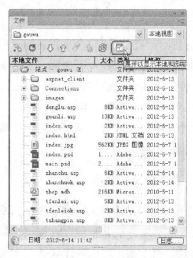

图 23-14 【文件】面板

❺ 弹出如图 23-15 所示的界面，在界面中单击【连接到远端主机】按钮 🔌，建立与远程服务器连接。连接到服务器后，【连接到远端主机】按钮 🔌 会自动变为闭合 🔌 状态，并在一旁亮起一个小绿灯，列出远端网站的目录，右侧窗口显示为【本地文件】信息。

图 23-15　建立与远程服务器连接

❻ 在本地目录中选择要上传的文件，单击【上传文件】按钮🔼，上传文件。上传完毕后，左边【远程服务器】列表框中，将显示出已经上传的本地文件。

23.3　网站运营与维护

　　一个好的网站，仅仅一次是不可能制作完美的。由于市场环境在不断地变化，网站的内容也需要随之调整，给人经常更新的感觉，网站才会更加吸引访问者，而且给访问者很好的印象。这就要求对站点进行不间断地维护和更新。

23.3.1　网站的运营工作

　　建一个网站，对于大多数人并不陌生，尤其是已经拥有自己网站的企业和机构。但是，提到网站运营可能很多人不理解，对网站运营的重要性也不明确，通常被忽视。网站运营包括网站需求分析和整理、频道内容建设、网站策划、产品维护和改进以及部门沟通协调五个方面的具体内容。

1. 需求分析和整理

　　对于一名网站运营人员来说，最为重要的就是要了解需求。在此基础上，提出网站具体的改善建议和方案，对这些建议和方案要与大家一起讨论，确认是否具体可行。必要时，还要进行调查取证或分析统计，综合评出这些建议和方案的可取性。

　　需求创新，直接决定了网站的特色，有特色的网站才会更有价值，才会更吸引用户来使用。例如，新浪每篇编辑后的文章里，常会提供与内容相关的另外内容链接，供读者选择，就充分考虑了用户的兴趣需求。网站细节的改变，应当是基于对用户需求把握而产生的。

　　需求的分析还包括对竞争对手的研究。研究竞争对手的产品和服务，看看他们最近做了哪些变化，判断这些变化是不是真的具有价值。如果能够为用户带来价值的话，完全可以采纳为己所用。

2. 频道内容建设

　　频道内容建设是网站运营的重要工作。网站内容决定了网站是什么样的网站。当然，也有一些功能性的网站，如搜索、即时聊天等，只是提供了一个功能，让用户去使用这些功能。使用这些功能最终仍是为了获取想要的信息。

　　频道内容建设，更多的工作是由专门的编辑人员来完成，内容包括频道栏目规划、信息编辑和上传、信息内容的质量提升等。编辑人员做的也是网站运营范畴内的工作，属于网站运营工作中的重要成员。很多小网站，或部分大型网站，网站编辑人员就承担着网站运营人员的角色。不仅要负责信息的编辑，还要提需求、做方案等。

3．网站策划

网站策划，包括前期市场调研、可行性分析、策划文档撰写和业务流程说明等内容。策划是建设网站的关键，一个网站，只有真正策划好了，最终才会有可能成为好的网站。因为，前期的网站策划涉及更多的市场因素。

根据需求，来进行有效地规划。文章标题和内容怎么显示，广告如何展示等，都需要进行合理和科学地规划。页面规划和设计是不一样的。页面规划较为初级，而页面设计则上升到了更高级的层次。

4．产品维护和改进

产品的维护和改进工作，其实与前面讲的需求整理分析有一些相似之处。但这里，更强调的是产品的维护工作。产品维护工作，更多应是对顾客已购买产品的维护工作，响应顾客提出的问题。

在大多数网络公司，都有比较多的客服人员。很多的时候，客服人员对技术、产品等问题可能不是非常清楚，对顾客的不少问题又未能作很好的解答。这时，就需要运营人员分析和判断问题，或对顾客给出合理的说法，或把问题交技术去处理，或找更好的解决方案。

此外，产品维护还包括制定和改变产品政策、进行良好的产品包装和改进产品的使用体验等。产品改进在大多情况下，同时也是需求分析和整理的问题。

5．各部门协调工作

这一部分的工作内容，更多体现的是管理角色。因为网站运营人员深知整个网站的运营情况，知识面相对来说比较广泛。与技术人员、美工、测试和业务的沟通协调工作，更多地是由网站运营人员来承担。作为网站运营人员，沟通协调能力是必不可少。要与不同专业性思维打交道，在沟通的过程中，可能碰上许多的不理解或难以沟通的现象，是属于比较正常的问题。

优秀的网站运营人才，要求具备行业专业知识，文字撰写能力、方案策划能力、沟通协调能力和项目管理能力等方面的素质。

23.3.2　网站的更新维护

网站的信息内容应该经常更新，如果现在浏览者访问的网站看到的是去年的新闻或在秋天看到新春快乐的网站祝贺语，那么他们对企业的印象肯定大打折扣。因此，注意实时更新内容是相当重要的。在网站栏目设置上，最好将一些可以定期更新的栏目如新闻等放在首页上，使首页的更新频率更高些。

网站风格的更新包括版面、配色等各方面。改版后的网站让客户感觉改头换面，焕然一新，一般改版的周期要长些。如果客户对网站也满意的话，改版可以延长到几个月甚至半年。改版周期不能太短。一般一个网站建设完成以后，代表了公司的形象、公司的风格。随着时间的推移，很多客户对这种形象已经形成了定势。如果经常改版，会让客户感觉不适应，特别是那种风格彻底改变的"改版"。当然如果对公司网站有更好的设计方案，可以考虑改版，毕竟长期使用一种版面会让人感觉陈旧、厌烦。

23.4　网站的推广

网站推广就是以互联网为主要手段进行的，为达到一定营销目的的推广活动。网站推广的目的在于让尽可能多的潜在用户了解并访问网站，通过网站获得有关产品和服务等信息，为最终形成购买决策提供支持。目前很多人对于网站为什么要进行网络推广更是知之甚少。网络推广对于网站所起到的效果也是不可预估的。

1．增加网站知名度。

不管是在电视还是在互联网内，我们总会见到各式各样的广告，这些广告所起的作用就是提高了广告所宣传产品或企业的知名度，使更多人对于某个产品或某个企业有所了解。而网络推广则是通过对网站进行优化，从而使网站在互联网内起到广告宣传的作用，从而对于网站知名度也起到了一定的提高效果。和广告不同的是，网站网络推广所需费用，要比通过广告宣传节省得多。

2．增加网站访问量，带来网站潜在客户。

当看到一则我们所需要的产品在做广告，潜意识里，总会去购买我们所熟悉的品牌，这样对于产品和企业来说无形中就增加了潜在客户。而网站进行网络推广也一样，增加了网站的知名度以后，如果是有意向的客户，肯定会通过网站上所提供的信息去寻找、购买产品，这样就无形中给网站带来了潜在客户。

由此可见，网络推广对于网站来说是必需的。如果建设一个网站，而不对网站进行推广，那么网站便无人知晓，对于网站上所提供的项目及服务，就更别提了。

网站的推广有很多种方式，下面讲述一些主要的方法。

23.4.1　登录搜索引擎

经权威机构调查，全世界大部分的互联网用户采用搜索引擎来查找信息，而通过其他推广形式访问网站的，只占很少一部分。这就意味着当今互联网上最为经济、实用和高效的网站推广形式就是搜索引擎登录。目前比较有名的搜索引擎主要有：百度（http://www.baidu.com）、雅虎（http://www.yahoo.com.cn）、搜狐（http://www.sohu.com）、新浪网（http://www.sina.com.cn）等。图 23-16 所示的是百度搜索引擎登录界面。

图 23-16　百度搜索引擎登录

网站页面的搜索引擎优化是一种免费让网站排名靠前的方法，可以使网站在搜索引擎上获得较好的排位，让更多的潜在客户能够很快地找到你，从而求得网络营销效果的最大化。

23.4.2　登录导航网站

现在国内有大量的网址导航类站点，如 http://www.hao123.com/ 、 http://www.265.com/ 等。在这些网址导航类做上链接，也能带来大量的流量，不过现在想登录像 hao123 这种流量特别大的站点并不是件容易事。图 23-17 所示的是使用网址导航站点推广网站。

图 23-17　使用网址导航站点推广网站

友情链接的推广要注意以下 3 点：第一是要广，并且大规模的和其他网站交换链接才可能使自己站点曝光率大增；第二是要和流量高、知名度大的网站进行交换；第三是要把自己的网站链接放在对方的显著位置。

23.4.3　博客推广

博客在发布自己的生活经历、工作经历和某些热门话题的评论等信息的同时，还可附带宣传网站信息等。特别是作者是在某领域有一定影响力的人物，所发布的文章更容易引起关注，吸引大量潜在顾客浏览，通过个人博客文章内容为读者提供了解企业的机会。用博客来推广企业网站首要条件是拥有具有良好的写作能力。图 23-18 所示的是通过博客推广网站。

图 23-18　通过博客推广网站

现在做博客的网站很多，虽不可能把各家的博客都利用起来，但也需要多注册几个博客进行推广。没时间的可以少选几个，但是新浪和百度的是不能少的。新浪博客浏览量最大，许多明星都在上面开博，人气很高。百度是全球最大的中文搜索引擎，大部分上网者都习惯用百度搜索东西。

博客内容不要只写关于自己的事，多写点时事、娱乐和热点评论，这样会很受欢迎。利用博客推广自己的网站要巧妙，尽量别生硬的做广告，最好是软文广告。博客的题目要尽量吸引人，内容要和你的网站内容尽量一致。博文题目是可以写夸大点的，如更加热门的枢纽词。博文的内容必须吸引人，可以留下悬念，让想看的朋友去点击你的网站。

如何在博文里奇妙放入广告，这个是必须要有技能的，不能把文章写好后，结尾留个你的网址，这样人家看完文章后，就没有必要再打开你的网站。所以，可以留一半，另外一半就放你的网站上，让想看的朋友会点击进入你的网站来阅读。当然了，超文本链接广告也是很不错的。可以有效地应用超文本链接导入你的网站，那么网友在看的时候，也有可能点击进入你的网站。

最后博客内容要写的精彩，大家看了一次以后也许下次还会来。写好博客以后，有空多去别人博客转转，只要你点进去，你的头像就会在他博客里显示，出于对陌生拜访者的好奇，大部分的博主都会来你博客看看。

23.4.4　聊天工具推广网站

目前网络上比较常用的几种即时聊天工具有：腾讯 QQ、MSN、阿里旺旺、百度 HI 和新浪 UC 等。目前来说，以上五种的客户群是网络中份额比较大的，特别是 QQ，下面介绍 QQ 的推广方法。

1. 个性签名法

大家都知道，QQ 的个性签名是一个展示你自己的风格的地方，在你和别人交流时，对方会时不时地看下你的签名。如果在签名档里写下你的网站或者是写下代表你网站主题的话语，那么就可能会引导对方来看下你的网站。这里提醒你注意两点：一是签名的书写，二是签名的更新。图 23-19 所示的是利用 QQ 个性签名推广网站。

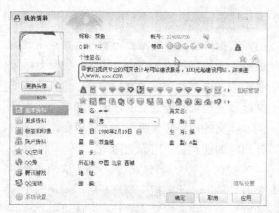

图 23-19　利用 QQ 个性签名推广网站

2．空间心语

QQ 空间是个博客平台，在这里你可以写下网站相关信息，它的一个好处是，系统会自动的将你空间的内容展示给你的好友。如果你写的有足够的吸引力的话，那么你想不让好友知道你的网站都难。利用 QQ 空间提高流量，去别人的空间不断地留言，使访客都来到你的空间。

3．QQ 群

QQ 群就是一个主体性很强的群体，大部分的群成员都有共同的爱好或者是有共同关注的群体。例如，加一些和你的网站主题相关的群，在和大家的交流中体现你的网站，可以说是边推广、边娱乐。

4．QQ 空间游戏

用 QQ 的朋友肯定都知道现在很火爆的偷菜、农场、好友买卖和抢车位等游戏。在你玩的时候将你的网站的主题融入其中，让你的好友无形中来到你的网站。

其实细节有很多，大家只要平时关注下就能发现很多的好的方法。其他的一些聊天工具与 QQ 类似，大家只要稍微的关注下就能发现。

23.4.5　互换友情链接

友情链接可以给网站带来稳定的流量，这也是一种常见的推广方式。这些链接可以是文字形式的，也可以是 88 像素×31 像素 Logo 形式的，还可以是 468 像素×60 像素 Banner 形式的，当然还可以是图文并茂或各种不规则形式的，如图 23-20 所示的友情链接网页中既有文字形式的，也有图片形式的链接。

图 23-20　友情链接

寻找一些与你的网站内容互补的站点，并向对方要求互换链接。最理想的链接对象是那些与你的网站流量相当的网站。流量太大的网站管理员由于要应付太多互换链接的请求，容易将你忽略，小一些的网站也可考虑。互换链接页面要放在在网站比较偏僻的地方，以免将你的网站访问者很快引向他人的站点。找到可以互换链接的网站之后，发一封个性化的 E-mail 给对方网站管理员，如果对方没有回复，再打电话试试。

23.4.6　BBS 论坛宣传

在论坛上经常看到很多用户在签名处都留下了他们的网站地址，这也是网站推广的一种方法。将有关的网站推广信息，发布在其他潜在用户可能访问的网站论坛上。利用用户在这些网站获取信息的机会，实现网站推广的目的。

论坛里暗藏着许多潜在客户，所以千万不要忽略了这里的作用。记得把自己的头像和签名档设置好，并且做得好看些、动人些。再配合上好的帖子，无论是首帖，还是回帖，别人都能注意到你的。分享你的生意经、生活里的苦辣酸甜、读书和听音乐的乐趣等。定期更换你的签名，把网站的最新政策和商品及时通知给别人。如图 23-21 所示的是在 BBS 论坛推广网站。

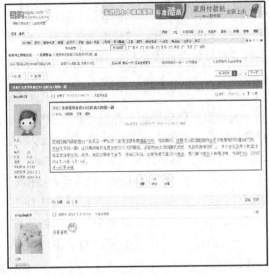

图 23-21 在 BBS 论坛推广网站

23.4.7 软文推广

软文就是把广告很含蓄的表达在一些新闻或一些其他类型的文章里，从表面上看不出这是广告，但是却潜移默化地感染你，让你接受了他的广告，这就是软文。

通过软文可以把自己的一些需要宣传或广告的事件主动暴露给报纸、杂志和网站等媒体，以达到做广告的效果和提高知名度的目的。软文在当前已成为一种非常实用的宣传方法，常能取得做硬性广告达不到的效果。

软文在网络上有 3 种获取流量的方式。第一种，在软文里直接添加网址。第二种，在软文里提到一款能够刺激消费欲望的产品或服务名称。第三种，在软文里提到一个能够引发别人搜索的人名。

在网站策划推广中，一篇软文不但能起到很好的广告效果，还能避免被管理员删除，甚至被网友不断地转载，起到更好的推广效果。

写好一篇软文，要抓住以下几点。

（1）写软文首先要选切入点，即如何把需要宣传的产品、服务或品牌等信息完美的嵌入文章内容，好的切入点能让整篇软文看起来浑然天成，把软性广告做到极致。

（2）标题要生动、传神。一篇文章要吸引住人，关键是标题要出彩，要让人产生浓厚的阅读兴趣。否则，即使内容再好，也不会有很多人看。

（3）导语要精彩。一篇软文能否吸引住读者，标题和导语要起 60% 以上的作用，有时甚至是起决定性的作用。

（4）利用读者的好奇心。一旦抓住了读者的好奇心，不用怕软文没人看。"脑白金"的《人类可以长生不老？》之所以能在市场启动中担当了这么重要的角色，主要原因就是其标题大大利用了人们的好奇心。

（5）主题要鲜明。一篇好软文，读后一定要给人留下深刻的印象，而不是一头雾水。

（6）多引述权威语言。大多数人都有这样一个心理，就是容易被权威机构和知名人士的观点说服。但对于自卖自夸的人，常常会很反感，当然也就不会接受他的观点。因此，写作软文要多引用第三方权威观点和语言，不要"王婆卖瓜，自卖自夸"。

（7）网址必须要在文中以举例的形式出现。

23.4.8 电子邮件推广

上网的人，每人至少有一个电子邮箱，因此使用电子邮件进行网上营销是目前国际上很流行的一种网络营销方式，它成本低廉、效率高、范围广、速度快。而且接触互联网的人也都是思维非常活跃的人，平均素质很高，并且具有很强的购买力和商业意识。越来越多的调查也表明，电子邮件营销是网络营销最常用也是最实用的方法。图 23-22 所示的是电子邮件推广网站。

图 23-22　电子邮件推广网站

邮件群发营销是最早的营销模式之一，在百度中输入邮件营销或邮件群发，能得到很多结果，说明邮件群发是一种强有力的网络营销手段。邮件群发可以在短时间内把产品信息投放到海量的客户邮件地址内。

1. 怎样填写群发邮件主题及内容

群发邮件时，一定要注意邮件主题和邮件内容。很多邮件服务器为过滤垃圾邮件设置了垃圾字词过滤，如果邮件主题和邮件内容中包含有大量、宣传和赚钱等字词，服务器将会过滤掉该邮件，致使邮件不能发送。因此，在书写邮件主题和内容时应尽量避开有垃圾字词嫌疑的文字和词语，才能顺利群发邮件。另外，标题尽量不要太商业化，内容也不宜过多，如果一看就是邮件广告，效果就不会太好，而内容过多就会使阅读者不耐烦甚至根本不看。

2. HTML 格式的邮件

大多数邮件群发软件都支持此发送形式，有的软件是将网页格式的邮件源代码复制粘贴到邮件内容处，然后选择发送模式为 HTML 即可，如亿虎、拓易等，有的软件则是直接指定该邮件的路径，然后直接导入到群发软件里再发送。总之，方法很多要根据实际情况而定，无法确定时可以先把自己的信箱地址导入做试验。

3. 如何选择使用 DNS 及 smtp 服务器地址

在使用软件群发邮件时，必须正确输入可用的主机 DNS 名称。由于各 DNS 主机或 smtp 服务器性能不一，发送速度也有差异，群发前可多试几个 DNS，选择速度快的 DNS 将大大加快群发速度。

23.5　网站的 SEO 优化流程

SEO 又称搜索引擎优化，是为近年来较为流行的网络营销方式。搜索引擎优化主要的目的是增加特定关键字的曝光率以增加网站的能见度，进而增加销售的机会。而网站的 SEO 所指的是针对搜索引擎去使网站内容较容易被搜索引擎取得并接受，搜索引擎在收到该网站的资料后进行对比及运算而后将 PR 值（Page Rank）较高的网站放在网络上其他使用者在搜索时会优先看到的位置，进而促使搜索者可以得到正确且有帮助的资讯。

SEO 的主要工作是通过了解各类搜索引擎如何抓取互联网页面、如何进行索引以及如何确定其对某一特定关键词的搜索结果排名等技术，来对网页进行相关的优化，使其提高搜索引擎排名，从而提高网站访问量，最终提升网站的销售能力或宣传能力。

网站优化本身的技术含量不是太高，基础知识很容易就掌握了，重要的是，在基础知识上的领悟，对时局的把握，对搜索引擎处理信息趋势的了解。网站优化更重要的是策略问题，制定好一个优化策略，按部就班地来做，才能事半功倍，在短期内取得效果。

1. 关键词分析

首先要分析好关键词，关键词是优化的核心，优化的成功与否与关键词的选择有密切关系。很多医院在做网站的时候都没有进行详尽的关键词分析，在做网站的过程中把握不住正确的方向，导致在后期的制作维护中不断的修改网站、调整网站结构，最终给搜索引擎一个不良的印象。

2. 架构网站

（1）架构网站要选择合适的技术，根据自己的需求来确定技术、控制成本，如果只是一个新闻系统就能搞定的话，找个开源的 CMS 就可以了；如果所需要的功能很强大，那就要组建自己的团队或者将开发工作交给外包公司来完成。开发网站程序过程中，要注意 URL 的长度、网站的层次结构、内容组织方式和是否静态化等问题。

（2）制作网页 DIV+CSS+JS 现在是备受推崇的网页制作技术，也是对搜索引擎友好网页制作方法。在此要注意网页布局结构影响关键词排名，关键词要合理分布在网页中。对各个标签的使用也要合理，H1 标签一个页面最好只用一次。

3. 制定信息内容策略

时而听说，做搜索引擎优化内容为王，这个一点也不假，网站内容质量不高，太多的采集文章，长时间又不更新，搜索引擎无网页可抓，这样的网站搜索引擎不会给一个很高的权重。医院网络营销人员可以采用分析的关键词，按照关键词来上文章，根据医院的整合营销策略来建设网站专题。

4. 制定链接建设策略

做一个网站外链建设的计划，不断为网站建设高质量的链接，丰富网站链接广泛度，这是网站优化成功的一个保证。

5. 效果评估与维护

分析统计数据，对优化成功的关键词进行维护，对患者常使用的关键词进行统计分析，将关键词加入网站更新的工作之中。对尚未得到排名的关键词进行页面调整，调节一下内链接，制造一些外链接，使其加快关键词排名。通过对网站统计的分析，了解用户访问网站的习惯与患者感兴趣的信息，不断地丰富网站的信息。

正确的搜索引擎优化可以有效的帮助网站得到正确的排名，提高在搜索引擎中排名的最佳做法是提供优秀的有价值的内容。

下表 23-1 是有效的页面优化因素。

表 23-1　　　　　　　　　　　　有效的页面优化因素

有效的优化因素	注　释
网址中的关键词	第一个最好，第二个次之，以此类推
title 标签中的关键词	不要太长，10～30 个字以内为佳，不要用特殊字符，过度优化有惩罚
Description 标签中的关键词	同样不要太长，100 字以内，过度优化有惩罚

续表

有效的优化因素	注　释
Keywords 中的关键词	不同的关键词之间，应用半角逗号隔开。关键字标签中的内容要与网页核心内容相关，确信使用的关键词出现在网页文本中。一个网页的关键词标签里最多包含 3-5 个最重要的关键词
两个以上的关键词需要考虑他们的接近程度	越近越好
关键词词组顺序	页面中的顺序最好与查询的顺序一致
图片 alt 标记中的关键词	用于描述图片，过度优化有惩罚
确保站内链接有效	没有死链接
树形结构	任何一个页面最好点击两次就可到达，不要超过四次点击
站外链接不要超过 100 个	
域名	.edu 最好，.org 其次，.com 被搜索引擎注意的最多
文件大小	绝不要超过 100K，最好在 40K 左右
页面主题	不要太偏僻，围绕一个主题
URl 长度	不要太长，100 以内，超短越好
网站大小	越大越好

23.6　课后练习

1．填空题

（1）上传网站有两种方法，一种是用_____上传，一种是_____上传。

（2）_____的目的在于让尽可能多的潜在用户了解并访问网站，通过网站获得有关产品和服务等信息，为最终形成购买决策提供支持。

参考答案：

（1）Dreamweaver 自带的工具、FTP 软件

（2）网站推广的

23.7　本章总结

本章详细介绍了站点的上传及维护工作。利用 Dreamweaver 就可以轻松完成站点的上传、更新，还可以对站点中的链接进行测试，找出其中的断裂和错误，并进行修复，确保站点结构无误。另外，网站做好以后必须进行推广以后才能有更多的人知道。本章还详细介绍了网站的常见推广方法。

第 24 章
网站的安全

Web 应用的发展，使网站产生越来越重要的作用，而越来越多的网站在此过程中也因为存在安全隐患而遭受到各种攻击。例如，网页被挂马、网站 SQL 注入，导致网页被篡改、网站被查封，甚至被利用成为传播木马给浏览网站用户的一个载体。网络的安全问题随着网络破坏行为日益猖狂而开始得到重视。目前网站建设已经不仅仅考虑具体功能模块的设计，而是将技术的实现与网络安全结合起来。

学习目标
- ☐ 了解计算机安全设置的内容
- ☐ 熟悉 Web 服务的高级设置
- ☐ 掌握网络安全防范的措施

24.1 计算机安全设置

计算机的设置是比较基础的内容，同时也是反黑客技术最直接的方式，下面通过实例介绍计算机安全管理设置的主要应用。

24.1.1 取消文件夹隐藏共享

Windows XP 有个特性，它会在电脑启动时自动将所有的硬盘设置为共享。这虽然方便了局域网用户，但对个人用户来说这样的设置是不安全的。因为只要你连线上网，网络上的任何人都可以共享你的硬盘，随意进入你的电脑中，所以有必要关闭共享。

选择【控制面板】|【管理工具】|【计算机管理】命令，在窗口中选择【系统工具/共享文件夹/共享】，如图 24-1 所示。可以看到硬盘上的分区名后面都加了一个 "$"。入侵者可以轻易看到硬盘的内容，这就给网络安全带来了极大的隐患。

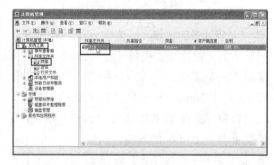

图 24-1 隐藏共享

消除默认共享的方法很简单，具体操作步骤如下。

❶ 选择【开始】|【运行】命令，弹出【运行】对话框，在对话框中输入 regedit，如图 24-2 所示。

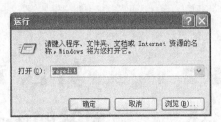

图 24-2 【运行】对话框

❷ 打开注册表编辑器，进入 "HKEY_LOCAL_
MACHINE\SYSTEM\CurrentControlSet\
Sevices\Lanmanworkstation\parameters"，新
建一个名为 "AutoSharewks" 的双字节值，
并将其值设为 "0"，关闭 admin$ 共享，如
图 24-3 所示。然后重新启动电脑，这样共
享就取消了。

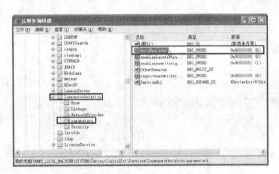

图 24-3 新建 AutoSharewks 值

24.1.2 删掉不必要的协议

安装过多的协议，一方面占用系统资源，
另一方面为网络攻击提供了便利路径。对于服
务器和主机来说，一般只安装 TCP/IP 协议就
够了。其中 NetBIOS 是很多安全缺陷的根源，
还可以将绑定在 TCP/IP 协议的 NetBIOS 关闭，
避免针对 NetBIOS 的攻击。

❶ 鼠标右击【网络邻居】，在弹出菜单选择【属
性】，再使用鼠标右击【本地连接】，选择【属
性】，在【本地连接属性】对话框中选择
【Internet 协议（TCP/IP 协议）】，如图 24-4
所示。

❷ 单击【属性】进入【Internet 协议（TCP/IP
协议）属性】对话框，单击【高级】按钮，
如图 24-5 所示。

图 24-4 选择【Internet 协议（TCP/IP 协议）】

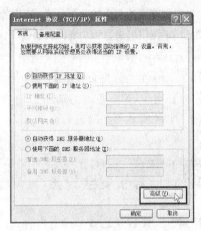

图 24-5 单击【高级】按钮

❸ 进入【高级 TCP/IP 设置】对话框，选择【WINS】
标签，勾选【禁用 TCP/IP 上的 NetBIOS】一
项，关闭 NetBIOS，如图 24-6 所示。

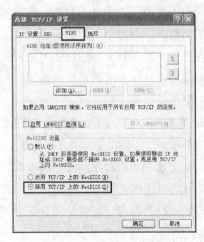

图 24-6 关闭 NetBIOS

24.1.3　关闭文件和打印共享

不要以为你在内部网上共享的文件是安全的，其实你在共享文件的同时就会有软件漏洞呈现在互联网的不速之客面前，公众可以自由地访问你的那些文件，并很有可能被有恶意的人利用和攻击。因此，共享文件应该设置密码，一旦不需要共享时立即关闭。

如果确实需要共享文件夹，一定要将文件夹设为只读，不要将整个硬盘设定为共享。例如，某一个访问者将系统文件删除，会导致计算机系统全面崩溃，无法启动。所以在没有使用【文件和打印共享】的情况下，可以将它关闭，具体操作步骤如下。

❶ 首先进入【控制面板】，并双击【安全中心】图标，进入【安全中心】，如图 24-7 所示。单击【Windows 防火墙】图标。

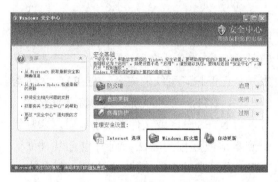

图 24-7　【安全中心】

❷ 打开【Windows 防火墙】对话框，单击【例外】选项卡。把【程序和服务】列表中【文件和打印机共享】前复选框中的钩去掉即可，如图 24-8 所示。

24.1.4　把 Guest 账号禁用

Guest 帐户即所谓的来宾账户，与管理员账户相比，它可以访问计算机，但权限要低得多。不幸的是，即使是这种受限的用户，也为黑客网络攻击打开了方便之门！有很多文章中都介绍如何利用 Guest 用户得到管理员权限的方法，所以要杜绝基于 Guest 账户的系统入侵。

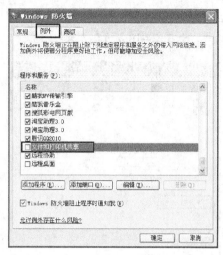

图 24-8　取消【文件和打印机共享】

有很多入侵都是通过 Guest 这个账户进一步获得管理员密码或者权限的。在计算机管理用户里把 Guest 账户停用掉，任何时候都不允许 Guest 账户登录系统。为了保险起见，最好给 Guest 加一个复杂的密码，你可以打开记事本，在里面输入一串包含特殊字符、数字、字母的长字符串，然后把它作为 Guest 账户的密码。最好 Guest 账户禁用，并将其改名称和描述，然后输入一个不低于 12 位的密码。

❶ 选择【控制面板】|【性能维护】|【管理工具】下的【计算机管理】图标，在窗口中选择【系统工具/本地用户和组/用户】，如图 24-9 所示。

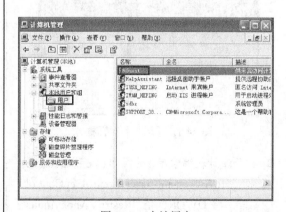

图 24-9　本地用户

❷ 在 Guest 账号上单击右键，选择【属性】，

在【Guest 属性】中勾选【账户已停用】复选框，如图 24-10 所示。

图 24-10　停用 Guest 账户

24.1.5　禁止建立空连接

在 Windows XP 服务器默认情况下，任何用户都可以通过空连接连上服务器、别有用心的人可以连上去穷举出账号，猜测密码，为了保障服务器安全，应该通过修改注册表来禁止建立空连接，具体操作步骤如下。

❶ 选择【开始】|【运行】命令，弹出【运行】对话框，在对话框中输入 regedit，如图 24-11 所示。

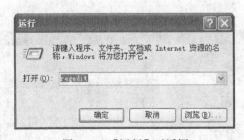

图 24-11　【运行】对话框

❷ 打开注册表编辑器，进入 "HKEY_LOCAL_ MACHINE\System\CurrentControlSet\Control\ Lsa"，将 DWORD 值 "Restrict Anonymous" 的键值改为 "1" 即可，如图 24-12 所示。

图 24-12　修改键值

24.1.6　NTFS 权限的设置

NTFS 是随着 Windows NT 操作系统而产生的，并随着 Windows NT4 跨入主力分区格式的行列，它的优点是安全性和稳定性很好，在使用中不易产生文件碎片。NTFS 分区对用户权限做出了非常严格的限制，每个用户都只能按着系统赋予的权限进行操作，任何试图越权的操作都将被系统禁止。同时 NTF 提供了容错结构日志，可以将用户的操作全部记录下来，从而保护了系统的安全。与 FAT 文件系统相比，NTFS 文件系统最大的特点是安全，可以为 NTFS 分区或文件夹指定权限，来避免受到本地或远程的非法访问。也可以对位于 NTFS 分区中的文件单独设置权限，避免本地或远程用户的非法使用。

下面将介绍如何设置文件夹 "Web" 的权限，解决在编辑、更新或删除操作时，网页出现的数据库被占用或用户权限不足的问题，具体操作步骤如下。

❶ 选中文件夹 "Web"，单击鼠标右键，在弹出的快捷菜单中选择【属性】命令，打开【web 属性】对话框，切换至【安全】选项卡，如图 24-13 所示。

❷ 单击【添加】按钮，在弹出的【选择用户或组】对话框中，添加 Everyone 用户组，如图 24-14 所示。

图 24-13　【安全】选项卡

图 24-14　【选择用户或组】对话框

❸ 单击【确定】按钮，返回到【web 属性】对
话框，选中【组或用户名】列表中的 Everyone
用户组，并在其下的权限列表中，选中【修
改】选项，单击【确定】按钮即可，如图
24-15 所示。

图 24-15　设置用户组权限

24.2　Web 服务的高级设置

　　Web 服务器高级设置的主要内容是访问权限的控制，这部分的设置主要是在 IIS 中的【属性】
对话框中进行。下面通过实例介绍 Web 服务的高级设置的主要应用。

24.2.1　目录和应用程序访问权限的设置

　　目录和应用程序访问权限是由 IIS 服务器的权限设置的，它与上节讨论的 NTFS 权限是互相独立的，并共同限制用户对站点资源的访问。目录和应用程序的访问权限并不能对用户身份进行识别，因此它所做出的限制是一般性的，对所有的访问者都起作用。

　　指定目录和应用程序访问权限是在网站【属性】窗口的【主目录】选项卡中进行的，其设置界面如图 24-16 和图 24-17 所示。

　　【主目录】选项卡中部的【读取】和【写入】复选框用于配制目录访问权限。一般意义上的网页浏览和文件下载操作在【读取】权限的许可下就可以进行了。而对于允许用户添加

内容的网站，就要考虑指定【写入】权限。注意，【写入】权限的指定可能给网站带来安全上的隐患，或给黑客提供可利用的系统漏洞，所以如果没有特别的需求，仅指定【读取】权限就已经足够了。

图 24-16　【Internet 信息服务】窗口

图 24-17 【默认网站属性】对话框

24.2.2 匿名和授权访问控制

默认情况下，IIS 对任意站点都是允许匿名访问的，如果出于站点安全性等考虑需要禁止匿名访问时，按照如下步骤进行配置。

❶ 在 IIS 中右键单击管理控制树中需要禁止匿名访问的 Web 站点图标，选择【属性】，弹出【默认网站属性】对话框，单击【目录安全性】选项卡。

❷ 在【目录安全性】选项卡上部的【匿名访问和验证控制】栏中单击【编辑】，如图 24-18 所示。

图 24-18 【目录安全性】选项卡

❸ 在【身份验证方法】对话框中清除【匿名访问】复选框，如图 24-19 所示。单击【确定】按钮返回。

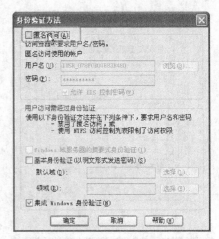

图 24-19 清除【匿名访问】复选框

当然，对于公共性质的网站而言，并不需要禁止匿名访问，但是某些情况下还需要对匿名访问用户账号进行配置。在【身份验证方法】对话框中选择【匿名访问】复选框，然后单击右侧的【浏览】，打开 【选择用户】配置对话框，根据前面【添加用户组】的操作步骤，加入指定的用户或用户组。

24.2.3 备份与还原 IIS

可以通过 IIS 自带的备份，对 IIS 进行备份，不过系统自带的备份、恢复操作都比较麻烦。所以引用一个工具进行备份，IIS 备份还原工具。该工具提供用于 IIS 备份及恢复、FSO 设置和 NT 用户清理。因为当遇到被黑客入侵而破坏ⅡS 设置等情况下，如果能够直接还原为事先配置好的状态，无疑会在很大程度上提高工作效率。备份与还原 IIS 具体操作步骤如下。

❶ 选择【开始】|【所有程序】|【管理工具】|【计算机管理】命令，打开【计算机管理】对话框，在【Internet 信息服务】上单击鼠标右键，在弹出的快捷菜单中选择【所有任务】|【备份/还原配置】选项，如图 24-20 所示。

❷ 打开【配置备份/还原】对话框，如图 24-21 所示。单击【创建备份】按钮，弹出【配置

备份】对话框，设置【配置备份名称】为"我的网站"，如图 24-22 所示。

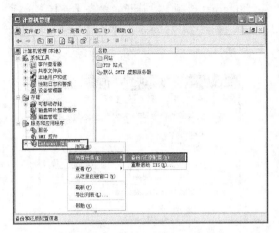

图 24-20 【计算机管理】对话框

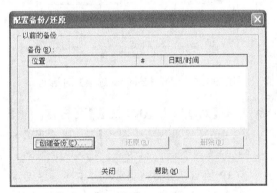

图 24-21 【配置备份/还原】对话框

❸ 单击【确定】按钮，在弹出的【Internet 服务管理器】信息弹出窗口中，单击【是】按钮，完成 IIS 的备份，如图 24-23 所示。

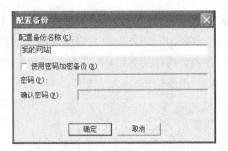

图 24-22 设置【配置备份名称】

图 24-23 信息提示窗口

❹ IIS 备份完毕后，返回到【配置备份/还原】选择对话框，选择上面创建的名称为"我的网站"的备份，并单击【还原】按钮，则可以将备份的 IIS 替换当前的 IIS 配置，实现 IIS 的还原，如图 24-24 所示。

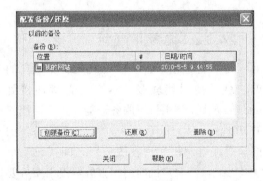

图 24-24 还原 IIS

24.3 网络安全防范措施

目前 90%以上的流行计算机病毒都是通过网络进行传播的。计算机病毒具有破坏性，它将影响计算机的正常运行，甚至损坏计算机硬件。为了保障系统的正常运行，维护网络安全，要求管理员必须具备一定的反黑客技术。下面在 Windows XP 操作系统平台上，简要介绍目前常见的几种网络安全防范措施。

24.3.1 防火墙技术

如果有条件，安装个人防火墙以抵御黑客的袭击。所谓防火墙，是指一种将内部网和公众访问网（Internet）分开的方法，实际上是一种隔离技术。防火墙是在两个网络通信时执行的一种访问控制尺度，它能允许你"同意"的人和数据进入你的网络，同时将你"不同意"的人和数据拒之门外，最大限度地阻止网络中的黑客来访问你的网络，防止他们更改、拷贝、毁坏你的重要信息。

防火墙安装和投入使用后，并非万事大吉。要想充分发挥它的安全防护作用，必须对它进行跟踪和维护，要与商家保持密切的联系，时刻注视商家的动态。因为商家一旦发现其产品存在安全漏洞，就会尽快发布补救产品，此时应尽快确认真伪（防止特洛伊木马等病毒），并对防火墙进行更新。在理想情况下，一个好的防火墙应该能把各种安全问题在发生之前解决。就现实情况看，这还是个遥远的梦想。目前各家杀毒软件的厂商都会提供个人版防火墙软件，防病毒软件中都含有个人防火墙，所以可用同一张光盘运行个人防火墙安装，重点提示防火墙在安装后一定要根据需求进行详细配置。合理设置防火墙后应能防范大部分的病毒入侵。

24.3.2　隐藏 IP 地址

首先说说隐藏真实 IP 的方法，最简单的方法就是使用代理服务器。与直接连接到 Internet 相比，使用代理服务器能保护上网用户的 IP 地址，从而保障上网安全。代理服务器的原理是在客户机和远程服务器之间架设一个"中转站"，当客户机向远程服务器提出服务要求后，代理服务器首先截取用户的请求，然后代理服务器将服务请求转交远程服务器，从而实现客户机和远程服务器之间的联系。很显然，使用代理服务器后远端服务器包括其他用户只能探测到代理服务器的 IP 地址而不是用户的 IP 地址，这就实现了隐藏用户 IP 地址的目的，保障了用户上网安全。

建议最好用免费代理服务器，寻找免费代理服务器的方法有很多。下面介绍如何通过 Internet Explorer 浏览器来设置代理服务器，进而实现隐藏 IP 地址的目的，具体操作步骤如下。

❶ 启动 Internet Explorer 浏览器，选择菜单中的【工具】|【Internet 选项】命令，打开【Internet 选项】对话框，单击【连接】选项卡，如图 24-25 所示。单击【局域网设置】按钮。

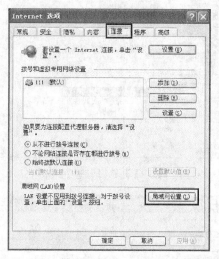

图 24-25　打开【Internet 选项】对话框

❷ 打开【局域网（LAN）设置】对话框，选择【为 LAN 使用代理服务器】项，激活下面的【地址】设置栏。接下来，输入代理服务器的 IP 地址，并设置具体的端口号，最后单击【确定】按钮，完成代理服务器的设置，如图 24-26 所示。

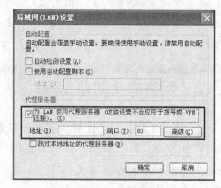

图 24-26　设置代理服务器

24.3.3　操作系统账号的管理

Administrator 账号拥有最高的系统权限，一旦该账号被人利用，后果不堪设想。黑客入侵的常用手段之一就是试图获得 Administrator 账号的密码，一般情况下，系统安装完毕后，默认条件下 Administrator 账号的秘码为空，因此要重新配置 Administrator 账号。

首先是为 Administrator 账号设置一个强大复杂的密码，然后重命名 Administrator 账号，再创建一个没有管理员权限的 Administrator 账号欺骗入侵者。这样一来，入侵者就很难搞清哪个账号真正拥有管理员权限，也就在一定程度上减少了危险性。下面介绍通过控制面板为 Administrator 账号创建一个密码，具体操作步骤如下。

❶ 选择【控制面板】|【管理工具】|【计算机管理】命令，在窗口中选择【系统工具】/【本地用户和组】/【用户】接下来在右侧的用户列表窗口中，选中 Administrator 账号并单击鼠标右键，然后在弹出的快捷菜单中选择【设置密码】命令，如图 24-27 所示。

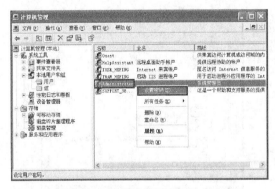

图 24-27 选择【设置密码】命令

❷ 此时将弹出设置账号密码的警告提示窗口，如图 24-28 所示。

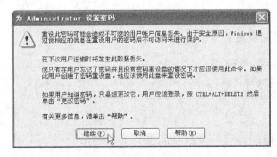

图 24-28 警告提示窗口

❸ 单击【继续】按钮，将弹出【为 Administrator 设置密码】对话框，如图 24-29 所示。这里两次输入相同的登录密码，最后单击【确定】按钮，完成账户密码的设置。

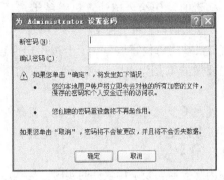

图 24-29 【为 Administrator 设置密码】对话框

❹ 在用户列表窗口，选中【Administrator】账号，并单击鼠标右键，然后从弹出的快捷菜单中选择【重命名】命令，如图 24-30 所示。可以根据自己的需要为其重命名。

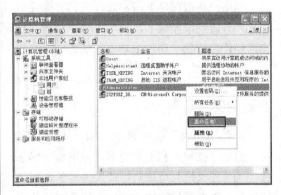

图 24-30 选择【重命名】命令

设置密码时要尽量避免使用有意义的英文单词、姓名缩写以及生日、电话号码等容易泄露的字符作为密码，最好采用字符与数字混合的密码。

定期地修改自己的上网密码，至少一个月更改一次，这样可以确保即使原密码泄露，也能将损失减小到最少。

24.3.4 安装必要的杀毒软件

除了通过各种手动方式来保护服务器操

作系统外，还应在计算机中安装并使用必要的防黑软件、杀毒软件和防火墙。在上网时打开它们，这样即便有黑客进攻服务器，系统的安全也是有保证的。

病毒的发作给全球计算机系统造成巨大损失，令人们谈"毒"色变。上网的人中，很少有谁没被病毒侵害过。对于一般用户而言，首先要做的就是为电脑安装一套正版的杀毒软件。

现在不少人对防病毒有个误区，就是对待电脑病毒的关键是"杀"，其实对待电脑病毒应当是以"防"为主。

因此应当安装杀毒软件的实时监控程序，应该定期升级所安装的杀毒软件（如果安装的是网络版，在安装时可先将其设定为自动升级），给操作系统打相应补丁、升级引擎和病毒定义码。每周要对电脑进行一次全面的杀毒、扫描工作，以便发现并清除隐藏在系统中的病毒。当用户不慎感染上病毒时，应该立即将杀毒软件升级到最新版本，然后对整个硬盘进行扫描操作，清除一切可以查杀的病毒。

24.3.5 做好 Internet Explorer 浏览器的安全设置

虽然 ActiveX 控件和 Applet 有较强的功能，但也存在被人利用的隐患，如网页中的恶意代码往往就是利用这些控件来编写的。所以要避免恶意网页的攻击只有禁止这些恶意代码的运行。Internet Explorer 对此提供了多种选择，具体设置步骤如下。

❶ 启动 Internet Explorer 浏览器，选择菜单中的【工具】|【Internet 选项】命令，打开【Internet 选项】对话框，单击【安全】标签，

进入【安全】选项卡，如图 24-31 所示。

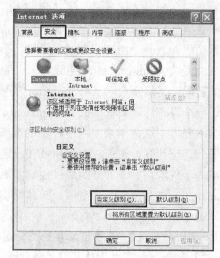

图 24-31 【Internet 选项】对话框

❷ 单击【自定义级别】按钮，弹出【安全设置】窗口，然后将 ActiveX 控件与相关选项禁用，如图 24-32 所示。

图 24-32 禁用 ActiveX 控件与相关选项

另外，在 Internet Explorer 的安全性设定中也能设置受信任的站点、受限制的站点。

24.4 课后练习

填空题

1. Web 服务器高级设置的主要内容是访问权限的控制，这部分的设置主要是在_____对话框中进行。

2．所谓_____，是指一种将内部网和公众访问网（Internet）分开的方法，实际上是一种隔离技术。

参考答案：

1．IIS 中的【属性】

2．防火墙

24.5　本章总结

网络世界中，技术含量再高的技术，总有破解的一天，而且破解的时间越来越短，做好网站安全措施并不代表从此一劳永逸。相反，如果此时管理员不扩展网络防范安全知识，不进行系统安全防御能力的巩固，则系统容易被破解，并重新暴露在网络中，从而面临被入侵和破坏的危险。因此维护网络的安全将是一项长期的工作，而且防范措施将不断加强和更新，只有这样才能确保网络的长期安全。

第 6 部分
附录篇

附录 A▇
网页制作常见问题
附录 B▇
HTML 常用标签
附录 C▇
JavaScript 语法手册
附录 D▇
CSS 属性一览

1. 如何利用 Dreamweaver 手工编写网页代码

使用 Dreamweaver 在【设计】视图中，无需懂得如何使用 HTML 进行编码，即可制作网页。可以像在字处理程序中一样，输入文本、设置文本格式，以及添加图像、表格和其他网页元素。

但是，如果想熟悉 HTML 或直接编辑 HTML 代码，则也可以使用【代码】视图，它显示了网页的 HTML 代码；或者【拆分】视图，它同时显示了【代码】和【设计】视图，如图 A-1 所示。

2. 如何清除网页中不必要的 HTML 代码

有时从 Word 中复制过来的文本插入网页中后，无论怎么修改文本格式都不能应用，这是因为从 Word 中复制过来的文本带有格式，需要先把这些格式清理了才行。清除网页中不必要的 HTML 代码的具体操作步骤如下。

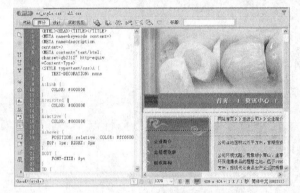

图 A-1　在【拆分】视图中编写代码

❶ 选择【命令】|【清理 Word 生成的 HTML】命令，弹出【清理 Word 生成的 HTML】对话框，在对话框中勾选【删除所有 Word 特定的标记】复选框，如图 A-2 所示。

❷ 单击【确定】按钮，弹出 Dreamweaver 提示信息框，如图 A-3 所示。单击【确定】按钮，即可清除垃圾代码。

图 A-2　【清理 Word 生成的 HTML】对话框

图 A-3　Dreamweaver 提示信息框

3. 为什么我的页面顶部和左边有明显的空白

要使页面中的上下部分不留白，需要将页面的上边距与左边距都设置为0。在Dreamweaver中，选择【修改】|【页面属性】命令，弹出【页面属性】对话框，在【分类】选项中选择【外观（CSS）】选项，在【外观（CSS）】页面属性中将页面的上边距与左边距都设置为0，如图A-4所示。

4. 怎样定义网页语言

在制作网页过程中，首先要定义网页语言，以便访问者的浏览器自动设置语言。选择【修改】|【页面属性】命令，弹出【页面属性】对话框。在对话框中选择【分类】|【标题/编码】选项，在【标题/编码】中设置网页标题和文字编码，在【标题】文本框中输入网页标题，在【编码】右边的下拉菜单中设置网页的文字编码，如图A-5所示。

图A-4 设置页面属性

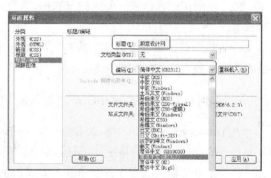

图A-5 【页面属性】对话框

5. 如何搜寻整个网站的内容并替换内容

一个复杂的网站，使用Dreamweaver这样易于需要操作的工具，可以减少许多不必要的麻烦。当编辑完一个站点，才发现某网页中的一段文本有问题需要修改，而竟然不知道哪个网页中有这个文本时，怎么办？用户可以使用查找和替换功能来解决此问题。

选择【编辑】|【查找和替换】命令，弹出【查找和替换】对话框，如图A-6所示。

在对话框中的【查找范围】下拉列表中选择查找的范围。

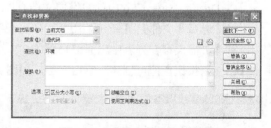

图A-6 【查找和替换】对话框

● 所有文字：在当前文档被选中的部分进行查找或替换。

● 当前文档：只能在当前文档中查找或替换。

● 打开的文档：在Dreamweaver中打开的文档中进行查找或替换。

● 文件夹…：查找指定的文件组。选择选项后，单击右边的📁按钮选择需要查找的文件目录。

● 站点中选定的文件：查找站点窗口中选中的文件或文件夹。当站点窗口处于当前状态时可以显示。

- 整个当前本地站点：在目前所在整个本地站点内进行查找或替换。

在【搜索】下拉列表中选择搜索的种类。

- 源代码：在 HTML 源代码中查找特定的文本字符。
- 文本：在文档窗口中查找特定的文本字符。文本查找将忽略任何 HTML 标记中断的字符。
- 文本（高级）：只可以在 HTML 标记里面或只在标记外面查找特定的文本字符。
- 指定标签：查找特定标记、属性和属性值。

在【查找】文本框中输入要查找的内容，在【替换】文本框中输入要替换的内容。

为了扩大或缩小查找范围，在【选项】中可设置以下选项。

- 区分大小写：勾选此复选框，则查找时严格匹配大小写。
- 忽略空白：勾选此复选框，则所有的空格不作为一个间隔来匹配。
- 全字匹配：勾选此复选框，则查找的文本匹配一个或多个完整的单词。
- 使用正则表达式：勾选此复选框，可以导致某些字符或较短字符串被认为是一些表达式操作符。

设置完毕后，单击【替换】按钮，可替换当前查找到的内容；单击【替换全部】按钮，可替换所有与查找内容相匹配的内容。

6. 如何在 Dreamweaver CS6 中输入多个空格字符

在 Dreamweaver CS6 中输入多个空格字符，有以下几种方法。

- 按 Ctrl+Shift+空格键，可任意输入空格。
- 在中文输入法中选择全角输入方式，也可任意输入空格。
- 在代码视图中输入 " " 代码，在代码视图中输几次该代码，在设计视图中就会出现几个空格。

7. 在 Dreamweaver CS6 中创建空白文档有哪几种方法

在 Dreamweaver CS6 中创建空白文档有以下几种方法。

- 选择【文件】|【新建】命令，弹出【新建文档】对话框。在对话框中选择【空白页】选项，在【页面类型】列表中选择 HTML 选项，在【布局】列表中选择【无】，如图 A-7 所示。单击【创建】按钮，即可创建一空白文档，如图 A-8 所示。

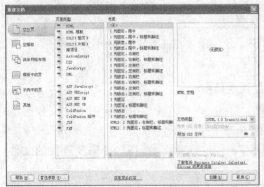

图 A-7 【新建文档】对话框

图 A-8 创建空白文档

● 启动 Dreamweaver CS6，如图 A-9 所示。在界面中单击【新建】中的 HTML 选项，也可以创建空白文档。

● 选择【窗口】|【文件】命令，打开【文件】面板。在面板中的空白处单击鼠标右键，在弹出的菜单中选择【新建文件】选项，即可创建文件，双击文件，打开一空白文档。

8．在 Dreamweaver CS6 中按 Enter 键换行时，与上一行的距离却很远，如何解决

在 Dreamweaver CS6 中按 Enter 键换行时，与上一行的距离却很远，这是因为按下 Enter 键

图 A-9　HTML 选项

时默认的是一个段落，而不是一般的单纯的换行所造成的。因此若要换行，应先按下 Shift 键不放，然后再按下 Enter 键，这样两行间的距离就不会差一大段了。

9．为什么想让一行字居中，但其他行字也变成居中

在 Dreamweaver 中进行居中、居右操作时，默认的区域是 P、H1-H6、Div 等格式标识符，因此，如果语句没有用上述标识符隔开，Dreamweaver 就会将整段文字均做居中处理，解决方法就是将居中文本用 P 隔开。

10．怎样给网页图像添加边框

在文档中选中要添加边框的图像，在【属性】面板中的【边框】文本框中输入数值，即可设置图像边框。

11．为什么我做的网页，传到网上后不显示图片

出现这种情况，一般有下面两种可能：第一是图片使用的是绝对路径；第二是大小写的问题。第一种情况是使用了绝对路径，并且使用了本地盘符，则上传后就找不到此图片文件。 第二种情况是图像文件名或图像文件所在的目录中有大写字母，或有中文，因为服务器一般使用的是 UNIX 或 Linux 平台，而这些系统是区分大小写的。

12．如何避免自己的图片被其他站点使用

为图片起一个很怪的名字，这样可以避免被搜索到。除此之外，还可以利用 Photoshop 的水印功能加密。当然也可以在自己的图片上加上一段版权文字，如添加上自己的名字，这样一来，除非使用者截取图片，不然就是侵权了。

13．如何调整图片与文字的间距

在设置了文字和图片的对齐方式后，有时还需要设置文字与图片之间的间距，这时只要选中图像，在【属性】面板中的【垂直边距】和【水平边距】文本框中输入一定的数值即可。

14．为什么我设置的背景图像不显示

在 Dreamweaver 中显示是正常的，但启动 IE 浏览这个页面时看不到背景图。

这时返回到 Dreamweaver 中，查看光标所在处的代码，会发现 background 设置在<tr>标签中。在 IE 中表格的背景不能设置在<tr>中，只能放在<td>中。将背景代码移到<td>中，保存文档后，再浏览，背景图就能正常显示了。

15．为什么浏览网页时不能显示插入的 Flash 动画

出现这种情况可能有以下原因。
- 确认 Flash 动画的名称是否是中文，如果是中文就要改为英文。
- 确认插入的 Flash 是否为 SWF 格式的文件。
- 确认网页文档中指定的 Flash 动画的路径是否与实际 Flash 动画的路径相同。

16．怎样把别人网页上的背景音乐保存下来

浏览该网页后，在本地电脑的 Windows\Temporary Internet Files 文件夹下找到该背景音乐的缓存文件，将其复制出来使用。如果还是找不到该文件，可打开网页的源文件，找到背景音乐文件的 URL 路径，用 FTP 软件进行下载。

17．如何下载网页上的 Flash

利用 FlashSaver 软件可以轻松地将网页中的 Flash 下载下来。安装 FlashSaver 后，当鼠标指针移到网页中的 Flash 时，在 Flash 的左上角会出现一个浮动工具条，点击工具条中的保存按钮，即可将此 Flash 保存下来。

18．多媒体标签彻底剖析

（1）<bgsound>
<bgsound> 用来插入背景音乐，但只适用于 IE。其参数设定不多，如下所示。

```
<bgsound src="your.mid" autostart=true loop=infinite>
```

- src="your.mid"：设定 midi 档案及路径，可以是相对或绝对。
- autostart=true：是否在音乐下载完之后就自动播放。true 是，false 否。
- loop=infinite：是否自动反复播放。loop=2 表示重复两次，Infinite 表示重复多次。

（2）<EMBED>
<EMBED>用来插入各种多媒体，格式可以是 Midi、Wav、AIFF 和 AU 等，Netscape 及新版的 IE 都支持。其参数设定较多，如下所示。

```
<embed src="your.mid" autostart="true" loop="true" hidden="true">
```

- src="your.mid"：设定 midi 档案及路径，可以是相对或绝对。
- autostart=true：是否在音乐下载完之后就自动播放。true 是，false 否。
- loop="true"：是否自动反复播放。loop=2 表示重复两次。true 是，false 否。
- hidden="true"：是否完全隐藏控制画面。true 为是，false 为否。
- strattime="分:秒"：设定歌曲开始播放的时间，如 strattime ="00:30"表示从第 30 秒处开始播放。

- vokume="0-100"：设定音量的大小，数值是 0～100 之间，内定则为使用系统本身的设定。
- width="整数" 和 hight="整数"：设定控制面板的高度和宽度。
- align="center"：设定控制面板和旁边文字的对齐方式，其值可以是 top、bottom、center、baseline、left、right、texttop、middle、absmiddle 和 absbottom。

controls="smallconsole"：设定控制面板的外观。

19．如何添加图片及链接文字的提示信息

选中要设置的图片及链接，在【属性】面板中的【替换】文本框中输入说明文字。在浏览时，当鼠标指针移到图片上时会自动出现输入的说明文字。

20．如何删除图片链接的蓝色边框

选中要删除链接的蓝色边框的图像，应在【属性】面板中的【边框】文本框中将数值设置为 0。

21．怎样一次链接到两个网页

一般来说，超链接一次只能链接到一个网页。要想一次在不同的框架网页中打开文档，可以使用【转到 URL】行为。具体操作方法是：打开一个有框架的网页，选择文字或图像，然后从行为面板中选择【转到 URL】。此时 Dreamweaver 会在【转到 URL】对话框中显示所有可用的框架。选择其中一个想做链接的框架并输入相应的 URL 后再选择另一个框架并输入另一个 URL，这样就可实现一次链接到两个网页。

22．从表格【属性】面板【宽度】后面的下拉列表里选择单位时，选择【像素】或【百分比】有什么区别呢

表格的宽度单位可以是像素也可以是百分比。

按照像素定义的表格宽度是固定的，而按照百分比定义的表格则会根据浏览器的大小而变化。

23．为什么在 Dreamweaver 中把单元格高度设置为 1 没有效果

Dreamweaver 生成表格时会自动地在每个单元格里填充一个 代码，就是空格代码。如果有这个代码存在，那么把该单元格宽度和高度设置为 1 就没有效果。

实际浏览时该单元格会占据 10px 左右的宽度。如果把 代码去掉，再把单元格的宽度或高度设置为 1，就可以在 IE 中看到预期的效果。但是在 NS（Netscape）中该单元格不会显示，就好像表格中缺了一块。在单元格内放一个透明的 GIF 图像，然后将【宽度】和【高度】都设置为 1，这样就可以同时兼容 IE 和 NS 了。

24．为什么表格里的文字不会自动换行

表格里的文字不会自动换行有两种原因。

- 用 CSS 把表格内的字体设置成了英文字体，这样在 Dreamweaver 中表格内的文字就不会自动换行。但这仅是在 Dreamweaver 里的显示效果，在 IE 浏览器中是可以正常换行的。

在 Dreamweaver 的编辑状态也能是文字自动换行，把表格里的文字字体设置为中文字体即可。

● 在表格中输入了一连串无空格的英文或数字，而被 IE 识别成了一个完整的单词，因而不会自动换行。此时通过 CSS 把文字强行打散即可，代码如下。

```
<td style="word-break;break-all">……</td>
```

25. 如何解决表格的变形问题

网页在不同的屏幕分辨率、或改变窗口时常出现一些页面变形情况，怎么办呢？

● 在不同分辨率下所出现的错位

在 800×600 的分辨率下时，一切正常，而到了 1024×768 时，则有的表格居中，有的表格却居左或居右。

表格有左、中、右 3 种排列方式，如果没特别进行设置，则默认为居左排列。在 800×600 的分辨率下，表格恰好就有编辑区域那么宽，不容易察觉，而到了 1024×768 时，就出现的这种情况，解决的办法比较简单，即都设置为居中或都设置为居左或都设置为居右对齐。

● 采用百分比而出现的变形

解决办法是不要设置成百分比，一般如果表格没有外围嵌套标记，则将宽设置成固定宽度，如有外围嵌套标记，则将外转嵌套标记的宽度设置为固定值，而表格的宽或高可设置为百分比，这样就不会出现变形了。

● 表格单元格之间互相干扰引起的变形

这种变形情况通常是在工具里制作网页时没有空隙，而在浏览时却发现莫名其妙地多出一些空隙，而又不知原因在哪。解决办法一是先看表格设置有没有上面所谈的两种情况，如没有，可能就是在划分表格时，同一行的单元格之间相互牵制所出现的问题。解决办法是如果表格比较复杂，最好采取嵌表格的形式，这样，可以少一些单元格之间相互干扰情况，而使单元格之间相对独立。

26. 创建表格的技巧

创建表格时，如果开始不能确定它的属性，可以使用默认值，然后再通过【表格】属性面板进行修改。此外，关于表格宽度的设定，一般来说，大表格往往采用绝对尺寸，表格中所嵌套的表格采用相对尺寸，这样定位出来的网页才不会随着显示器分辨率的差异而引起混乱。

27. Div 标签与 span 标签有什么区别

虽然样式表可以套用在任何标签上，但是 Div 和 span 标签的使用更是大大扩展了 HTML 的应用范围。Div 和 span 这两个元素在应用上十分类似，使用时都必须加上结尾标签，也就是 <div>...</div> 和 ...。

span 和 Div 的区别在于，Div 是一个块级元素，可以包含段落、标题、表格，乃至章节、摘要和备注等。而 span 是行内元素，span 的前后是不会换行的，它没有结构的意义，纯粹是应用样式，当其他行内元素都不合适时，可以使用 span。

28. 用表格好还是用 AP Div 好呢

AP Div 的定位方式与表格不同，AP Div 采取的定位方式是动态定位方式，它的定位靠的是两个参数【左】和【上】，这两个参数设置 AP Div 框架与浏览器边框的距离，无论是最大化，还是在不同的分辨率下它都始终在一个位置，而表格在不同的情况下将有所变化。AP Div 一般用来做一些特效，用的好可以让主页锦上添花。

虽然通过 AP Div 定位网页元素比表格方便的多，但是由于受到浏览器版本的限制，不是所有的浏览器都支持 AP Div，只有 IE 4.0 以上的版本才能支持。

使用表格只能大概对齐，不能很准确地对齐。使用 AP Div 将网页中的对象排列整齐。但是如果浏览窗口大小改变，则各 AP Div 位置可能也会改变，而造成对不齐的情况，特别是绝对位置的 AP Div 可能会偏位很严重。由于 AP Div 可以重叠在一起，因此当多个 AP Div 重叠在一起时，显示的先后顺序是必须要考虑的。如果有些 AP Div 还会根据不同的情况显示或隐藏，那在设计上就更为复杂了。所以在设计网页时，大多数网页设计者都使用表格。

29．如何调整框架边框的粗细

选择整个框架集，打开框架集【属性】面板，将【边框宽度】设置为 0，就不显示边框，想要调整边框粗细，只需要设置【边框宽度】就可以。

30．怎样防止别人把自己的网页放在框架里

因为框架的缘故，有许多人会把其他人的网页放置到自己的框架里，使之成为自己的一页。若要防止别人这样做，可以加入下列 JavaScript 代码，它会自动监测，然后跳出别人的框架。

```
<script language=" JavaScript">
if(self!=top)window.top.location.replace(self.location);
</script>
```

31．如何隐藏滚动条

在【属性】面板中设置【边框】和【滚动】都为【否】，框架的边框是隐藏的，勾选【不能调整大小】复选框，即可隐藏滚动条。

32．怎样使框架集在不同的浏览器中正常显示

在为以百分比或者相对值指定大小的框架分配空间之前，先为以像素为单位指定大小的框架分配空间。设置框架大小最常用的方法是将左侧框架设置为固定像素宽度，将右侧框架大小设置为相对大小，这样在分配像素宽度后右侧框架就能够伸展，以占据所有的剩余空间。

33．什么时候需要使用模板

创建一个站点，保持统一的风格很重要。风格主要从视觉方面来辨别，其中一个就是网站的色调使用。不能这个页面采用黑色，另一个页面采用黄色，这样会使浏览者彻底感觉到站点不统一。还有一个就是网页的布局结构。不能采用这个页面结构是上下的，那个页面结构是左右的，这样不便于网站的导航，令浏览者身无事处。

这是这些要求，使得站点中的页面具有相似或相同点，那么在 Dreamweaver 中，如何快速而高效地将这些页面制作出来？一句话，使用模板即可。

34．什么是模板的可编辑区域？在定义可编辑区域时应注意什么

模板的可编辑区域指出了在模板的页面中哪些区域可以被编辑，即以后利用时可插入内容的

部分。定义可编辑区域时可以将整个表格或单独的表格单元格标记为可编辑的，但不能将多个表格单元格标记为单个可编辑区域。如果<td>被选定，则可编辑区域中包括单元格周围的区域；如果未选定，则可编辑区域将只影响单元格中的内容。AP Div 和 AP Div 内容是单独的元素。当 AP Div 可编辑时可以更改 AP Div 的位置及其内容，而当 AP Div 的内容可编辑时则只能更改 AP Div 的内容而不是位置。若要选择 AP Div 的内容，则应将光标置于该 AP Div 内，并选择【编辑】|【全选】命令。若要选择该 AP Div，则应确保显示了不可见元素，然后单击代表 AP Div 的位置的图标即可。

35. 怎样定义重复表格

定义重复表格的具体操作步骤如下。

选中要设置为重复表格的内容。

选择【插入】|【模板对象】|【重复表格】命令，弹出【插入重复表格】对话框，如图 A-10 所示。

在对话框中进行相应的设置，单击【确定】按钮，即可定义重复表格。

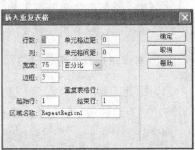

图 A-10 【插入重复表格】对话框

- 行数和列数：设置表格行和列的数目。
- 单元格边距：设置单元格中内容和单元格边距的距离。
- 宽度：定义表格的宽度。
- 边框：设置表格的边框宽度，以像素为单位。
- 起始行：重复表格的第 1 行为定义表格的第几行。
- 结束行：重复表格的最后一行为定义表格的第几行。
- 区域名称：当前重复表格的名称。

36. CSS 在网页制作中一般有 3 种方式的用法，那么具体在使用时该采用哪种用法

当有多个网页要用到的 CSS，采用外联 CSS 文件的方式，这样网页的代码大大减少，修改起来非常方便；只在单个网页中使用的 CSS，采用文档头部方式；只有在一个网页一、两个地方才用到的 CSS，采用行内插入方式。

37. CSS 的 3 种用法在一个网页中可以混用吗

在一个网页中 3 种用法可以混用，且不会造成混乱。这就是它为什么称之为【层叠样式表】的原因，浏览器在显示网页时先检查有没有行内插入式 CSS，有就执行，针对本句的其他 CSS 就不去管它了。其次检查头部方式的 CSS，有就执行。在前两者都没有的情况下再检查外联文件方式的 CSS。因此可看出，3 种 CSS 的执行优先级是：行内插入方式、头部方式和外部文件方式。

当有多个网页要用到的 CSS，采用外部 CSS 文件的方式，这样网页的代码会大大减少，修改起来非常方便；只在单个网页中使用的 CSS，采用文档头部方式；只有在一个网页、两个地方才用到的 CSS，采用行内插入方式。

38. 在 CSS 中有 "〈!--〉" 和 "--〉"，可以不要吗

这一对标记的作用是为了不引起低版本浏览器的错误。如果某个执行此页面的浏览器不支持

CSS，它将忽略其中的内容。虽然现在使用不支持 CSS 浏览器的人已很少了，由于互联网上几乎什么可能都会发生，所以还是留着为好。

39．如何禁止使用鼠标右键

禁止使用鼠标右键，在<head>和</head>之间需要的位置输入以下代码。

```
<script language=javascript>
function click() {
}
function click1() {
if (event.button==2) {
alert('禁止右键复制！') }}
function CtrlKeyDown(){
if (event.ctrlKey) {
alert('不当的拷贝将损害您的系统！') }}
document.onkeydown=CtrlKeyDown;
document.onselectstart=click;
document.onmousedown=click1;
</script>
</script>
```

40．如何为页面设置访问口令

若要为某个页面设置密码，只需在<head></head>间添加以下代码即可。

```
<script language="JavaScript">
<!--
var pd=""
var rpd="he"
pd=prompt("请您输入密码：","")
if(pd!=rpd){
alert("您的密码不正确...")
history.back()
}else{
alert("您的密码正确!")
window.location.href="index.htm"
}
// --></script>
```

在以上代码中，he 是正确的密码，index.htm 是输入正确密码后链接的页面。这种设置口令的方法并不安全，因为只要访问者查看页面源代码就能知道设置的密码了。

41．如何将网站添加至收藏夹

网站添加至收藏夹，在<body>与</body>之间相应的位置输入以下代码。

```
<spanstyle="CURSOR: hand" onClick= "window.external.addFavorite('http://www.
webhua.net','添加收藏夹')" title="添加收藏夹"> 添加收藏夹</span>
```

42．如何制作刷新网页随机播放音乐效果

制作刷新网页随机播放音乐效果，在<body>和</body>之间相应的位置输入以下代码。

```
<script language="JavaScript">
var sound1="设置音乐" //
var sound2="设置音乐" //
var sound3="设置音乐" //
var sound4="设置音乐" //
var sound5="设置音乐" //
var sound6="设置音乐" //
var sound7="设置音乐" //
var sound8="设置音乐" //
var sound9="设置音乐" //
var sound10="设置音乐" //
var x=Math.round(Math.random()*9) // 设置音乐
if (x==0) x=sound1
else if (x==1)x=sound2
else if (x==2)x=sound3
else if (x==3)x=sound4
else if (x==4)x=sound5
else if (x==5)x=sound6
else if (x==6)x=sound7
else if (x==7)x=sound8
else if (x==8)x=sound9
else x=sound10
if (navigator.appName=="Microsoft Internet Explorer")
document.write('<bgsound src='+'"'+x+'"'+'loop="infinite">')
else
document.write('<embed  src='+'"'+x+'"'+'hidden="true"  border="0"  width="20"
height="20" autostart="true" loop="true">')
</script>
```

43．怎样显示当前日期和时间

启动 Dreamweaver，在网页文档中打开代码视图，在<body>与</body>之间相应的位置输入
以下代码。

```
<SCRIPT language=JavaScript1.2>
var isnMonth = new
Array("1月","2月","3月","4月","5月","6月","7月","8月","9月","10月","11月","12
月");
var isnDay = new
Array("星期日","星期一","星期二","星期三","星期四","星期五","星期六","星期日");
today = new Date () ;
Year=today.getYear();
Date=today.getDate();
if (document.all)
document.write(Year+"年"+
isnMonth[today.getMonth()]+Date+
"日"+isnDay[today.getDay()])
</SCRIPT>
```

44．怎样显示表单中的红色虚线框

显示表单中的红色虚线框很简单，在插入表单的文档中，选择【查看】|【可视化助理】|【不可见元素】命令，可以看到文档中插入的红色虚线表单。

45．如何避免表单撑开表格

避免表单撑开表格的方法是将<form>标签放在<tr>和<td>之间，或者<table>与<tr>之间，相应的</form>也要放在对应位置。

46．创建数据库连接一定要在服务器端设置 DNS 吗

创建数据库连接有两种方法，一种是通过 DNS 建立连接，另一种不用 DNS 建立连接，而是通过 DNS 连接数据库需要服务器的系统管理员在服务器的【控制面板】中的 ODBC 中设置一个 DNS。如果没有在服务器上设置 DNS，只需要知道数据库或者数据源名就可以访问数据库，直接提供连接所需的参数即可。

连接代码如下。

```
set conn=server.createobject("adodb.connection")
connpath="dbq="&server.mappath("db1.mdb")
conn.open "driver={microsoft access driver (.mdb)}; "&connpath
set rs=conn.execute("select from authors")
```

47．数据字段命名时要注意哪些原则呢

在编写程序时常会出现一些找不出原因的错误，最后查出来却是因为数据库字段命名影响的结果，下面介绍几条数据字段命名的注意事项和原则，请千万要注意遵守！

利用中文来为字段命名，往往会造成数据库连接时的错误，因此要使用英文为字段命名。

使用英文字来命名字段时，注意不要使用代码的内置函数名称及保留字！例如 time、date 不能用来当作字段的名称。

在数据库字段中不可以使用一些特殊符号，如"？"、"！"、"%"或空格等。

48．有时已经在服务器行为中将【插入记录】服务器行为删除了，为什么重做【插入记录】后，运行时还会提示变量重复定义

虽然已经在服务器行为中将插入记录服务器行为删除了，但在 Dreamweaver 中的代码视图中，定义的原有变量并未删除。所以在重新插入记录后，变量会出现重复定义的情况。在将插入记录服务器行为删除后，在切换到代码视图中，将代码中定义的变量删除。

49．当出现修改程序执行 【@命令只能在 Active Server Page 中使用一次】的错误时，应如何解决

切换到代码视图，到页面的最上方，会看到有两行一模一样的代码，是以【<%@…………%>】形式存在的，即是产生错误的主因，修改的方式其实相当简单，将其中一行删除即可。

50．为什么有时在文件的【属性】对话框中没有【安全】选项卡

在设置文件的权限时发现自己的文件属性中并没有【安全】等高级选项卡，这是因为磁盘格式的不同，一般来说磁盘格式必须要使用 NTFS，才能进一步设置文件或文件夹的安全性。所以如果使用的磁盘格式为 FAT32，即会发现找不到这个选项卡。那如何从 FAT32 转换 NTSF 格式呢？

可以按照下列的说明来操作。

❶ 关闭所有应用软件，过程中可能需要重新启动计算机。

❷ 选择【开始】|【运行】命令，再输入【cmd】再按 Enter 键。

❸ 在窗口的[command prompt]下执行命令 convert X: /FS:NTFS。以上的 X 请填入要转换磁盘格式的驱动器的代号，最后再按 Enter 键，完成设置。

❹ 开始转换，接着按提示来操作。

如有其他文件在转换期间仍未关闭，可能需要重新启动计算机去完成整个转换过程，另外，如果硬盘内含有太多的文件可能需要较长的时间去转换，但是注意在转换过程中请勿执行任何程序。

51．关于表格布局网页时的一些技巧

◎ 大型的网站主页制作，先分成几大部分，采取从上到下，从左到右的制作顺序逐步制作。

◎ 一般情况下最外部的表格宽度最好采用 770 像素，表格设置为居中对齐，这样的话，无论采用 800x600 的分辨率，还是采用采用 1024×768 的分辨率网页都不会改变。

◎ 在插入表格时，如果没有明确的指定【填充】，则浏览器默认【填充】为 1。

52．如何创建动态图像

创建动态图像的具体操作步骤如下。

❶ 打开网页文档，将光标放置在插入动态图像的位置。

❷ 选择【插入】|【图像】命令，弹出【选择图像源文件】对话框，如图 A-11 所示。

❸ 在对话框中选择【数据源】按钮，出现数据源列表，如图 A-12 所示。

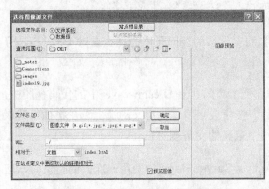
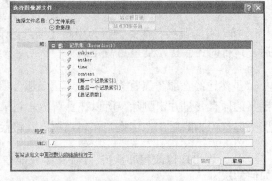

图 A-11 【选择图像源文件】对话框　　　　　图 A-12 【选择图像源文件】对话框

❹ 从该列表中选择一种数据源，数据源应是一个包含图像文件路径的记录集。根据站点的文件结构的不同，这些路径可以是绝对路径、文档相对路径或者根目录相对路径，如果列表中没有出现任何记录集，或者可用的记录集不能满足需要，就需要定义新的记录集。

53．如何给网站增加购物车和在线支付功能

本课详细讲述了购物网站的制作，但是在实际的购物网站中还有以下功能，本课限于篇幅就不再讲述了，有兴趣的读者可以尝试解决。

（1）增加购物车功能：增加购物车的功能是一个复杂而又繁琐的过程，可以利用购物车插件为网站增加一个功能完整的购物车系统。读者可以去网上下载购物车插件，下来安装上即可使用。

（2）在线支付功能：这就需要使用动态开发语言，如 ASP、PHP、JSP 等来实现。当然现在也有专门的第三方在线支付平台。

54．如何使用记录集对话框的高级模式

利用【记录集】对话框的高级模式，可以编写任意代码实现各种功能，具体操作步骤如下。

❶ 单击【绑定】面板中的⊞按钮，在弹出的菜单中选择【记录集（查询）】选项，打开【记录集】对话框。

❷ 在对话框中单击【高级】按钮，切换到【记录集】对话框的高级模式，如图 A-13 所示。

【记录集】对话框的高级模式中的参数如下。

○ 名称：设置记录集的名称。

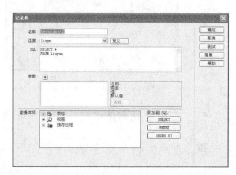

图 A-13 【记录集】对话框的高级模式

○ 连接：选择要使用的数据库连接。如果没有，则可单击其右侧的【定义】按钮定义一个数据库链接。

○ SQL：在下面的文本区域中输入 SQL 语句。

○ 变量：如果在 SQL 语句中使用了变量，则可单击按钮，在这里设置变量，即输入变量的【名称】、【默认值】和【运行值】。

○ 数据库项：数据库项目列表，Dreamweaver 把所有的数据库项目都列在了这个表中，用可视化的形式和自动生成 SQL 语句的方法让用户在做动态网页时会感到方便和轻松。

55．如何使用【数据】插入栏快速插入动态应用程序

在制作动态网页时，利用【服务器行为】面板上的菜单，是比较直接方便的一种方式，但对熟悉 Dreamweaver 的用户来说，利用【数据】插入栏更快捷有效，【数据】插入栏如图 A-14 所示。

56．将文件上传到服务器后，为什么会出现【操作必须使用可更新的查询】

这个问题的原因，是在服务器上并没有写入的权限。选择【工具】|【文件夹选项】命令，在弹出的对话框中切换到【查看】选项卡，取消勾选【使用简单文件共享（推荐）】复选框取消，如图 A-15 所示。

单击【确定】按钮，再选择【文件】|【属性】命令，在弹出

图 A-14 【数据】插入栏

的对话框中切换到【安全】选项卡，在这里会看到不同的组或用户对于文件的使用权限，如图 A-16 所示。

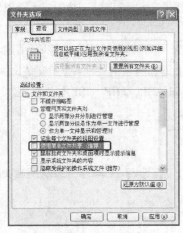

图 A-15　取消文件共享

图 A-16　设置安全选项

57．在规划站点结构时，应该遵循哪些规则呢

规划站点结构需要遵循的规则如下：

1．每个栏目一个文件夹，把站点划分为多个目录。

2．不同类型的文件放在不同的文件夹中，用利于调用和管理。

3．在本地站点和远端站点使用相同的目录结构，使在本地制作的站点原封不动地显示出来。

58．怎样对站点下的文件检查浏览器

Dreamweaver CS6 提供了网页检测功能，可以检测出在不同浏览器中网页的显示情况。选择【文件】|【检查页】|【浏览器兼容性】命令，会弹出检测目标浏览器窗口，来选择不同的浏览器版本。

59．站点建立好之后，如何才能对它进行编辑

Dreamweaver 的管理站点窗口常常被忽视，而其实利用此窗口可以非常方便的完成很多任务。

例如，通过对网站的定义和相关参数的设置，可以轻松地实现在线管理和编辑网站，对多个网站进行管理，完成站点的切换、添加和删除等操作。

60．站点的取出和存回是怎么回事

当工作在一个开发小组中的时候，【取出】和【存回】功能就显得尤为重要。因为它可以提示其他小组成员或者作者自己，不要修改已有新版本而未上传的页面。

当对一个文件【取出】时，实际上的意思就相当于告诉其他小组成员，【我正在修改该文件，请不要修改它了】。这时 Dreamweaver 会在文件前做一个标记，绿色的标记表示该文件是由【取出】的，红色标记表示文件是由其他小组成员【取出】的。将鼠标放到【取出】的文件之上，会看到【取出】的名称。

【存回】有两个主要功能，一个功能是将【取出】的文件恢复正常，另一个用途是将本地站点的文件进行只读保护，防止误修改。